RNAi分子机制与病毒防御

RNA Interference Molecular Mechanism and Preventive Strategy Against Viruses

边中启　郑兆鑫 等　著

科 学 出 版 社
北 京

内　容　简　介

本书著者系统地阐述了发现RNAi分子机制及其作为病毒感染防御策略所取得的重要研究成果和主要研究方法，反映了该研究领域的新进展。著者通过对RNAi分子机制与病毒感染防御进行创造性探索，以该领域最新的研究成果为基础，论述了新发现的微RNA（miRNA）的研究，并根据著者原创性研究成果——siRNA抑制HBV、HCV、FMDV和SARS-CoV病毒复制与感染的相关研究，对RNAi 策略在几种重要病毒性传染病研究中的应用进行了探讨。本书具有科学性、系统性和实用性。

本书可作为分子病毒学、传染病学、分子生物学、遗传学、医药卫生等领域的科研人员、教师、研究生和高年级大学生参考用书。

图书在版编目（CIP）数据

RNAi分子机制与病毒防御 / 边中启等著. —北京：科学出版社，2009.1（2017.4重印）

ISBN 978-7-03-023456-8

Ⅰ. R…　Ⅱ. 边…　Ⅲ. 核糖核酸-病毒-研究　Ⅳ. Q522

中国版本图书馆CIP数据核字（2008）第184333号

责任编辑：罗　静　王　静 / 责任校对：刘小梅

责任印制：赵　博 / 封面设计：陈　敬

科学出版社出版

北京东黄城根北街16号

邮政编码：100717

http://www.sciencep.com

北京华宇信诺印刷有限公司印刷

科学出版社发行　各地新华书店经销

*

2009年1月第　一　版　开本：B5（720×1000）

2009年1月第一次印刷　印张：15 1/2

2018年2月第三次印刷　字数：320 000

定价：78.00元

（如有印装质量问题，我社负责调换）

RNA Interference Molecular Mechanism and Preventive Strategy Against Viruses

by
Bian Zhongqi Zheng Zhaoxin et al.

Science Press
Beijing

本书的出版得到国家自然科学基金
（No. 30672645）项目资助

序

RNA 干扰（RNA interference，RNAi）是 20 世纪 90 年代末发现的一种真核生物细胞在转录后引发基因沉默（gene silencing）的分子机制，该机制的发现在 2001 年和 2002 年连续两年被美国 *Science* 杂志评为世界十大科技进展之首，RNAi 是近年来生命科学中最引人关注的重大研究进展。诱发 RNAi 的最关键分子是长度为 19～27 个核苷酸的双链 RNA（double-stranded RNA，dsRNA），称为小干扰 RNA（small interfering RNA，siRNA），并由一系列蛋白 RNA 诱导的沉默复合体（RNA-induced silencing complex，RISC）介导，对与之具有序列同源性的基因在转录、转录后、翻译等水平进行表达调控。该机制在从酵母到哺乳动物等真核生物中普遍保守，并证明在这些物种中发挥着发育调控、病毒免疫等重要功能。2006 年，Andrew Z. Fire 和 Craig C. Mello 由于发现 RNAi 的卓越贡献获诺贝尔生理学或医学奖。RNAi 的发现开辟了生命科学新的研究领域，目前成为 21 世纪国际上生命科学的研究热点和前沿，并作为一种新颖的病毒感染的防御策略应用于人类抵抗重大传染病的研究获得了成功。

正是在 RNAi 和 miRNA（microRNA，miRNA）的研究和应用不断取得重大成果的背景下，科学出版社出版边中启、郑兆鑫等学者撰著《RNAi 分子机制与病毒防御》的专著。该书由从事 RNAi 相关研究领域的一线知名专家撰写，根据著者原创性研究成果——siRNA 抑制 HBV、HCV、FMDV 和 SARS-CoV 病毒复制与感染的相关研究，系统地阐述了发现 RNAi 分子机制及其作为病毒感染防御策略所取得的重要研究成果与主要研究方法，并对 RNAi 策略在几种重要病毒性传染病研究中的应用进行了探讨。该专著的研究成果和发现对传染病的防治研究具有重要价值和很好的指导意义。该书具有科学性、系统性和实用性。目前 RNAi 和 miRNA 这个新的研究领域正在以惊人的速度快速发展，从事该研究领域的科研人员与日俱增。我相信，《RNAi 分子机制与病毒防御》专著的出版将对推动我国生命科学研究领域的发展起到重要的促进作用。

中国科学院院士

中国科学院昆明动物研究所所长

2008 年 2 月 2 日

前　　言

自从 1998 年 Andrew Z. Fire 和 Craig C. Mello 发现 RNA 干扰（RNA interference，RNAi）诱导基因沉默（gene silencing）开辟了生命科学新的研究领域之后，其基础研究与应用成为 21 世纪国际上生命科学的研究热点和前沿。RNAi 机制的发现被美国 *Science* 杂志评为 2001 年和 2002 年世界十大科技进展之首，是近年来生命科学中最引人关注的重大研究进展。该机制在从酵母到哺乳动物等真核生物中普遍保守，并证明在这些物种中发挥着发育调控、病毒免疫等重要功能。目前 RNAi 和 microRNA（miRNA）这个新的研究领域正在以惊人的速度快速发展，已经鉴定出三大类小 RNA（small RNA）：小干扰 RNA（siRNA）、miRNA 和 Piwi-interacting RNA（piRNA）。siRNA 主要参与转座子活性的抑制及病毒感染的防御。研究表明小 RNA 介导的基因沉默在动植物的病毒感染防御体系中发挥着重要功能，不仅其分子机制得到了深入的阐释，而且作为一种新颖的病毒感染防御策略应用于人类抵抗重大传染病的研究获得了成功。

近年传染病的再燃、局部流行和新发现的传染病及病原耐药性的出现等，使人类仍面临传染病的严重威胁，全球因传染病致死者约占死亡总数的 25%。因此，提高传染病的救治水平，对降低病死率具有极为重要的意义。据此，本书是著者在国家、军队重点科技攻关课题的资助下，针对重要病毒性传染病疫情控制中尚未解决的难点问题展开定向科研攻关，取得的关于 RNAi 分子机制及其作为病毒感染防御策略的重大发现和原创性研究成果——siRNA 抑制 HBV、HCV、FMDV 和 SARS-CoV 病毒复制与感染的相关研究的基础上写成的专著，对于一些重要发现则提炼成技术路线图叙述发现经过和主要研究方法，使读者可以提纲挈领，以启发思考、提高解决实际问题的能力。本专著的研究发现对传染病的防治研究具有重要意义。

本专著研究过程中自始至终得到复旦大学郑兆鑫教授、严维耀教授的鼓励和指导，陈维灶博士为专著付出了艰辛的劳动，本书出版得到国家自然科学基金项目资助。本专著得到中国科学院院士、中国科学院昆明动物研究所所长张亚平教授高度评价和认可并亲笔为本专著作《序》，在此，谨一并向为本专著作出贡献者表示衷心的感谢！

书中疏漏和不足，祈请前辈和读者赐教指正。

著　者

2008 年 2 月 8 日

目　　录

1　RNAi 分子机制与病毒防御

1.1　引言

早在 1928 年，Wingard[1,2]等发现了一种有趣的现象，烟草感染环斑病毒后叶子发生了枯萎。但是，顶上新生长出的嫩叶却没有发生病变，而且新生叶子对再次病毒感染有天然的抵抗力（图 1），似乎是前次感染产生了免疫记忆，就像哺乳动物的免疫记忆一样。尽管当时的研究人员对此现象深感疑惑，无法解释，但是并没有对此作出深入的研究。直到 20 世纪 90 年代初，转基因植物研究发现，外来的基因会导致与之同源的植物内源基因表达水平下降[3]，而且，若再次增加转基因的拷贝数甚至会下调原先转基因自身的表达效率[4]，这种现象当时被称为共抑制（co-suppression）。早期生物学家们意想不到的是，他们所观察到的现象在今天得到了解释，从而开辟了分子生物学新的研究领域，那就是基因沉默（gene silencing）。

图 1　烟草[2]

1995 年，Guo 等[5]试图利用反义 RNA 技术去干扰秀丽新小杆线虫（*Caenorhabditis elegans*）*par-1* 基因的表达。通常认为，反义 RNA 技术是通过反义 RNA 与 mRNA 之间发生的碱基互补配对阻碍 mRNA 的剪接和翻译，达到基因沉默的目的。令 Guo 等惊讶的是，不仅反义 RNA 能够诱发基因沉默，而且不能与 mRNA 发生碱基配对的仅被用作对照的正义 RNA 也同样能够诱导基因沉默。1998 年，Fire 等[6]在这一领域做了进一步研究，在研究秀丽新小杆线虫时他们发现双链 RNA（doube-stranded RNA，dsRNA）在基因沉默现象中扮演了重要角色。他们将与绿色荧光蛋白（GFP）序列同源的 dsRNA 微注射果蝇，高效地特异性抑制了 GFP 的表达，而相比之下，纯化的单链的正义 RNA 和单链的反义 RNA 只有微弱的抑制效果，对照 dsRNA 没有引发显著的基因沉默（图 2）。因此，Fire 等认为，dsRNA 才是基因沉默的根本诱导因子，而且在反义 RNA 技术中，不是反义 RNA 本身强有力地诱导基因沉默，而是在单链 RNA 制备过程中所产生的少量的 dsRNA 起关键性的作用[6]，这也解释了 Guo 等的工作中发现的正义 RNA 诱导有效的基因沉默现象。这一发现立刻引起广大研究人员的关注，因为它不仅为基因沉默提供了一个简单有效的方法，而且暗示着一种从未为人所知的在果蝇甚至整个真核生物世界里存在着的发育调控机制。然而，dsRNA 能够诱发序列特异性的基因沉默，这与此前发现的分子机制有着显著的冲突，其一：dsRNA 被证明能够激活蛋白激酶 R（PKR）/Rnase L/IFN 途径，使 mRNA 发生非特异性的降解，或者整体性地抑制蛋白质的翻译[7,8]；其二，一般认为 dsRNA 在能量上是十分稳定的，不能再次进行序列特异性的 Watson-Crick 碱基互补配对。因此，Fire 等的发现使人们提出了这样一个假设，即存在一套与 dsRNA 螺旋结构解旋、在大量的细胞核酸中寻找识别特异的序列并与之进行配对、进而调控其转录表达等新的分子机制，这一分子机制被命名为 RNA 干扰（RNA interference，RNAi）。

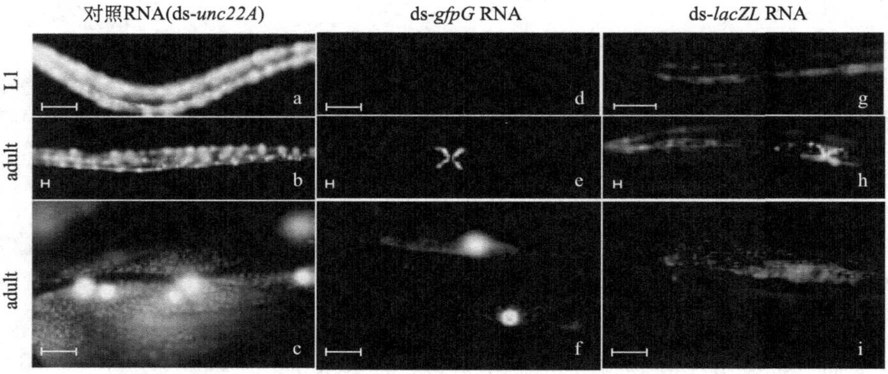

图 2　线虫中 dsRNA 诱导 GFP 基因沉默[6]

由于发现了 RNAi 现象中的关键性分子 dsRNA，科学家们由此入手开始阐明其分子机制的漫长历程。使用生物化学和遗传学方法，在秀丽新小杆线虫中陆续发现了许多与 dsRNA 特异性诱导 RNAi 的相关基因[9]。利用黑腹果蝇（*D. melanogaster*）胚胎和细胞提取物研究基因沉默现象时取得了一系列重大突破[10,11]，即发现了一个可以把 dsRNA 进行加工形成长度为 21～23 个核苷酸的小干扰 RNA（small interfering RNA，siRNA）的限制性内切核酸酶——Dicer 酶[11～13]，以及发现了 RNA 诱导的沉默复合体（RNA-induced silencing complex，RISC)[10]，该蛋白复合体能将 Dicer 酶加工形成的 siRNA 结合携带，识别与 siRNA 同源的 mRNA 并将其切割降解[11,13,14]。将秀丽新小杆线虫 RNAi 基因与果蝇[15,16]、植物[17]、真菌[18]等其他真核生物基因沉默相关基因进行比较，发现在以往不同时间以不同形式命名的基因沉默现象，例如，转录后基因沉默（post-transcriptional gene silencing，PTGS)、共抑制、压制（quelling）等，是与秀丽新小杆线虫 RNAi 在实质上类似的基因沉默分子机制，而且十分保守地存在于绝大多数真核生物细胞中。随着相关研究在不同物种中的延伸，研究人员发现，在不同的物种中，dsRNA 导入细胞可能诱发至少四种不同的基因沉默反应，包括 mRNA 降解、转录抑制、翻译抑制、染色体重构等[19]（图 3）。

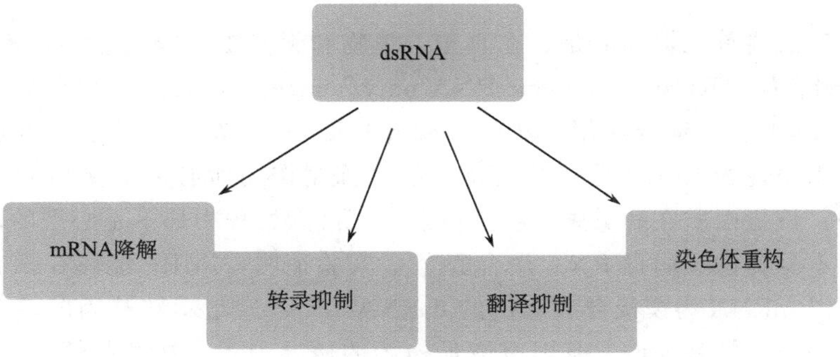

图 3　dsRNA 的分子调控分类[19]

RNAi 分子机制的发现推动了与之有关的细胞生长发育调控等相关研究，同时，被用作类似于基因剔除（gene knockout）的反向遗传学手段进行基因功能研究，以及被认为是人类重大遗传性疾病和病毒性传染病的新的治疗策略，并进行深入地研究。本书着重阐述了发现 RNAi 分子机制及其作为病毒感染防御策略所取得的重要研究成果。

1.2　RNAi 分子机制

1.2.1　dsRNA 的产生

RNAi 机制中的关键分子 dsRNA 的来源[20]可以是：细胞内源性基因的双向表达；具有反向重复结构的细胞内源性基因表达形成的发夹状 RNA（shRNA）；转基因表达的 mRNA 异常聚合；转座子转录[21]；RNA 病毒基因组或病毒感染复制过程中的中间 RNA 产物；实验方法通过质粒载体或病毒载体转染表达的 dsRNA 或 shRNA；亦可能存在其他途径（图 4）。

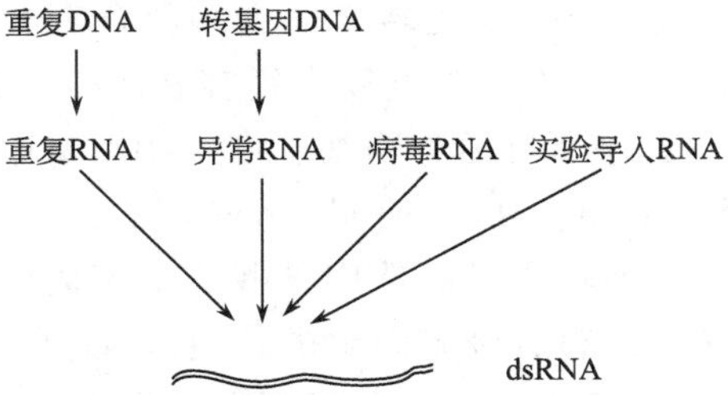

图 4　dsRNA 的几种来源[20]

1.2.1.1 转基因

这里有必要首先提到的是，在真菌、植物和无脊椎动物细胞中，RNA 依赖的 RNA 聚合酶（RNA-dependent RNA polymerase，RdRP）可以介导对转基因表达的 mRNA 进行聚合作用，从而形成 dsRNA 这一有趣的过程。特别在植物细胞中，内源性的 RdRP 是转基因调节的共抑制作用所必需的蛋白质[22,23]，而有趣的是，该蛋白质在病毒感染植物诱发基因沉默过程中却不是必需的，可能是由于病毒本身提供了病毒 RNA 聚合酶[22]。实验证明，RdRP 能够在没有引物的情况下，以 mRNA 为模板合成双链的 dsRNA[24,25]，这暗示转基因的单链 mRNA 产物可能是植物转基因诱发基因沉默最初始的诱导因子。在某些情况下，RdRP 不知何故视转基因 mRNA 为异常的外来物质，将其聚合为 dsRNA，进而诱发基因沉默。在这种起因的 RNAi 过程中，dsRNA 只能被认为是中间产物，真正的诱导因子是转基因 mRNA 本身。至于为何转基因 mRNA 会被视为外来物质，目前尚不清楚，其中一种可能性是转基因的高水平表达导致某些 mRNA 剪接的失误（例如末端没加腺嘌呤），这些缺陷的 mRNA 被 RdRP 视作异常物质[2]。另一种可能性是宿主细胞出于自卫的需要[26]，自然地将聚积的裸露转基因 DNA 加以标记，并通过 RdRP 介导的 RNAi 抑制其表达，直至清除外源 DNA。Volpe 等[27]发现裂殖酵母的 RdRP 与处于非活跃状态的异染色质结合在一起，这为以上的假设提供了一个旁证。

1.2.1.2 转座子

转座子（transposon）是转座因子（transposable element，TE）的其中一类，是 dsRNA 的又一个重要来源[21]。转座子指可以在基因组不同位置跳跃转移的 DNA 序列，通常可分为两类。I 类转座子在复制过程中首先转录获得 RNA 中间产物，然后以 RNA 中间产物为模板反转录大量扩增新的拷贝。这一类型的转座子在真核生物中的含量特别丰富，尤其是在植物中，例如在玉米中 I 类转座子约占细胞核 DNA 总量的 70%。I 类转座子大多数含有长末端重复序列（long terminal repeat，LTR），因此在复制过程中很容易产生大量发夹状结构的 dsRNA。II 类转座子存在于几乎所有的生物细胞中，特别是原核细胞。这类转座子含有末端反向重复序列（terminal inverted repeat，TIR），TIR 的长度从 11 个碱基到几百个碱基不等。II 类转座子家族中某些成员编码转座酶（transposase），它作用于 TIR 使转座子可以整合到基因组的其他区域[28,29]。转座子在基因组内来回穿插，改变基因的结构和功能，成为基因组进化的动力之一。然而，转座子同时也对基因组造成严重的扰乱和破坏[30]，为了保证基因组的行使正常功能，细胞通过基因沉默分子机制对转座子的活性进行抑制。出于这样的目的，转座子在复制表达过程中所产生的 dsRNA 作为基因沉默诱导因子起了重要的作用[21]。

1.2.1.3 病毒

病毒感染细胞后在复制过程中亦会产生大量的 dsRNA。以植物为例，目前为止发现了超过 72 个属 500 多个种类的植物病毒[31]，而且，不论单子叶植物还是双子叶植物，没有一个植物种类不会感染病毒，大多数植物甚至同时感染多种病毒。植物病毒有多种多样的宿主范围，包括昆虫、真菌、脊椎动物甚至人类。植物感染病毒症状轻微，可能不明显，但是感染严重时经常在叶子上出现花斑，甚至出现整体性的坏死枯萎现象（图 1）。有些植物病毒的基因组是单链 DNA（ssDNA）或双链 DNA（dsDNA），而有些病毒基因组本身就是 dsRNA。然而，超过 90%的植物病毒基因组是 ssRNA，它们通过 RdRP 进行复制。因此，植物正是充分利用病毒复制所形成的 dsRNA 中间产物诱发 RNAi，藉此对大量的病毒感染作出防御。

今天，RNAi 作为一种简单有效的分子生物学技术，研究人员通常采用化学合成 dsRNA，或质粒载体、病毒载体表达所需要的 dsRNA，进而诱导特异有效的 RNAi 进行基因功能研究和疾病治疗。

1.2.2 起始阶段：dsRNA 被加工成为 siRNA

尽管在大多数情况下，dsRNA 是 RNAi 的初始诱导因子，但是，dsRNA 必须被进一步加工成为适当大小的 siRNA 方能发挥功能。Zamore 等[32]最初发现，dsRNA 与果蝇胚胎提取物混合温浴后，dsRNA 被降解成长度约 22 个核苷酸的 RNA 小片段，进一步分析这些小片段发现它们是双链的，而且带有 5′末端磷酸基团。因此，研究人员把注意力投向了具有核酸内切功能，且能使切成的小片段产生同样末端结构的 Rnase III 核糖核酸酶家族。

根据蛋白质结构，Rnase III 家族可以分为三类[33,34]，第一：细菌 Rnase III，包含有一个催化结构域（catalytic domain）和一个 dsRNA 结合结构域(dsRNA-binding domain)；第二：Drosha 家族核酸酶[35]，包含两个催化结构域；第三：该类 Rnase III 也包含两个催化结构域[36]，同时多了一个具有螺旋酶功能的螺旋酶结构域（helicase domain)，还有一个 PAZ 结构域（Piwi/Argonaute/Zwille domain）（图 5）。PAZ 结构域也存在于 Argonaute（Ago）蛋白家族中，由于 Ago 家族在 RNAi 机制中发挥了重要的功能，因此认为，第三类的 Rnase III 是在 RNAi 过程中将 dsRNA 加工成 siRNA 所必需的蛋白质[9,37]，该类 Rnase III 被命名为 Dicer 酶。上述理论假设在以果蝇为动物模型实验中获得了验证，果蝇基因组编码两个 Rnase III 基因 *CG4792* 和 *CG6493* ，Bernstein 和他的同事[38]用免疫亲和层析法纯化了果蝇 CG4792 蛋白质，并证明了该蛋白质能够有效地将 dsRNA 切割成 siRNA，进而诱导 RNAi，由此，CG4792 蛋白被命名为 Dicer-1。研究发现，Dicer 酶在进化上相当保守，不论是在真菌[27]、植物[39,40]、昆虫[41]、还是哺乳动物[42~44]细胞内普遍存在同源产物，这暗示在相应物种中 RNAi 分子机制也同样保守。

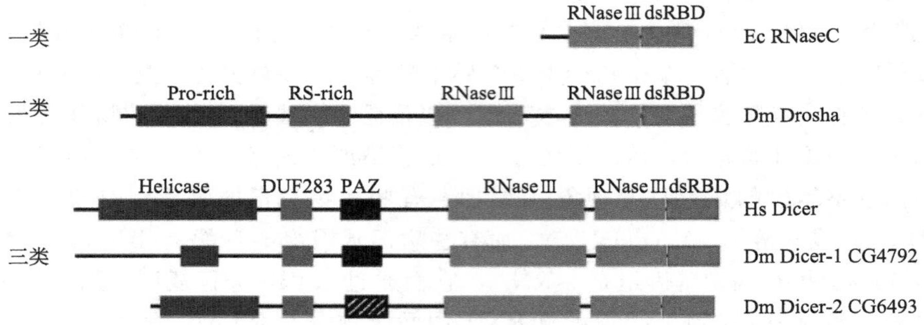

图 5　RNase III 家族分类[34]

Dicer 酶是如何启动对 dsRNA 的切割呢？早期的假设认为，Dicer 酶在底物 dsRNA 螺旋结构上形成二聚体，然后催化四个核酸内切反应[45]。最近的研究结果表明，Dicer 可能以单聚体形式催化两个核酸内切反应[44,46]，Dicer 酶首先与 dsRNA 的末端结合，然后以从末端起约每 22 bp 为一个跨度进行切割，假如 dsRNA 的末端受到修饰，此时 Dicer 酶无法从双链末端启动切割，而必须从双链内部起始，反应就显著变慢[44]。Zhang 等[44]认为，从双链内部启动反应的效率远远比从末端启动效率低，但是，一旦 dsRNA 被从内部启动反应的 Dicer 酶切开之后，就暴露了新的正常的末端，随后反应就恢复到应有的速度。

Dicer 酶是如何对 dsRNA 进行内切反应的呢？第一类 Rnase III 晶体结构的解析[47]为 Dicer 蛋白高级结构以及如何催化内切反应提供了很有价值的参考。第一类 Rnase III 晶体结构是在没有 dsRNA 结合的情况下获得的，但是研究人员根据晶体结构展现出来的催化氨基酸残基对 dsRNA 的结合位点作出了推测[47]。该晶体结构显示（图 6），每个 Rnase III 单体有两个活性中心，而每个单体都有多个氨基酸残基与另一个单体共同形成复合的活性位点，由此形成的二聚体将能够从 dsRNA 的内部进行结合，催化内切反应形成的两条新链 3′末端具有 2 个碱基的突出（overhang），突出碱基的数目和小片段 dsRNA 长度分别由二聚体一端的复合活性中心空间跨度和两个复合活性中心之间的距离决定。然而，第一类 Rnase III 催化反应的模式似乎并不适合 Dicer 酶，因为，与单体形式催化反应的 Dicer 酶相比，以二聚体形式催化反应的第一类 Rnase III 缺失了多个重要的具有催化功能的氨基酸残基。更令人惊奇的是，对 Dicer 酶的额外的有催化功能的氨基酸进行突变，不会降低 Dicer 酶的活性[46]，这暗示 Dicer 酶的每一个 Rnase III 结构域可能不会有超过一个的活性中心存在。由此，Zhang[46]和 Hammond[34]等构建了更加合理的 Dicer 酶催化反应模型（图 7）。在这个模型中，Dicer 酶的两个 Rnase III 结构域偶联形成分子内的假二聚结构，这样所形成的活性中心与第一类 Rnase III 二聚体类似。Dicer 酶 Rnase III 假二聚体结构的两个催化位点分别催化 dsRNA 双链的其中一条单链。形成的 siRNA 的 3′末端 2 个碱基的突出由假二聚体形成的两个活性中心间的空间跨度所决定，与 Rnase III 催化位点在 Dicer 肽链上的氨基酸残基距离无关。而 siRNA 产物的长度由 PAZ 结构域与 Rnase III 活性中心间的距离决定。

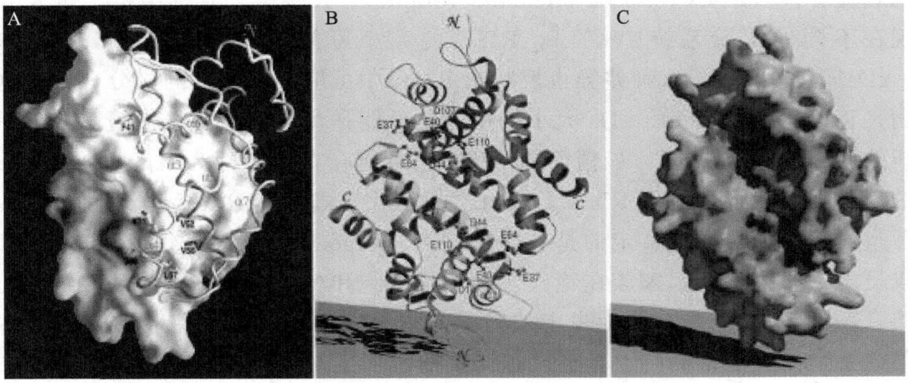

图 6　第一类 RNase III 晶体结构解析[47]

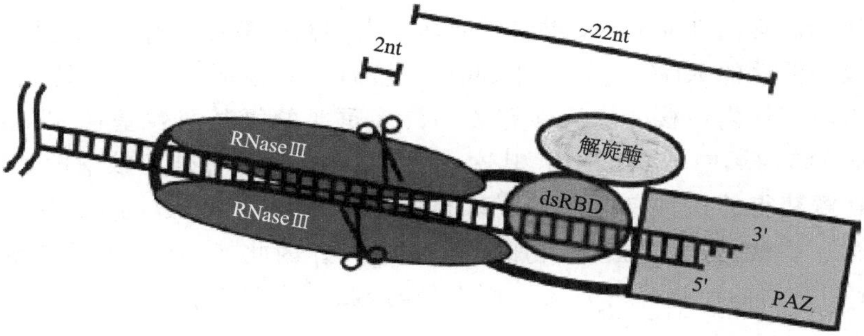

图 7　Dicer 酶催化 dsRNA 剪切反应模式[34,46]

1.2.3　中间阶段：RISC 装载 siRNA

1.2.3.1　RISC 蛋白组分

正如前面所提到的，Fire 等[6,48]首先预测到了一系列蛋白质的存在，它们与 siRNA 双螺旋结构解旋，和能够帮助 siRNA 识别特异性的靶 mRNA 并进行切割等功能有关。第一个验证性的工作由 Tuschl 等[49]完成，他们发现，dsRNA

在体外果蝇胚胎细胞的提取物中能够诱导与之序列同源的 mRNA 的降解，这说明 RNAi 的诱发不需细胞器的参与，可能是在一系列蛋白质的参与下进行的。在另一个利用体外培养的果蝇细胞提取物诱导 RNAi 实验中，Hammond 等[10]发现了一个具有限制性内切核酸酶活性的核酸蛋白复合体，有趣的是该复合体中包含 siRNA，这个实验结果支持了"具有序列特异性识别切割靶 mRNA 功能的限制性内切核酸酶复合体介导 RNAi"的理论假设，这个复合体被命名为 RNA 诱导的沉默复合体（RNA-induced silencing complex，RISC）。通过层析，研究人员发现在不同的实验系统中[50~52]，RISC 的大小可能不同，可以是 500 kDa 或 360 kDa或 140 kDa。这种差异也反映出 RISC 中可能存在冗余的成分，如果这个推测是正确的，那么 140 kDa 大小的蛋白质可能是具有活性的、最精简的 RISC。最新的研究结果[53]表明，最精简的 RISC 是可能存在的，因为 Ago 与 siRNA 两者的简单组合就足以诱发 RNAi。通过层析纯化果蝇细胞 RISC，发现了 RISC 的多种组成成分，最早被鉴定的是 Argonaute2（Ago2）[51]。Ago2 是一个基因家族的成员之一，这个基因家族在绝大多数真核细胞和少数原核细胞的基因组中是保守的。Ago2 在秀丽新小杆线虫中的同源产物 RDE-1 是通过遗传方法分析 RNAi 缺陷突变个体克隆得到的[9]，这反过来更加说明了 Ago2 与 RNAi 之间的重要关联。RISC 的其他组分也逐渐被克隆获得，它们包括 RNA 结合蛋白 VIG、脆性 X 蛋白、脆性 X 相关蛋白 dFXER、螺旋酶，以及 Tudor-SN[54~56]等。Tudor-SN 含有 5 个葡萄球菌核酸酶（Snase）结构域和一个 Tudor 结构域，Snase 结构域的存在使人们推测 Tudor-SN 蛋白可能是负责切割降解靶 mRNA 的具有限制性内切核酸酶活性的 RISC 组分，即 Slicer。然而，有些证据并不支持上述推测，首先，与限制性内切核酸酶活性有关的许多重要的氨基酸残基在 Tudor-SN 蛋白的 Snase 结构域中不存在[55]；其次，Snase 本身是一种外切核酸酶，RNA 经过它的降解获得的是具有 5′羟基 3′磷酸基团的产物[57,58]，这与 RNAi 反应所获得的具有 5′磷酸基团 3′羟基产物的情形不一致。因此 Tudor-SN 可能与 mRNA 经 Slicer 切割后的产物降解有关，而不是与 Slicer 本身有关。

1.2.3.2 RISC 的装载与起始阶段偶联

siRNA 与 RISC 之间是如何进行装配的呢？事实上，Dicer 酶对 dsRNA 的加工以及随后 siRNA 与 RISC 的装配这两个过程并不是完全分开的，而是偶联的一个过程。通过果蝇 S2 细胞提取物的免疫共沉淀实验表明，RISC 的 Ago2 蛋白与 Dicer-1 之间互作[51]。Ago 蛋白在秀丽新小杆线虫中的同源蛋白 RDE-1 与秀丽新小杆线虫的 Dicer-1（秀丽新小杆线虫细胞中唯一的一个 Dicer 酶）之间也同样存在互作关系[59]。在人类细胞中，新近的研究工作证明，Dicer 与 Ago 蛋白的两个成员（Ago2 和 HIWI）通过 Dicer 酶的 Rnase III 结构域和 Ago 蛋白的 Piwi 结构域之间直接相互作用[60]。另一个重要的证据来自果蝇的 dsRNA 结合蛋白 R2D2 的克隆鉴定，实验证明，R2D2 与果蝇中生产 siRNA 最主要的 Dicer 酶（Dicer-2）之间形成异二聚体[61,62]。当 R2D2 缺失，Dicer-2 仍然能够有效地加工 dsRNA，但 siRNA 产物却不能有效地与 RISC 进行装配；siRNA 很容易被检测到与 Dicer-2/R2D2 异二聚体而不是单独的 Dicer-2 结合在一起，这暗示在果蝇中 siRNA 与 Dicer-2/R2D2 异二聚体的结合对 RISC 装配至关重要[61]，因此，Dicer-2/R2D2 复合体被称为 RISC 装载复合体（RISC loading complex，RLC）[63]。秀丽新小杆线虫的 RDE-4 蛋白与果蝇 R2D2 有着十分相似的结构域，并且 RDE-4 与 Dicer-1 互作介导秀丽新小杆线虫 RNAi[59]，这说明 R2D2 的功能在其他生物 RNAi 中可能是保守的。

RNAi 起始阶段与中间阶段偶联的假设最直接的证据是 Dicer 酶加工 dsRNA 之后，在 RISC 装配中所扮演的下游功能。化学合成的 21 bp siRNA 能够有效地诱发 RNAi，说明这样的 siRNA 可能绕过了 Dicer 酶的剪切加工，因为它们与 dsRNA 经自然剪切的 siRNA 大小一样，因而不需要再进行这样的过程。Martinez 等[52]的发现支持了这种可能，他们对人类细胞提取物的 Dicer 酶进行免疫灭活（immunodepletion）并不能阻断 siRNA 有效诱导 RNAi。然而，后来的研究发现，将人类细胞 Dicer 酶基因敲除，显著抑制 siRNA 诱导对报告基因的沉默作用[64]。这些实验说明，Dicer 酶除了执行 siRNA 生产功能外，还在下游发挥了重要功能。更直接的证据来自以下两个工作，Lee 等[62,65]通过遗传学的方法获得了 Dicer-2 的果蝇突变品系，然后将化学合成的 siRNA 分别注射到突变品系胚胎细胞和野生品系胚胎细胞中，结果发现，相比后者，前者的 RNAi 反应远远弱于后者，而且，突变品系胚胎细胞提取物在 siRNA 存在的情况下对靶 mRNA 的切割能力显著下降。有趣的是，他们将一种部分纯化过的含有 Dicer-2 的蛋白复合体加到上述细胞提取物中后，RISC 的活性恢复到了野生品系胚胎细胞提取物水平。最近在人类细胞中的实验表明，27 bp dsRNA 或发夹状 RNA（shRNA）比化学合成的标准的 21 bp siRNA 更加有效地诱导 RNAi[66,67]。因此，Dicer 酶加工 dsRNA 形成 siRNA 这一过程可能与 RISC 装配过程偶联（图 8），并对 RISC 的活性起加强促进作用[68]。

现在知道，果蝇的 Dicer-2/R2D2 异二聚体（RLC）完成 dsRNA 的剪切后，携带着 siRNA，由 R2D2 引导与 RISC 中的关键蛋白 Ago2 结合[69]（图 9）。事实上，还有其他的蛋白质参与 RISC 装载的整个过程（图 8）[68]。

1.2.3.3 RISC 装载单链 siRNA

当 RISC 装载了双链的 siRNA 之后，到靶 mRNA 被识别剪切之前的这段过程，RISC 与 siRNA 之间又发生了怎样的变化呢？实验显示，大多数 RISC/siRNA复合体中，siRNA 以单链的形式存在[52,70]。因此，在 RISC 装配的过程中或之后，siRNA 可能发生了解链，并且其中一条链从 RISC 中游离出去。siRNA

的双链结构在热力学上是十分稳定的，解链过程可能需要解链酶（unwindase）[71]的参与，因此，果蝇中许多具有解链酶相关结构域的蛋白质（Dicer-2、

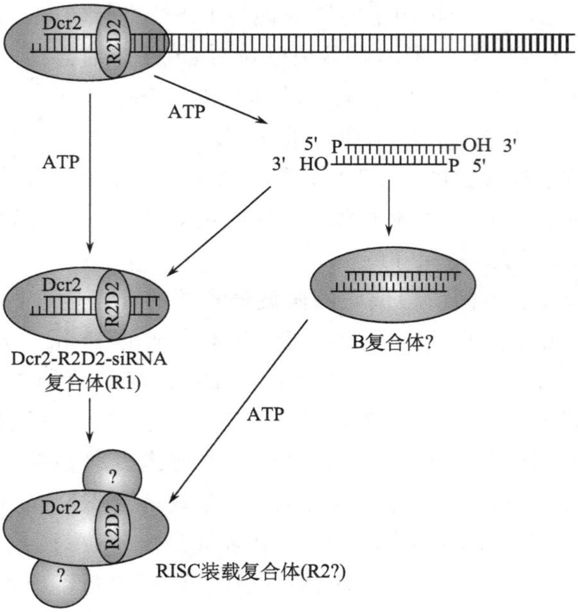

图 8　Dicer 酶对 dsRNA 的剪切过程与 RISC 装载过程偶联[67]

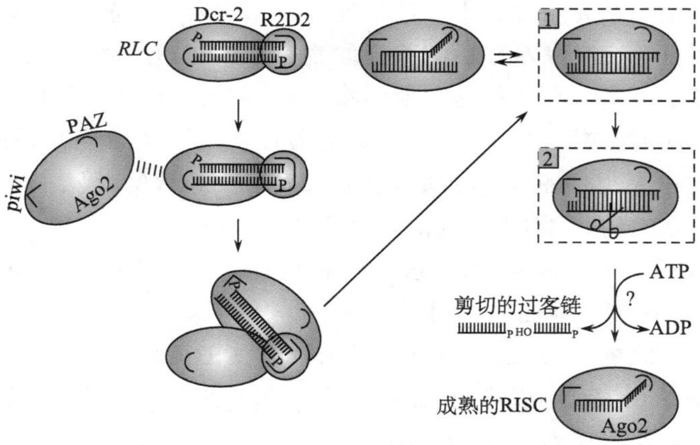

图 9　Dicer-2/R2D2 携带 siRNA 与 Ago2 结合[69]

Armitage[72]等）被推测催化这个反应，但均没有得到直接证据的支持。例如，将 Dicer-2 的解链酶相关结构域氨基酸突变，尽管失去了 dsRNA 的剪切功能，但是并不影响化学合成标准的 siRNA 诱发 RNAi[62]，这说明，Dicer-2 不会直接参与催化 siRNA 的解链过程。Armitage 蛋白功能缺陷的果蝇卵巢细胞提取物中

RISC装配活性变弱，但却不影响 RLC 的形成，这暗示，Armitage 可能与 siRNA的解链有关[72]。

1) RISC 对化学合成 siRNA 的链选择

由于化学合成标准的 siRNA 不需经过起始阶段的 Dicer 酶加工，因此，哪一条链被 RISC 选用可能在很大程度上取决于 siRNA 双链末端碱基配对的热力学稳定性[73,74]。如果双链的其中一端较不稳定，那么这一端具有 5′磷酸基团的单链更加倾向与 RISC 进行装配，那么，这条链将会引导 RISC 寻找与之匹配的 mRNA 并进行切割，该链称为引导链（guide strand）（图 10）；而另一条链则称为过客链（passenger strand），将会被遗弃不用。因此，在人工设计 siRNA 时，对热力学稳定性的考虑可以显著提高 RNAi 的效率，从而降低因过客链装载 RISC 所导致的副作用（off-target effect）的发生[75,76]。

RISC 是如何对 siRNA 的两个末端作出稳定性评估的呢？这可能与装配过程中 siRNA、Dicer-2、R2D2 三者之间的相互作用有关。多数 Dicer 家族成员含有 dsRNA 结合结构域 PAZ，而 PAZ 的高级结构显示它拥有能够包容 siRNA 末端 2 个碱基突出的衣袋结构[77,78]。体外实验表明，人重组 Dicer 酶对 dsRNA 切割时，PAZ 结构域绑定 dsRNA 的末端，dsRNA 结合结构域（dsRNA-binding domain，dsRBD）绑定 dsRNA 的内部，而后通过两个 Rnase III 结构域对 dsRNA的双链分别进行切割[44,46]（图 10）。因此，siRNA 末端稳定性的微弱差异就可能影响 PAZ 结构域与 siRNA 末端的选择性结合，进而决定解链后哪条链被装载成为引导链。类似地，果蝇 R2D2 蛋白 dsRBD 也倾向于快速地结合更加稳定的 siRNA 末端[63]。因此，siRNA、Dicer-2、R2D2 三者间的这种不匀称的相互作用可能直接导致解链酶与 siRNA 的哪一末端结合，并最终决定双链各自的命运[63]。

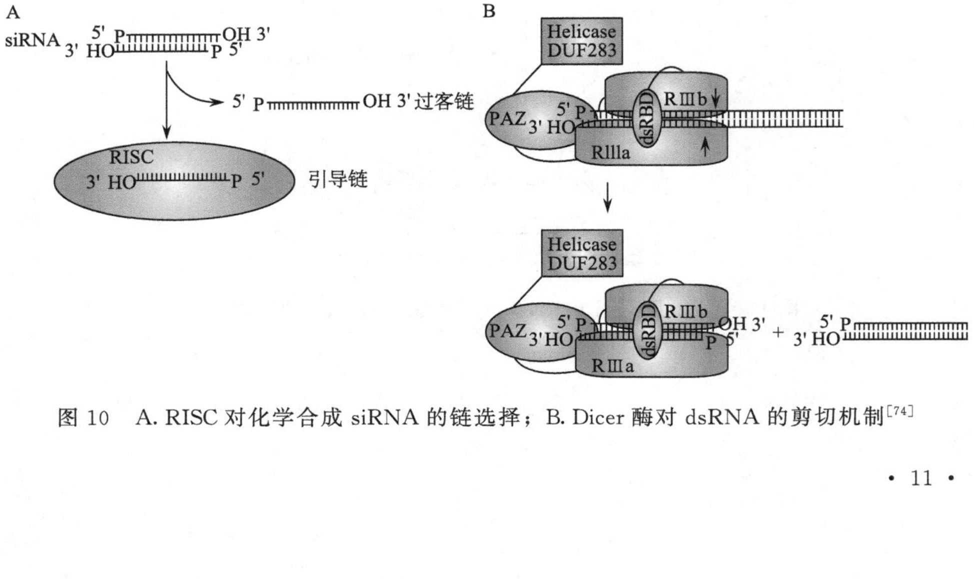

图 10 A. RISC 对化学合成 siRNA 的链选择；B. Dicer 酶对 dsRNA 的剪切机制[74]

2）RISC 对 Dicer 酶加工形成的 siRNA 的链选择

与化学合成的标准 siRNA 不同，长 dsRNA 必须经 Dicer 酶从末端开始剪切才能形成有效的 siRNA[44,46]，在这个过程中可能有其他因素影响了 RISC 对 siRNA的链选择。Elbashir 及其同事的工作[13]表明，当 Dicer 酶在长 dsRNA 的某一端开始剪切时，在产物 siRNA 同一端有 3′末端突出的链将被选择装载 RISC，至少对他们实验当中所采用的特殊的 dsRNA 是这样的情况。一个可能的原因是，Dicer 酶不仅执行剪切 dsRNA 的功能，还参与了护送 siRNA 装载 RISC 的功能，这两个过程之间是连续的，siRNA 并没有从 Dicer 酶上解离下来，因而在这种情况下，Dicer 酶剪切 dsRNA 的方向就直接影响了最终的链的选择（图 11）。特别是当 shRNA 存在时，Dicer 酶没有任何选择机会，只能从 shRNA 的

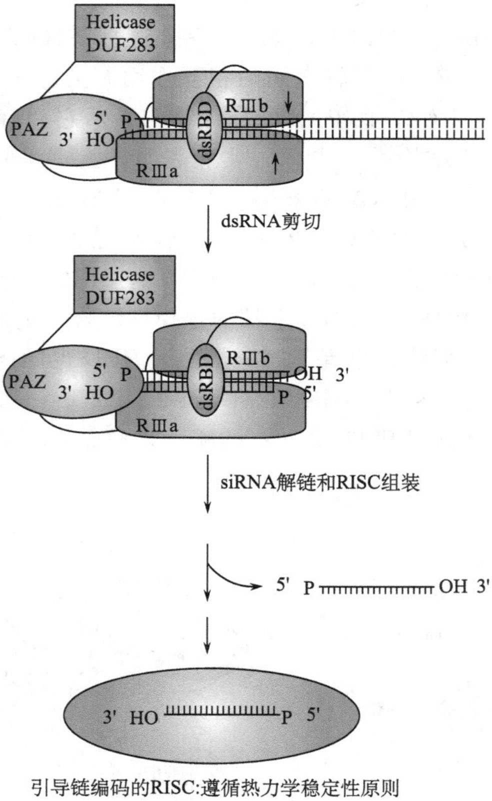

图 11　Dicer 酶对长 dsRNA 加工形成的 siRNA 的链选择[74]

发夹的另一端开始剪切，siRNA 的链选择就只有一种可能，这可能是 shRNA 比化学合成的标准 siRNA 更加有效地诱导 RNAi[66~68] 的原因，因为化学合成的标准 siRNA 有两种链选择，其中一种不能诱发我们所期望的 RNAi，甚至产生副作用。

然而，一个很重要的问题是：影响 siRNA 链选择的上述两个因素（siRNA 热力学稳定性和 Dicer 酶剪切方向）是否会互相矛盾？在某些情况下，由长 dsRNA 或 shRNA 剪切形成的 siRNA 与 Dicer 酶结合并不符合热力学稳定性原则，这时 siRNA 与 Dicer 酶之间会发生怎样的变化呢？一种可能是，siRNA 从 Dicer 酶上解离下来，然后重新根据热力学稳定性原则重新结合（图 12）；另一种可能是，热力学稳定性原则不起作用，siRNA 与 Dicer 酶的结合不发生任何改变。目前更多的实验证据支持了第一种可能[73,79~81]，但仍有待进行更深入的研究。

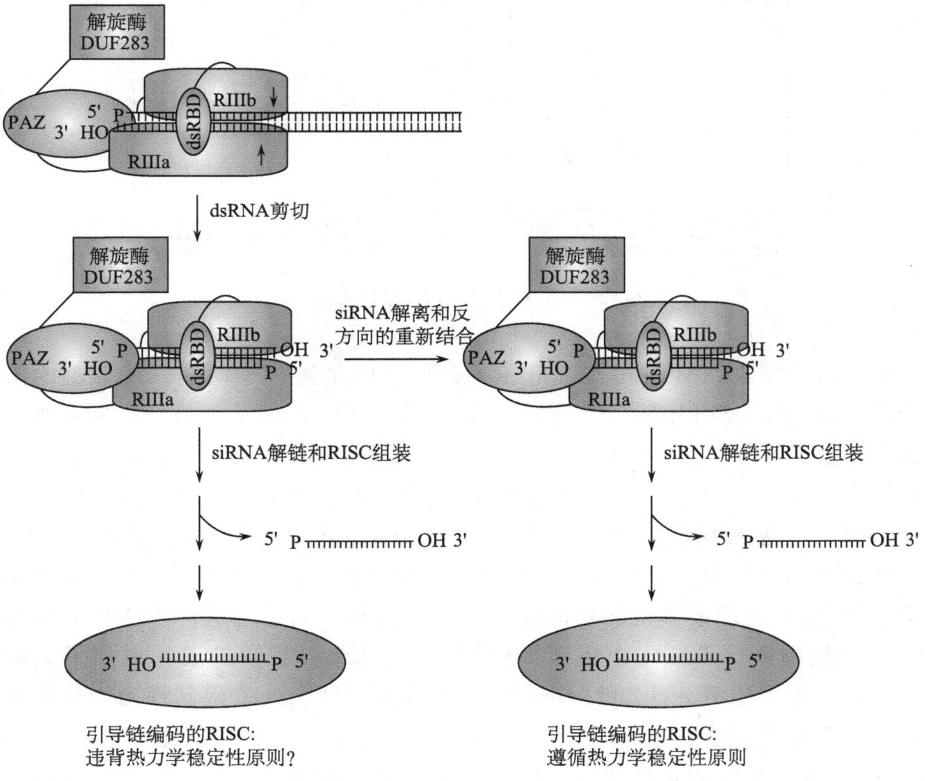

图 12　RISC 对 siRNA 的链选择遵循热力学稳定性原则[74]

3）RISC 剪切 siRNA 过客链

既然 siRNA 引导链与过客链之间形成的双链杂交结构与 RISC 剪切靶 mR-

NA 时引导链和 mRNA 之间形成的双链杂交结构如此类似，Matranga[69] 和 Rand 等[82] 问了一个非常有意思的问题：过客链是否是 RISC 接触 mRNA 之前的第一个剪切目标呢？幸运的是，他们通过^{32}P 同位素标记的确检测到了大小约 9 nt 的过客链剪切产物（图 13），而且，过客链的剪切是在其与引导链解旋之前进行的[69]。

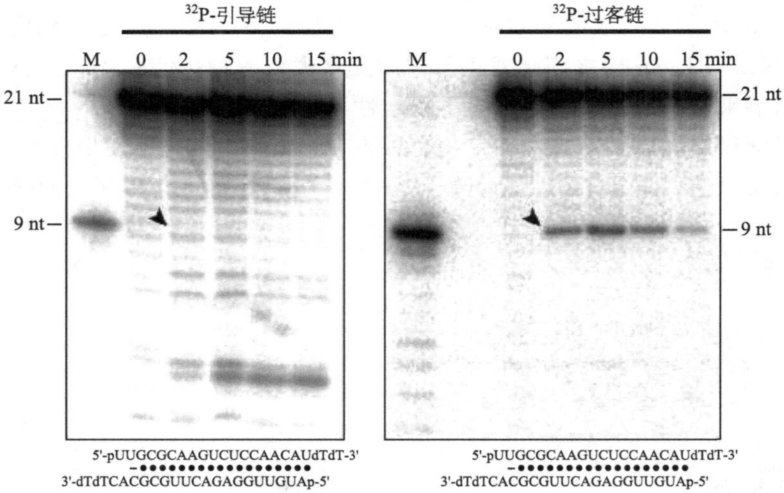

图 13 RISC 剪切 siRNA 过客链[69]

由于以上发现，Matranga[69] 和 Rand 等[82] 问了另一个问题：过客链的剪切是否对 RISC 的装载和活性至关重要，是否是 RNAi 缺一不可的一个反应呢？这对佐证 Ago2 蛋白在 RISC 中的地位十分关键，因为在人类的 Ago 蛋白成员中，其余三个（Ago1、Ago3 和 Ago4）都不具备限制性内切核酸酶活性，但是它们同样能够和引导链相结合[83,84]。为此，Matranga 等[69] 在果蝇实验中对 siRNA 的过客链上的剪切位点进行磷酸化修饰，发现该修饰显著降低了过客链被剪切的效率，RISC 的装配效率也比修饰前降低了约三倍，而且，这种磷酸化修饰抑制在人类细胞提取物 RNAi 中表现得更加强烈。Rand 等[82] 的工作得到了类似结果，此外，他们还将 Ago2 蛋白进行活性位点突变使其失去限制性内切核酸酶活性，结果阻止了过客链从 RISC 中的释放。这两个工作说明，过客链的剪切对 Ago2 介导的 RNAi 起重要作用。但是，对过客链剪切位点的化学修饰并不能完全阻断 RISC 的装载，这一现象使 Matranga 等[69] 推测，或许存在另一个不依赖过客链剪切的附加机制[85]，但显然需要进一步证实。

1.2.3.4 RISC 装载对 ATP 的依赖

RISC 装载这一过程涉及一系列的反应，这些反应可能对能量有大量的需求。Filipowicz[86]在果蝇胚胎提取物的实验中发现，ATP 似乎在 RNAi 的多个阶段起重要的作用，包括 RLC 偶联 RISC 这个过程[87]。有人推测，RLC 之后的过程对 ATP 的需求可能暗示了 siRNA 解链酶对 ATP 的依赖。有趣的是，Rand 等[82]观察到，与果蝇胚胎提取物不同，果蝇的 S2 细胞提取物 RNAi 过程并不绝对需要 ATP，而且他们还惊奇地发现，长度仅为几个碱基 dsRNA 的解链过程需要 ATPase。我们认为，在果蝇的 S2 细胞提取物中 RISC 装载本身不需要 ATP，因为 siRNA 解链所需能量可以部分由 Ago2 锁定引导链时所释放的捆绑能量提供。为了解释胚胎提取物和 S2 细胞提取物 RNAi 过程对 ATP 的不同需求，Rand 等[82]还推测，在胚胎提取物中存在特殊的磷酸酯酶（phosphatase），因而 ATP 的需求是为了维持 siRNA 的 5′端磷酸化状态，但是这个推测似乎不成立，因为更新的研究[87]发现，即使在 siRNA 的 5′端磷酸化状态始终保持完整的情况下，RISC 的装载仍然需要 ATP。考虑到果蝇 S2 细胞提取物采用的是去 S100 核糖体的上清液，更可能形成较小的精简的 RISC，而胚胎细胞提取物更可能形成大的完整的 RISC，因此，存在一种可能，那就是精简的 RISC 不需要 ATP，相反完整的 RISC 需要[85]。

1.2.4 完成阶段：RISC 剪切 mRNA

处于活性状态的 RISC 装载有 siRNA 的引导链，接下来它将寻找识别与之匹配的 mRNA，一旦 mRNA 与引导链之间有着充分的碱基互补配对，RISC 将会对 mRNA 进行切割，这一过程与 siRNA 过客链的剪切过程类似。如果 RNAi 反应体系中的非特异性的外切核酸酶被抑制或除去，可以分离获得 5′和 3′端的两段 mRNA 产物，而 5′端那段产物的 3′末端是羟基，3′端那段产物的 5′末端是磷酸基团，这说明，RISC 是作为限制性内切核酸酶起剪切作用（图 14）[57,58]。实验表明，对 mRNA 的剪切过程本身是不依赖于 ATP 的，而且 siRNA 引导链不会发生大的变化，RISC 可以重复使用[52,57,58,88]。尽管如此，在有 ATP 存在的情况下，非纯化的果蝇 RISC 能够更加快速地进入第二次循环，这暗示，ATP 可能促进 RISC 对 mRNA 的剪切产物的释放，或使 RISC 恢复构象准备第二次的剪切，或者同时促进两个过程[89]。

1.2.4.1 剪切位点的选择

RISC 对 mRNA 的剪切具有高度特异性，通常剪切位点处于从 siRNA 5′端数起的 11 到 12 个碱基相对应的位置[14]。很令人惊讶的是，即使在 siRNA 的 5′端存在 4 到 5 个不匹配的碱基或者干脆缺失的情况下，这种精确性仍然不会发生改变[58,89]，因此，剪切位点的选择可能不仅仅是根据对 siRNA 与 mRNA“A”式双链结构在长度上的简单度量决定，而可能是在 siRNA 引导链与 mRNA 杂交之前就已经被确定了。然而，尽管 siRNA 与 mRNA 之间有限数量的碱基不匹配

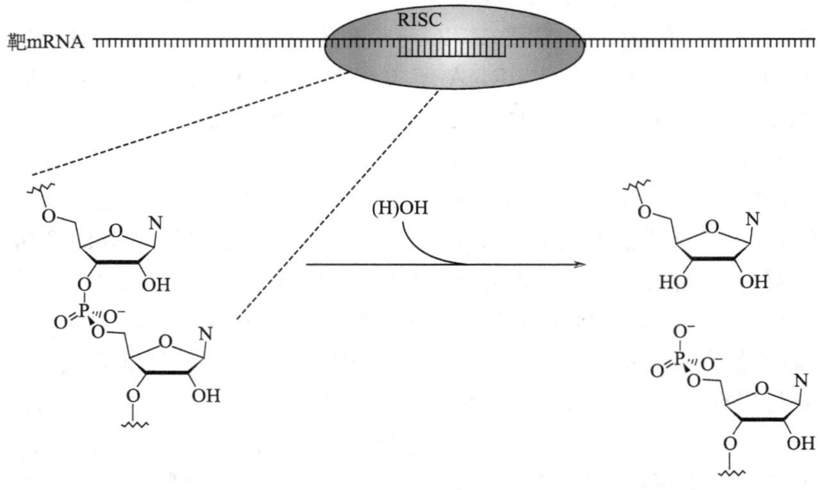

图 14 RISC 对靶 mRNA 的链剪切[68]

不会影响剪切的精确性，但是可能显著降低剪切的效率[58,89]。

1.2.4.2 剪切反应

对靶序列特殊的化学修饰可以为剪切反应机制提供一些信息。在人或果蝇中，2′-脱氧核糖核酸链或者完全 2′-*O*-甲基化的 RNA 无法被 RISC 剪切[58,90,91]。然而，在 RNA 链中有限个数的碱基置换（包括 2′-脱氧核糖核酸置换）仍然不会影响被人类细胞精简的 RISC 剪切[58]（图 15）。研究表明 mRNA 剪切位点的 2′-脱氧核糖核酸的置换可能使剪切反应的速率降低 1000～10 000 倍[92]，这说明，剪切位点的构象可能影响整个反应的效率。与整个 2′-脱氧核糖核酸的置换相比，如果在剪切位点上仅仅发生单一的 2′-*O*-甲基化核糖的置换，反应速率降低约 100 倍，这暗示，甲基化对原子空间排列结构上的干扰是反应速率降低的可能原因[58]。有研究表明，剪切位点的两个磷氧化学键（P—O）对剪切反应至关重要，因为，发生在剪切位点上的外消旋的 R_P- 和 S_P-磷混合置换使 mRNA 在标准的反应条件下（Mg^{2+} 是唯一的二价阳离子）无法被 RISC 显著地切割[57]。然而，若以 Mn^{2+} 取代 Mg^{2+}，上述的磷置换对反应的抑制效应有所减弱，因为，Mn^{2+} 比 Mg^{2+} 更能与 RISC 的硫原子形成协调的空间匹配[93]。以上研究表明，在剪切过程中，mRNA 剪切位点的两个磷氧化学键或其中之一可能与一个或多个的二价金属离子形成内部空间的接触[57]（图 15）。

1.2.4.3 Slicer 剪切反应的主角

尽管已知 RISC 催化 mRNA 的剪切，但是究竟 RISC 中的哪个成分是主角尚不清楚。近年来的许多结构生物学研究暗示，Ago 蛋白赋予了 RISC 对 mRNA

A

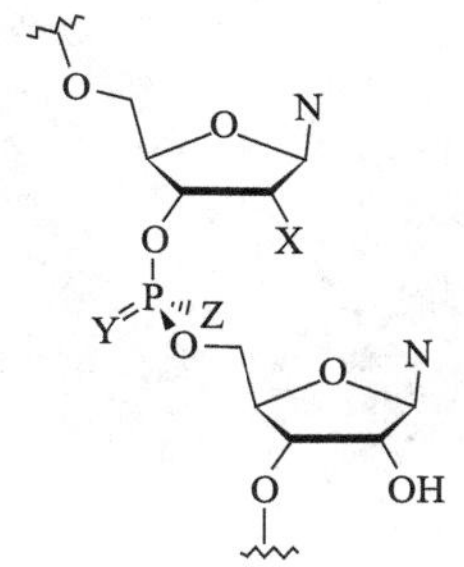

X	Y	Z	靶mRNA剪切
OH	O	O	+
H	O	O	+
OCH_3	O	O	−
OH	S	O	−
OH	O	S	−

B

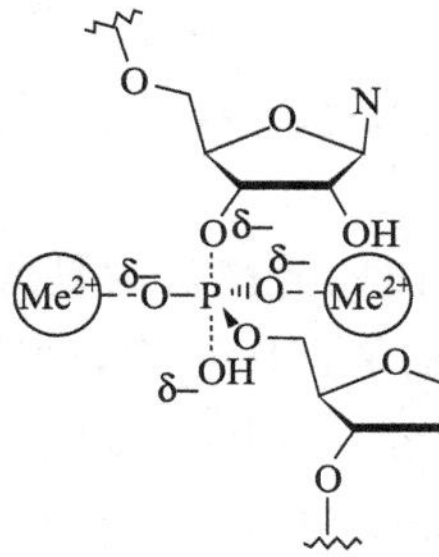

图 15　A. RISC 对靶 mRNA 剪切位点突变的容忍性；B. 二价金属离子介入剪切反应[68]

的剪切活性。Song 等[94]成功地表达、纯化了一个 *Pyrococcus furiosus* 的 Ago 蛋白，并且获得了结晶。X 射线晶体结构分析表明，Ago 蛋白的 *N* 端、中间及Piwi三个结构域形成了月牙形结构，这个月牙结构支撑着第四个结构域 PAZ（图 16）。*P. furiosus* 的 Ago 蛋白 PAZ 结构域与其他物种独立的 Ago 蛋白的 PAZ 结构域相似[95~97]。令人意想不到的是，PAZ 结构域下面的 Piwi 结构域形成了一个折叠，这与 Rnase H 和相关的多核苷酸水解酶/转移酶（polynucleotidyl-hydrolase/transferase）十分相似（图 16）。有一条明显的裂沟，从 PAZ 结构域的 RNA 3′末端结合位点（3′-terminal RNA-binding site）一直延伸到Piwi结构域，这条裂沟可能是 siRNA 与 mRNA 的结合部位[77,78]。在这条裂沟的边缘有三个羧基侧链，根据它们的结构定位，类似于 Rnase H 中结合二价金属离子的 DDE 基序（DDE-motif）。

Rnase H 具有三个很显著的特征：其一，活性依赖于二价金属离子；其二，能够剪切双链 RNA 的其中一条特殊的链；其三，催化反应的方式（例如，在产物中分别产生 3′羟基和 5′磷酸基团的末端）。无独有偶，RISC 也同样拥有这三个特征，这暗示，在 RNAi 过程中，Ago 蛋白的 Piwi 结构域与 Rnase H 以类似的方式起剪切作用。到目前为止，所有分离到的有活性的 RISC（包括纯化的人的精简 RISC[52]）均含有 Ago 蛋白组分，这种特征对 RISC 的其他组分来说是不

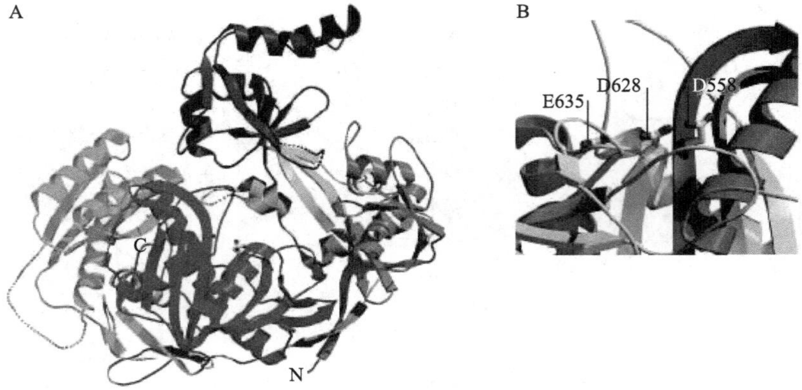

图 16 A. *P. furiosus* 的 Ago 蛋白晶体结构解析；B. RNase H 及有关酶的晶体结构[68,94]

具备的[51,65,88]，是否含有 Ago 蛋白成分被认为是区分 RISC 的一个标志。科学家们对果蝇 S2 细胞抽提物作广谱的纯化工作[98]，发现在一个有活性的 RISC 组分中，仅仅能够检测到 Ago 蛋白成分，这进一步暗示，单独的 Ago 蛋白就足以体现整个 RISC 的功能。因此，Ago 蛋白恰如其分地解释了 RISC 具有限制性内切核酸酶功能的原因，是真正的 Slicer[55]应该无太大的争议。

在人类细胞提取物中，存在 Ago1、Ago2、Ago3、Ago4 四个 Ago 蛋白成员，只有 Ago2 与 RNAi 的 mRNA 剪切反应有关[84,99]。当人 Ago2 蛋白发生几个氨基酸突变时，可能抑制该蛋白质对 mRNA 的剪切活性，但是并不影响蛋白质的表达以及与 siRNA 的结合[99]，特别是被认为与形成 DDE 基序样结构有关的其中两个羧基发生突变的时候，对 Ago2 蛋白 mRNA 剪切活性的抑制是最显著的。事实上，仅仅从氨基酸突变导致活性散失这个角度上，不能得出“突变的氨基酸位点就是酶的活性中心所在”的结论，因为，氨基酸突变可以有多种方式影响酶的活性而不一定是因为活性位点的破坏所导致的。但是根据前面所述，关于 Ago2 的 Piwi 结构域存在 DDE 基序样的结构特征，再结合上述 DDE 基序样结构两个羧基发生突变导致的显著后果，可以确切地说，至少某些 Ago 蛋白的 Piwi结构域是真正的 Slicer。Ago 蛋白对不同于 RNAi 的与 mRNA 降解无关的其他基因沉默现象同样重要[100]，而且有些 Ago 蛋白也含有 Piwi 结构域，但是并不具有核酸酶活性[99]。因此，尽管 Ago2 的 Piwi 结构域在 RNAi 中确实扮演着 Slicer 的角色，但是 Ago 蛋白的其他功能仍然是个谜。关于 Ago 蛋白家族成员的功能，我们还需要更广泛深入的研究。

1.3 microRNA 的表达与功能

RNAi 是一种在生物体中普遍存在的机制，它从不同水平对基因的表达进行调控。小 RNA 是 RNAi 通路中的核心，根据其化学特性和作用模式可以划分成不同家族。在这些小 RNA 中，microRNA（miRNA）是在动物中研究得最多的一类。这些小的内源性 RNA 通过剪切靶标转录产物或者干扰其翻译来实现基因的转录后调控。在植物和动物中已经发现了 miRNA，在哺乳动物病毒中也发现其存在。这暗示哺乳动物病毒依靠宿主的 RNAi 机器合成 miRNA，这些 miRNA 对被感染的宿主基因组和病毒自身基因组均有作用。用于鉴定病毒 miRNA 的技术基本上与鉴定细胞 miRNA 的技术相同。通过计算机预测 miRNA 靶基因的计算方法继而进行验证的方法是有效可行的。但鉴定病毒 miRNA 更直接和无偏向性的方法则是对病毒感染的细胞和组织建立的小 RNA 文库进行克隆和测序。

虽然所有的动植物都有内源 miRNA 表达，但众多的 DNA 病毒也编码 miRNA是新近发现的，推测它们有可能下调病毒或者宿主蛋白基因的表达。尽管我们已经了解部分病毒 miRNA 的功能，但大多数病毒 miRNA 的功能还是未知的。疱疹病毒在可编码 miRNA 的病毒中显得较为独特，这是由于在长期的潜伏期或裂解性复制中，疱疹病毒可以广泛地利用所表达的 miRNA。病毒 miRNA 只在病毒感染的细胞中表达，因而被认为是外源的，所以在没有感染病毒的特定细胞中表达病毒 miRNA 是一个研究其功能的有效手段。

miRNA 的发现引入了基因调控系统的一个新模式。大量的 miRNA 已在广泛的物种中被鉴定，其中大部分 miRNA 是通过非完全匹配结合到 mRNA 3′非翻译区的一个或多个位点上，从而下调 mRNA 的翻译。鉴定 miRNA 的靶基因被认为是理解 miRNA 在基因调控网络中所起作用的一个重要步骤。基于已观察到的一些特征（如两个核糖核酸分子的杂交程度）的规则，现已开发了专门的计算机算法，用于研究 miRNA 与其靶标的相互作用。这些电脑模拟方法为 miRNA靶标检测提供了重要的工具，并连同实验验证，有助于揭示 miRNA 的调控靶标。

尽管 RNAi 分子机制最初在秀丽新小杆线虫中被发现[6]，但是，后续的研究工作表明，该分子机制存在于绝大多数的真核生物中，包括真菌[101]、植物[2]、原生动物[102]、无脊椎动物[103,104]、脊椎动物[105]等，区别主要在于参与该分子机制的有关蛋白质[106]，例如 Dicer 酶（图 17）。事实上，在同一种真核细胞中，仍然存在可以归为另一类型但又极为相似的 RNAi 分子机制[107]（图 18），那就是，由 miRNA 诱导的对靶 mRNA 的剪切或翻译抑制（translational inhibition）。

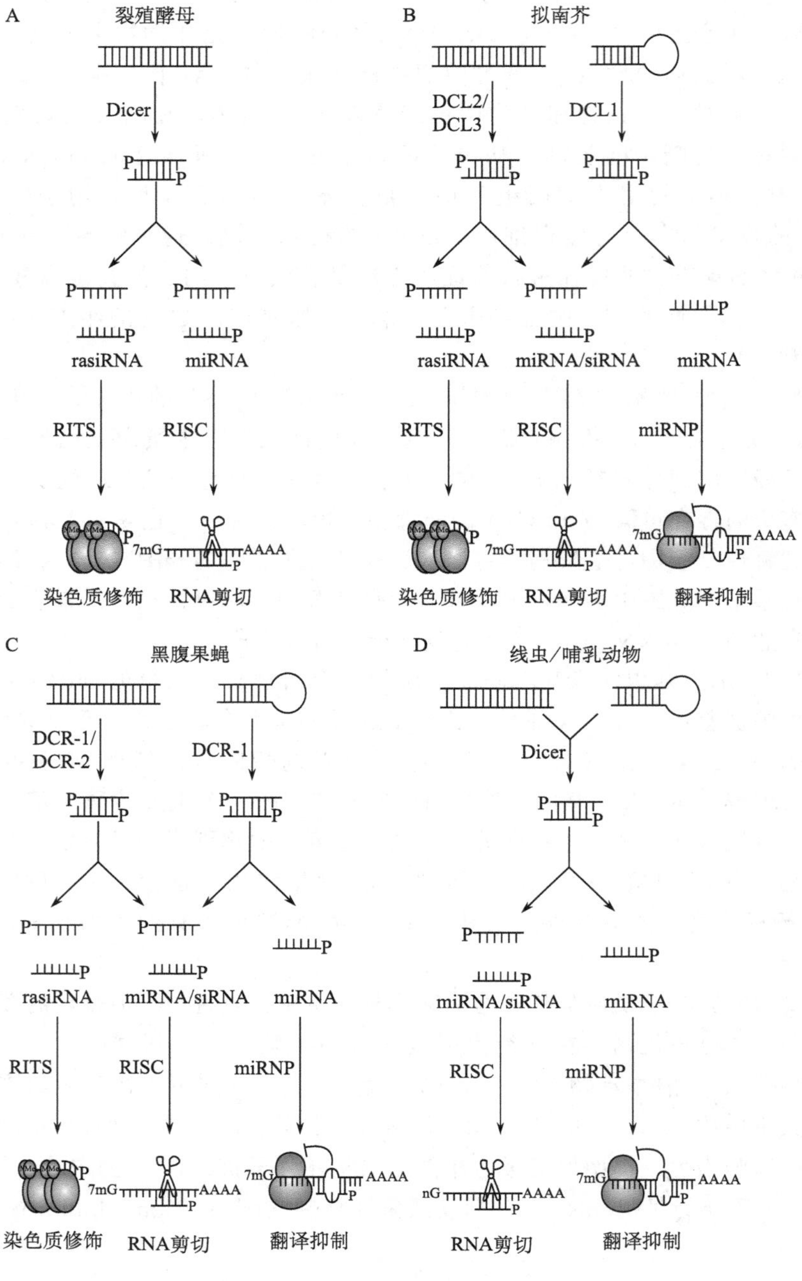

图 17　不同生物细胞的 RNAi 分子机制[106]

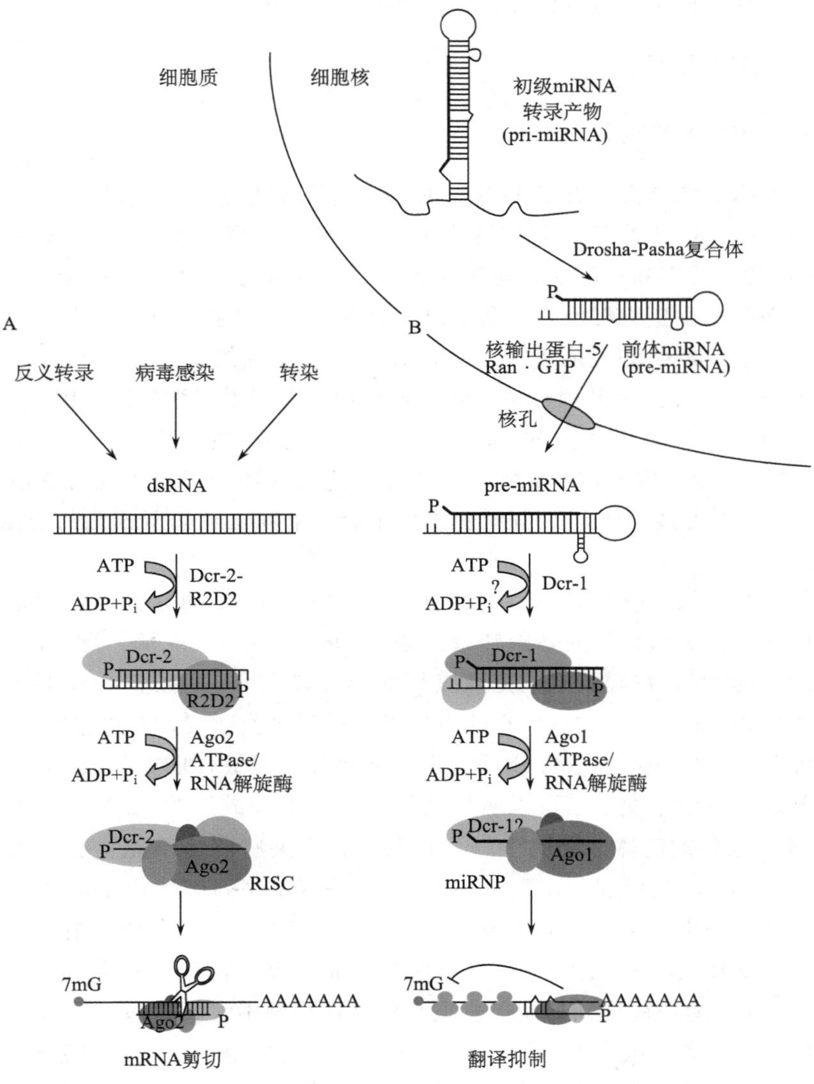

图 18　siRNA 及 miRNA 介导的 RNAi 分子机制比较[107]

与 siRNA 不同，miRNA 起源于细胞内源性的具有发夹结构的基因转录产物[108~110]。在介导基因沉默过程中，miRNA 通过与 siRNA 类似的反应机制催化靶 mRNA 的剪切，或者抑制 mRNA 的转录后翻译过程。研究发现，仅人类细胞中就存在上千种不同的 miRNA[111]（www. sanger. ac. uk/software/Rfam/mirna），这些小 RNA 分子在多种多样的细胞分子调控中扮演着重要的角色，包括发育时间调控、造血细胞分化、细胞复制、细胞凋亡、组织发育、肿瘤发生等，似乎形成了一个十分复杂的调控 RNA 世界网络。因此，miRNA 及其分子生物学功能的研究将使人类对生命过程有更加深入的了解。

1.3.1 miRNA 的产生

1.3.1.1 miRNA 的定义

由于起源的特殊性，有必要对 miRNA 进行严格的定义。miRNA 是一类长度约为 19～30 nt 的非编码调控性小 RNA，通过与靶基因 mRNA 3′非翻译区（3′UTR）的互补序列相配对，对靶基因的表达起抑制作用。这类 RNA 在进化上保守，在胚胎发生、细胞分化和增殖方面有重要的调控功能。同时，它们还与某些人类疾病的发生和发展有关。目前预测人类基因组中约有1000 个 miRNA，它们可能对 30％的人类基因转录物起调控作用。由于不同细胞株系中 miRNA 表达种类的特异性以及表达水平的差异，miRNA 表达谱的建立显得十分重要。小 RNA 克隆是有效鉴定 miRNA 组织或细胞表达特异性的可靠方法。它既能用于鉴定新的 miRNA 或 siRNA，同时也能用于验证生物信息学所预测的 miRNA 或 siRNA。

根据研究结果，miRNA 是一类长度约为 19～30 nt 的ssRNA，它是由细胞内源性的含有发夹状结构的基因转录产物经 Drosha 和 Dicer 酶，即 Rnase III 剪切加工产生的[108]。在实验室中克隆获得的小片段 RNA 必须符合以下几个标准才能被确认为 miRNA：其一，它的表达能够得到实验证实，方法包括 RT-PCR、引物延伸分析、Rnase 敏感性分析、芯片杂交等，但最佳的方法是 Northern 印迹，因为通过观察杂交条带可以明显地从大小来识别成熟的 miRNA（大小约为 22 nt）和发夹状的前体（约为 70 nt）；其二，发夹状前体不能含有巨大的内部环状结构（loop）或隆起（bulge），并且，miRNA 序列必须位于前体的其中一条臂上，在动物中，发夹状前体通常大小为 60～80 nt，但在植物中，其大小多变；其三，miRNA 序列通常在进化上保守，而且保守程度比发夹状前体大；其四，假如 Dicer 酶功能受到抑制，发夹状前体在细胞中大量聚积。

然而，前三条标准通常被用作实际判断，第四条由于受实验限制较少采用。并且，这四条标准中的任何一条不能单独作为断定 miRNA 的充分条件。通常，第一条标准（涉及表达）加上第二条标准（涉及结构），或者第一条标准加上第三条标准（涉及结构保守性）可以构成充分的条件。如果它的表达量太少不利于检测，但是它的 cDNA 能够被克隆，加上第三条标准（结构存在保守性）可以构成充分条件。如果它是通过 cDNA 克隆以外的方法获得的话，它的前体结构和保守性必须能够得到鉴定。如果它的存在可以被预测但检测不到，它的保守性前体必须在 Dicer 酶缺失的情况下在细胞内大量聚积（即同时符合第三条和第四条标准）。如果一个小 RNA 已经被确认为 miRNA，那么，其他物种中存在的小 RNA 只要它的前体与已确认的其他物种的 miRNA 前体在系统发生上保守（即符合第三条标准），即使没有实验验证就可以认为该小 RNA 是 miRNA。

1.3.1.2 miRNA 基因的基因组定位、转录及 miRNA 分类

1）miRNA 基因的基因组定位

通过基因组分析[112,113]发现，绝大多数的 miRNA 基因位于基因组的基因间区（intergenic region），通常距离已知或预测的基因超过 1 kb 远，尽管还有少数的 miRNA 基因位于已知基因的内含子区域（intronic region）。因此，人们推测绝大多数的 miRNA 基因（主要指位于基因间区的那部分）都有自主转录的功能，每一个基因都可能是一个自主转录单位（autonomous transcription unit）。另一个有趣的现象是，大约 50%的已知的 miRNA 与其他 miRNA 在序列上非常类似[112~114]，这暗示，这些 miRNA 簇（miRNA cluster）可能是从一个多顺反子转录单位（polycistronic transcription unit）获得的。深入的研究表明，miRNA基因可以由自己的启动子启动转录[115,116]，而且，那些 miRNA 簇是从多顺反子性质的初级转录产物（pri-miRNA）剪切而产生[117]（图 18）。

2）miRNA 基因主要由 RNA 聚合酶 II（polII）启动转录

miRNA 基因主要由 polII 启动转录[115,116]，但不排除少量的 miRNA 由其他类型的 RNA 聚合酶转录的可能。事实上在早期，人们认为 miRNA 基因的转录与 RNA 聚合酶 III（polIII）有关，因为，绝大多数的小 RNA（包括 tRNA）由 polIII 转录产生。然而，pri-miRNA 有时长达几千个碱基，并且经常含有连续超过四个尿嘧啶（U4）的序列，而 U4 序列的存在会导致 polIII 转录的终止[117]。对含有多聚腺嘌呤（polyA）的转录产物进行表达序列标签（expressed sequence tag，EST）分析和基因结构分析[118~122]表明，它们中的有些同时含有 miRNA 序列和与 miRNA 序列临近的 mRNA 序列片段。表达谱分析显示，miRNA 的表达在发育的不同阶段或不同组织均处在精确的调控中，与 polII 转录的基因调控类似[123~125]。此外，通过人工质粒以一个异源 polII 转录产生的 pri-miRNA 可以被加工形成功能完善成熟的 miRNA[116,126]。

有更加直接的三个证据支持 polII 调控 miRNA 转录假设：其一，pri-miRNA 具有冒结构（cap structure）和 polyA 尾结构（polyA tail）[115,116]；其二，miRNA的转录受 α-蝇蕈素（α-amanitin）的抑制，而已知 α-蝇蕈素特异性抑制 polII 的活性，但不抑制 polI 和 polIII 的活性[115]；其三，染色质免疫共沉淀分析表明，polII 与已知的 miRNA（miR-23a/miR-27a/miR-24-2）互作[115]。理论上，由 polII 调控 miRNA 转录有多个好处，例如，miRNA 的转录可能受到 polII 相关调节因子的间接调控，这样使某些特殊的 miRNA 将被调控在不同的发育阶段、不同的生理条件，或细胞类型中差异表达；miRNA 可以调控有关蛋白质的表达，特别是当 miRNA 与 mRNA 位于同一条基因转录产物中，或由同一个启

动子启动转录的情况。

3）miRNA 分类

根据 miRNA 基因相对于已知的转录单位（transcription unit）之间的位置关系，我们可以对 pri-miRNA 的结构有更加深入的了解，并可能对 miRNA 作出分类。通过全面的基因组分析和基因表达数据库分析，Bradley 及其同事[119]发现，约 70%（232 个中的 161 个）的 miRNA 基因位于已知的转录单位内部（图 19）；有 117 个 miRNA 基因位于内含子（intron）的正向（sense orientation），在这 117 个中，有 90 个处在蛋白质编码区（protein-coding region）的内含子当中，27 个处在非编码 RNA（non-coding RNA）的内含子当中，30 个与非编码 RNA 的外显子重叠（overlap），14 个与内含子或者外显子（与剪接方式有关）重叠。因此，根据 miRNA 基因的基因组定位，可以将 miRNA 分成以下几类：第一类，非编码 RNA 的外显子 miRNA（exonic miRNA in non-coding RNA）（图 19）；第二类，非编码 RNA 的内含子 miRNA（intronic miRNA in non-coding RNA）（图 19）；第三类，蛋白质编码 RNA 的内含子 miRNA（intronic miRNA in protein-coding RNA）（图 19）。

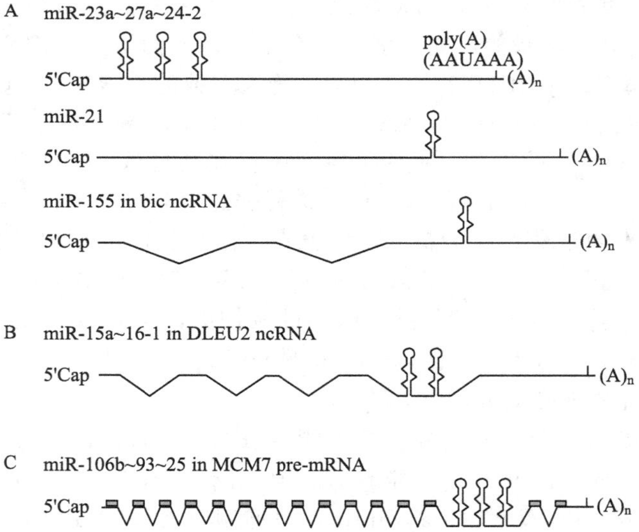

图 19　五种类型的 pri-miRNA 结构模式图[111]

1.3.2　pri-miRNA 的剪接

由于 miRNA 基因与已知基因在位置上的特殊关系，产生了一个很自然的问题是 pri-miRNA 的剪接和 mRNA 的剪接（splicing）之间是否有一些关联。现在通常认为，首先进行的是 mRNA 的剪接，由此产生的内含子套索（intron lariat）再进一步被加工形成 pri-miRNA，这有些类似于同样来源于内含子套索结构的小核仁 RNA（small nucleolar RNA，snoRNA）的剪接过程。在果蝇中[122]，let-7 转录产物必须事先经过上游顺式剪接（trans-splicing ）过程，顺式剪接反应将 let-7 茎环结构（stem-loop）的上游序列替换成剪接引导序列 1（spliced leader 1，SL1），这个反应改变了茎环周围的二级结构（secondary structure），使 pri-miRNA 的剪接更加有效。然而，let-7 的 pri-miRNA 的这种剪接方式只是个例，因为 miRNA 序列通常远离剪接位点（splice junction），不像 let-7 转录产物的剪接位点离 miRNA 序列那么接近。

另一个有趣的是，单个转录产物同时编码蛋白质和 miRNA。Cai 等[116]发现，一个同时含有 luciferase 编码序列和 miR-21 序列的转录单位既可以表达 luciferase 蛋白又可以表达 miRNA。但是不清楚的是，该转录单位产生的一条 RNA 分子链是否能同时表达两种产物，还是必须在 miRNA 途径和 mRNA 途径之间作出选择。

1.3.3 miRNA 的成熟

目前的 miRNA 成熟模式是根据两个简单的现象构建的[117]：其一，由 miRNA 基因转录获得的初级转录产物 pri-miRNA 首先被剪切形成前体 miRNA（precursor miRNA，pre-miRNA），随后继续被加工形成成熟的 miRNA；其二，pri-miRNA 到 pre-miRNA 和 pre-miRNA 到 miRNA 这前后两个反应分别在细胞核和细胞质中进行。因此，整个 miRNA 成熟过程又涉及 pre-miRNA 的核转运（nuclear export）。

1.3.3.1 Drosha 蛋白介导的核内剪切

miRNA 基因的初级转录产物 pri-miRNA 通常长达几千个碱基，包含一个或多个发夹结构（hairpin structure）（图 19）。发夹结构经核内 Rnase III 酶 Drosha 剪切释放出大小约 60～80 nt 的 pre-miRNA[127]（图 20）。pri-miRNA 中发夹状结构的旁测序列（flanking fragment）一般认为在核内被降解，但是有些例外，比如 miR-23a/miR-27a/miR-24-2 的旁测序列在 EST 研究中多次被克隆，而且现在被认为是一个 mRNA[115]。因此，pri-miRNA 发夹结构的旁测序列的基因功能尚有待于进一步研究。

Drosha 蛋白大小约 160 kDa，在动物细胞中普遍保守[35,128,129]。它包含两个一前一后的 Rnase III 结构域和一个 dsRNA 结合结构域（dsRNA-binding domain，dsRBD）（图 21），与催化活性高度相关[130]。Drosha 肽链上邻近 RIIID 的中间部分也与其活性有关[130]。在果蝇[131]和人类细胞[130,132]中，Drosha 分别以大小约 500 kDa 和 650 kDa 的蛋白复合体（microprocessor complex）形式存在。

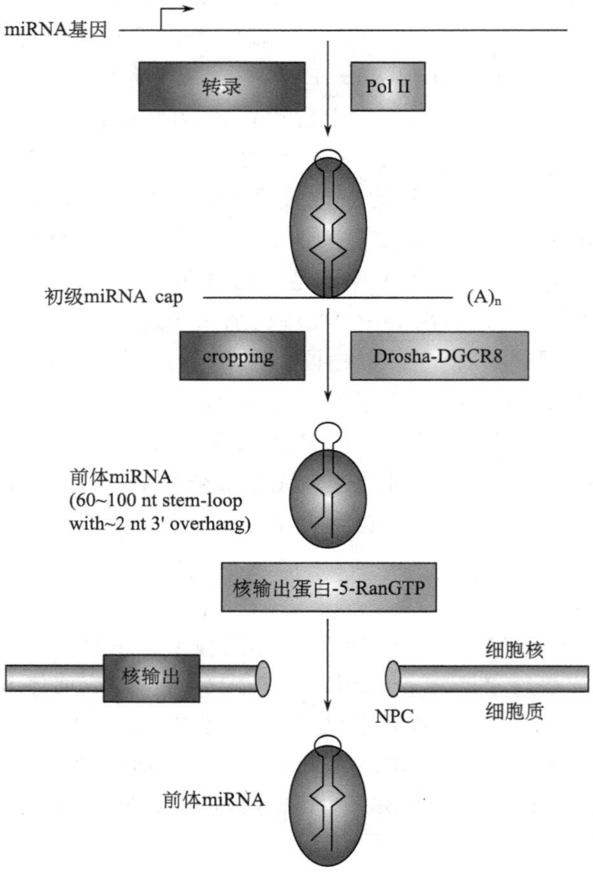

图 20 Drosha 蛋白介导的 pri-miRNA 核内剪切[111]

在人类细胞的 Drosha 复合体中，Drosha 与 DGCR8 蛋白（DiGeorge syndrome critical region gene 8 protein，DGCR8）互作，其中，DGCR8 蛋白在果蝇和秀丽新小杆线虫中被称为 Pasha[130～133]。DGCR8 或 Pasha 具有两个 dsRBD 和一个预测的 WW 结构域（WW domain）（图 21）。WW 结构域能够与富含脯氨酸（proline-rich）的蛋白质序列互作，很巧的是，Drosha 蛋白含有富含脯氨酸区域，但是 Drosha 与 DGCR8 之间是否真正通过它们之间相互作用有待鉴定。目前，尽管生化机制还不清楚，但是，Drosha 与 Pasha 可能协助 Drosha 对 pri-miRNA 的识别[130～133]。

尽管动物细胞中存在数以百计的 pri-miRNA，但是，它们在序列上似乎并没共同的特征，因此，一个很有趣的问题是，Drosha 是如何对 pri-miRNA 进行识别的呢？通过氨基酸突变分析表明，识别过程主要与 pri-miRNA 的三级结构（tertiary structure）有关[127,134,135]，剪切位点附近的双链结构[127,134]和末端的茎环结构（通常超过 10 nt）[134,135]也是非常重要的。有趣的是，Drosha 复合体似乎能够精确测量双链结构的长度，因为，剪切位点大约距离末端茎环结构约两个螺旋（helical turn）（约为 22 bp）[135]（图 22）。

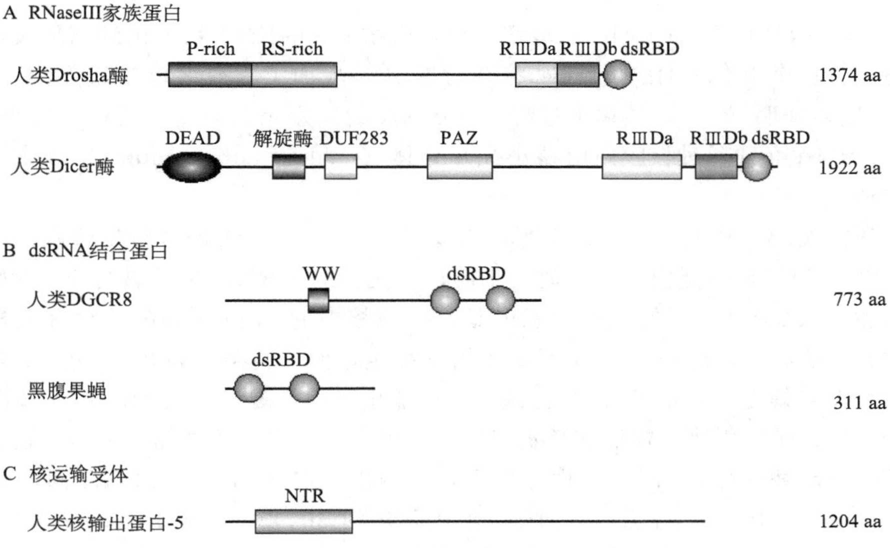

图 21 Drosha 及其相关蛋白结构比较[111]

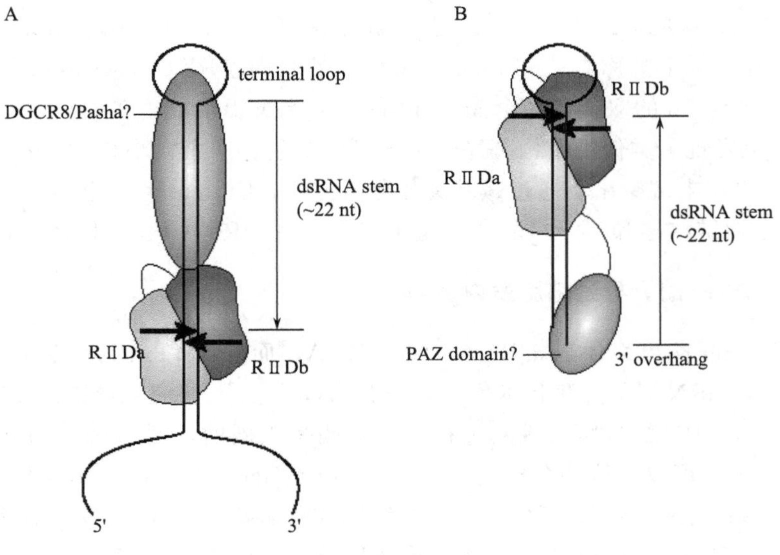

图 22 A. Drosha 对 pri-miRNA 的剪切机制；B. Dicer 酶对 pre-miRNA 的剪切机制[111]

Drosha 可能还介导了其他类型的 RNA 的剪切，因为有实验表明，Drosha 直接或间接参与了 rRNA 的剪接过程[129]。

1.3.3.2 核输出蛋白-5 介导的对 pre-miRNA 的核输出

pri-miRNA 经过 Drosha 的剪切之后，产物 pre-miRNA 被输出到细胞质，在那里，另一个 Rnase III 酶 Dicer 将会对它进一步加工，最终形成成熟的 miRNA。实验证明[136,137]，核输出过程对 miRNA 的成熟至关重要。在这一过程中，pre-miRNA 必须通过核膜内由核小孔复合体（nuclear pore complex）形成的蛋白质通道[138]。

研究发现，其中一个核输出蛋白-5 协助了 pre-miRNA 的核输出过程[139～141]（图 20）。当核输出蛋白-5 减少时，细胞质中的 pre-miRNA 和成熟的 miRNA 含量也相应减少[139,140]。但值得注意的是，细胞核中的 pre-miRNA 并没有大量聚集现象，这暗示，pre-miRNA 可能相当不稳定，而一旦与核输出蛋白-5 结合了之后可能变得更加稳定[140]。最初认为，核输出蛋白-5 是一个与 tRNA 核输出有关的次要因子，因为它能够在负责 tRNA 核输出的主要因子核输出蛋白-t 超负荷的情况下起替代作用[142,143]。现在发现，核输出蛋白-5 与 pre-miRNA 间的亲和力远远高于 tRNA，并且，一个细胞内富含约 50 000 个 miRNA[144]，因此，pre-miRNA可能是核输出蛋白-5 的主要服务对象。

pre-miRNA 有没有特殊的结构要求影响核输出蛋白-5 对它的转运呢？研究发现，核输出蛋白-5 能够转运腺病毒的一个大小约 160 nt 的非编码 RNA（noncoding RNA，ncRNA）VA1[145]。对 VA1 的顺式作用元件（*cis*-acting element）研究表明存在一个被称为“minihelix motif”的结构基序（structural motif），它由一个大于 14 bp 的双链和一个 3～8 nt 的 3′末端突出组成。在 pre-miRNA 的茎环结构中也发现了类似的结构基序，很典型的它包含一个大小约 22 bp 的茎环和一个 2 nt 的 3′末端突出。通过碱基突变分析方法，Cullen 等[146]证实，一个大于 16 bp 的茎双链结构和一个短的 3′末端突出是 pre-miRNA 核输出的结构要求。

1.3.3.3 Dicer 酶介导的细胞质内剪切

由于 Dicer 酶可以加工 dsRNA 形成 siRNA，而且 pre-miRNA 在结构上类似于 dsRNA，siRNA 在长度上亦类似于 miRNA，因此，研究人员推测 Dicer 酶可能也介导了 miRNA 的加工成熟过程。此推测是正确的，因为后来的研究[41,147]证明，Dicer 酶可以将体外合成的大小约 70 nt 的 let-7 茎环结构 RNA 剪切形成大小约 22 nt 的 miRNA。而且，当人类细胞或秀丽新小杆线虫 Dicer 酶基因被敲除后，导致 70 nt 的 pre-miRNA 大量聚集以及 20 nt 的 miRNA 无法产生。

由于在某些生物细胞中表达多种的 Dicer 酶同源蛋白，因此，尽管与 siRNA 产生过程类似，但是参与 miRNA 成熟的 Dicer 酶在不同的生物细胞中可能与参与 siRNA 成熟的 Dicer 酶有差异（图 17）。例如[62]，在果蝇细胞中，Dicer-1 是 pre-miRNA 剪切所需要的，而 Dicer-2 参与了 siRNA 的成熟过程。miRNA 基因转录成为长的初级转录产物（pri-miRNA），并通过两种不同的核糖核酸酶 III（RNae III），Drosha 和 Dicer 酶加工成大约为 22 个 nt 的成熟 miRNA。对 miRNA发生过程进行遗传和生化分析的各种实验方法已经发展和完善起来。

1.3.4 miRNA 诱发基因沉默反应

成熟 miRNA 诱发基因沉默的反应过程与 siRNA 基本类似，甚至两者可以共同使用一套蛋白复合体[148]。在 siRNA 诱发的 RNAi 中，siRNA 被蛋白复合体 RISC 装载，形成的核酸蛋白复合体称为 siRISC。类似地，成熟的 miRNA 也与一个蛋白复合体装配，该复合体称为含有 miRNA 的核酸蛋白复合体(miRNA-containing ribonucleoprotein complex，miRNP)，又称作 miRISC（图 18）。此外，与 siRNA 有所不同的是，miRNA 与靶 mRNA 的序列同源性将影响miRNA 对靶 mRNA 的沉默方式，通常 miRNA 以“mRNA 剪切”或“mRNA 翻译抑制”两种主要方式调控目的基因的表达，而事实上，miRNA 以对 mRNA 在翻译水平的抑制可能占优。miRNA 基因编码小的非编码 RNA，参与基因表达调控。miRNA 基因的改变可能在多种甚至所有人类癌症发生和发展的病理生理学中都扮演着重要的角色。癌细胞中 miRNA 组（一个基因组中所有的 miRNA）改变的主要机制似乎是导致 miRNA 基因的异常表达，表现为成熟和（或）前体 miRNA 的表达水平异于正常组织。有报道表明多种癌症中存在 miRNA 基因的丢失或扩增，miRNA 基因表达模式的改变可能影响细胞周期和细胞生存的程序。miRNA 基因在恶性细胞和正常细胞中的表达存在巨大差异，原因可能是 miRNA 基因在基因组中处于癌相关基因区，表观遗传学机制的改变以及参与其加工过程的成员的改变，都会导致 miRNA 基因的表达发生改变。生殖细胞和体细胞 miRNA 基因的突变或靶 mRNA 的多态性也可能是癌的易感性和发展的原因。miRNA 表达谱已用于揭示人类癌症发病机制中 miRNA 的潜在作用，并且使我们能够鉴定与人类肿瘤的诊断、分期、发展、预后和治疗效果相关的标记物。

1.4 RNAi 介导的细胞发育调控

迄今为止的研究已经很清楚地表明，RNAi 分子机制在真核细胞的发育调控中起至关重要的作用，例如，基因的表达调控、抑制转座子或病毒的繁殖、染色质的结构修饰等。尽管 RNAi 参与不同的调控过程，RNAi 的分子机制十分地保守。但是，为了适应特殊的需要，RNAi 相关蛋白，例如 Ago 会发生适应性的改变，特别是在植物中[149]，这种现象更加明显。通常，植物基因组编码了多种 RdRP 和 Dicer 样蛋白（Dicer-like protein），它们分别与不同的调控过程相关。

1.4.1 miRNA 介导的基因表达调控

最初，miRNA 被发现在果蝇中调控了一套特殊的发育基因的适时表达[150]。过去几年，在不同的真核生物细胞中发现了大量的 miRNA 基因，而且随着研究的深入，miRNA 还将被继续发现。现在已经十分肯定的一点就是，这些 miRNA 基因调控了大量重要基因在细胞发育过程中的适时表达[151,152]；如何精确和全面地克隆鉴定那些被调控的基因是目前 miRNA 功能研究的一个巨大挑战。有趣的是，尽管 RNAi 机制也存在于单细胞真核生物中，但是，至今在单细胞真核生物中尚未见到 miRNA 的报道，这暗示，miRNA 及其相关的 RNAi 机制的出现和演化可能与多细胞生物的发育调控紧密关联。

1.4.2 RNAi 抑制转座子和病毒的复制

多种真核生物细胞研究发现，RNAi 的核心蛋白成分与转座子的抑制有关，这些生物包括秀丽新小杆线虫[9,153]、衣滴虫[154]、果蝇[16]，以及哺乳动物[155]。由于转座子能够与基因组共同复制，并且能够在染色体内或染色体间跳跃，因此，它们被认为是造成基因组不稳定的重要原因之一。频繁的转座事件容易引发在转座插入位点或转座切除位点上的突变，而且，由于许多转座子之间具有序列同源性，极易引发转座子间的同源重组，最终导致染色体重排。尽管转座子被认为是基因组进化的动力之一，但是，无法控制的转座事件对细胞的生长也是相当有害的。因此，RNAi 极可能是真核细胞控制有害转座事件发生的机制之一。

在 20 世纪 90 年代初就已经发现[156]，共抑制或 PTGS 在植物抗病毒感染中起至关重要的作用。在病毒感染植物自然诱发的 PTGS 中，病毒本身既是 RNAi 的诱导者，又是 RNAi 的攻击对象[157]。一个能体现 RNAi 在宿主抵抗病毒感染中的重要性的证据是，病毒普遍编码了 RNAi 的抑制蛋白（suppressor），用于抵抗 RNAi 的攻击。Roth 等[158]在他们的综述性文章中归纳了已经发现的多达十几种植物病毒 RNAi 抑制蛋白。而且，昆虫和脊椎动物病毒也同样编码了 RNAi 抑制蛋白[159,160]。现在没有人怀疑，当植物和昆虫感染病毒时能够自然诱发 RNAi，然而，尚缺少直接的证据能够证明哺乳动物也有这种潜力。关于这一问题，Li 等[161]持有乐观的态度，他们认为有三个间接的证据足以暗示这种可能：其一，RNAi 分子机制保守地存在于哺乳动物中，并且，人工导入 siRNA 能够有效地诱导 RNAi 对病毒产生抑制作用；其二，哺乳动物病毒和植物昆虫病毒同样也编码 RNAi 抑制蛋白（如流感病毒的 E3L、牛痘病毒的 NS1 等）；其三，这些哺乳动物病毒编码的 RNAi 抑制蛋白也是哺乳动物干扰素（interferon，IFN）免疫系统的有效抑制剂，而已经知道 IFN 反应是哺乳动物病毒感染时能够自然诱发的抵抗病毒感染的第一道防线。最近在人类细胞中的研究[162]发现了一个更加直接的证据，一个内源性的 miRNA（miR-32）能够在体外培养的人类细胞中抑制反转录病毒，即灵长类泡沫病毒（primate foamy virus-1，PFV-1）的表达。不出意料的是，PFV-1也编码了一个RNAi抑制蛋白Tas。尽管RNAi在哺乳动物病毒感染过程中发挥多大的作用仍然有待进一步研究，但是，除了传统的蛋白质免疫系统外，哺乳动物同样在核酸水平上采取了某些防御策略抵抗病毒感染已成为共识[160,163]。

1.4.3 RNAi介导的核内染色体结构塑造

研究发现，siRNA或miRNA除了能够与同源mRNA识别诱导转录后基因沉默外，还能够与DNA碱基互补配对。因此，在RNA沉默领域又一令人兴奋的发现是，RNAi在细胞核内以多种途径调节染色体基因组的结构与功能。下面就RNAi的细胞核内功能作简单的论述。

1.4.3.1 RNA介导的DNA甲基化

早期在类病毒感染的烟草中发现[164]，RNA介导的DNA甲基化（RNA-directed DNA methylation，RdDM）过程需要dsRNA，并且这些dsRNA在RdDM过程中被剪切成21～24 nt的小RNA，正是这种现象使人联系到了RdDM可能与RNAi存在联系。研究表明，在植物细胞中，dsRNA能够诱导同源的启动子区域甲基化，从而导致转录水平的基因沉默[164～167]。通常的DNA甲基化发生在具有对称结构的GC二核苷酸中，而且可以发生在任何的胞嘧啶核苷酸中。但是，RdDM诱导的甲基化只发生在与dsRNA具有序列匹配性的DNA区域上[168,169]，不会对临近的序列造成影响（图23）。

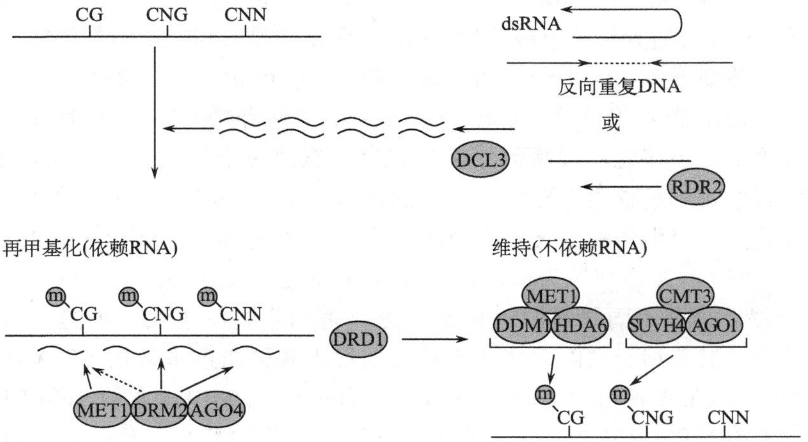

图23　RNA介导的DNA甲基化过程[170]

1.4.3.2 RNAi与异染色质形成

长久以来，我们都知道异染色质是细胞学上可视的、遗传学上失活的细胞核成分之一，但对异染色质的形成机制并不清楚，直到最近人们发现RNAi在异染色质形成过程中扮演重要角色，使异染色质形成机制研究成为新的焦点。

在裂殖酵母、果蝇和哺乳动物细胞中，异染色质的研究比较全面深入。异染色质的一个重要特征是组蛋白H3上的第9个赖氨酸（H3K9）被甲基化。在DNA水平，异染色质是由转座子派生序列，或由一个简单的序列单位串联重复组成，或者以上两者同时构成一个异染色质[171]。这些类转座子序列环绕在染色体的中心着丝粒区（central-core centromeric region）[27]。中心着丝粒区起锚定整个着丝粒的作用，反过来，周围的异染色体区域促进姐妹染色单体的结合[172]。有趣的是，与正常细胞相比，在RNAi相关蛋白缺陷的细胞内着丝粒周边类转座子重复序列获得了高水平表达[27]，这一现象暗示了RNAi在异染色质形成过程中可能起到了重要作用。目前的研究结果表明，着丝粒周围的类转座子重复序列可能产生dsRNA，而RdRP可能与这些dsRNA的扩增密切关联[27]。科学家们认为，这些dsRNA将被Dicer酶剪切形成siRNA，进而由siRNA引导组蛋白甲基转移酶（histone methyltransferase）催化H3K9的甲基化。而且甲基化的H3可以与异染色体蛋白1（heterochromatin protein 1，HP1）或Swi6（裂殖酵母HP1蛋白同源物）关联使异染色体的基因沉默状态得以维持（图24）[170]。

1.4.3.3 DNA剔除

染色体基因组在剔除冗余DNA片段过程中有RNAi的介入这一现象在纤毛原生动物（ciliated protozoan），即纤毛虫中较容易观察到。单细胞的纤毛虫有两个不同功能的细胞核，一个是二倍体的小核（micronuleus），使细胞具有性别特征；另一个是多倍体的巨核（macronucleus），是体细胞核。在纤毛虫细胞的接合生殖过程中，小核先经过减数分裂和有丝分裂使每个细胞产生四个新的小核，接着，由其中两个小核融合形成一个新的巨核，而原先旧的巨核将被降解。新巨核在发育成熟过程中伴随着大量冗余的来自于小核的具有性别指征的DNA片段的剔除，这些DNA序列称为内部淘汰序列（internal eliminated sequence，IES）（图25）。尽管这个不同寻常的过程似乎无显著的生物学意义，但是，科学家推测这个过程可能有利于剔除那些在小核时期侵入基因组的危险的DNA序列，例如转座子[173]。在四膜虫（*Tetrahymena thermophila*）中，大约15%的冗余基因组覆盖了约6000个以这种方式剔除的IES[173]。在草履虫（*Paramecium tetraurelia*）中，被剔除的IES数量约60 000个[174]。

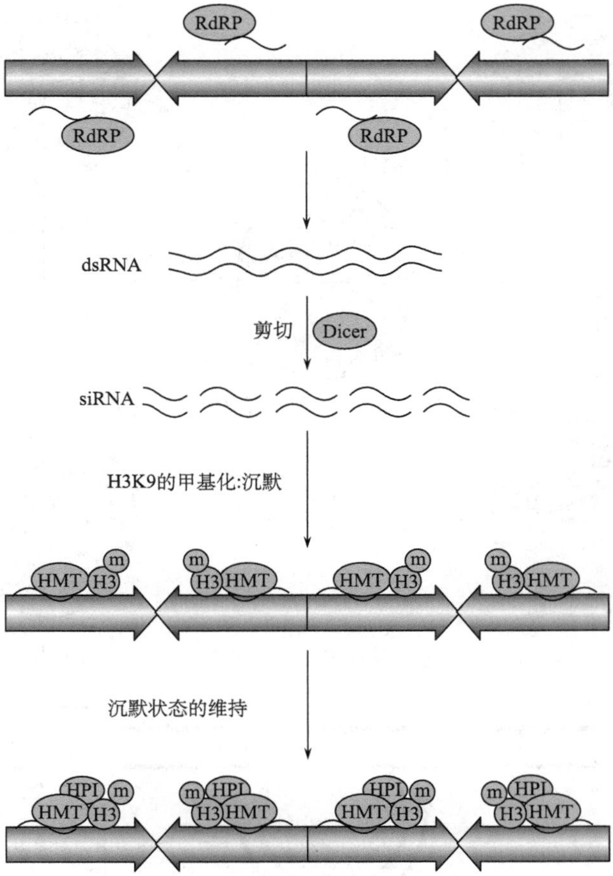

图 24　RNAi 介导异染色质形成[170]

1.4.3.4　减数分裂与 RNAi

在某些物种中，减数分裂期间经常发生不配对的基因组区段的基因沉默[175,176]。对粗糙脉胞菌（*Neurospora crassa*）进行遗传学分析后发现，这个过程需要 RdRP 和 Ago 样蛋白。在粗糙脉胞菌的减数分裂过程中，两条 DNA 序列之间出现的不配对区域可能被转录形成 ssRNA，ssRNA 可以在 RdRP 成员 sad1 的作用下合成 dsRNA，尽管还未得到证实，但是，科学家们普遍认为在接下来的过程中 dsRNA 很可能诱发了 RNAi，导致同源基因的沉默（图 26）。

RNAi 分子机制的发现，拓展了真核细胞发育调控的研究领域。相信随着研究的深入，将会在越来越多的基因表达调控过程中发现 RNAi 的身影。一些特别乐观的科学家们认为，RNAi 相关研究将对染色体结构修饰与功能调控的分子机制作出更进一步的阐释。

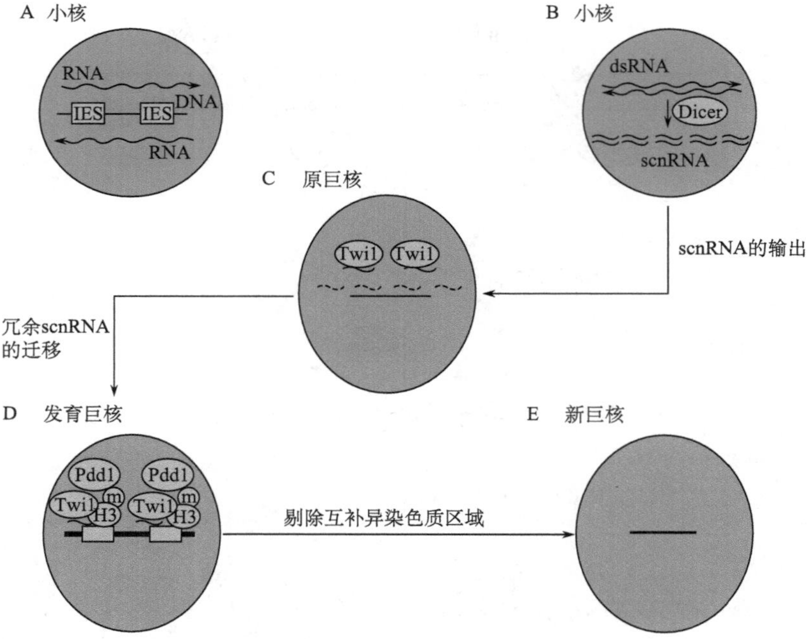

图 25 纤毛虫接合生殖过程中新巨核冗余 DNA 序列的剔除[170]

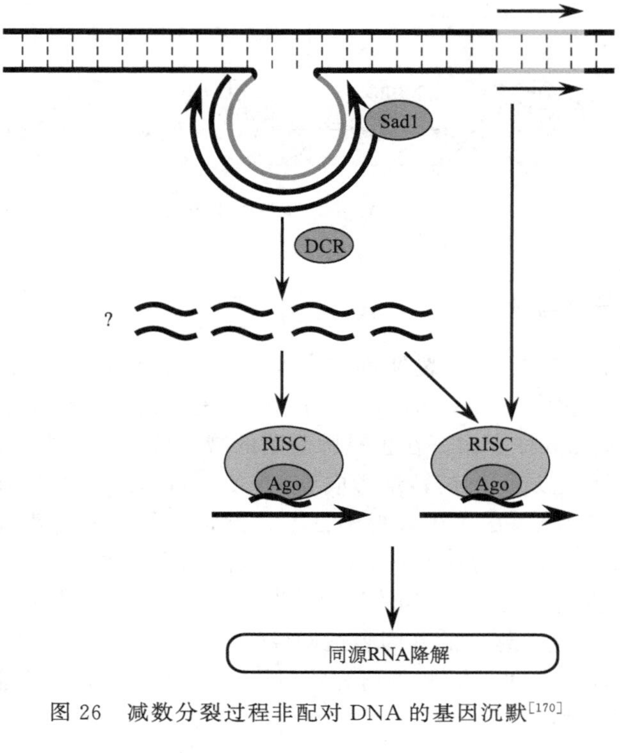

图 26 减数分裂过程非配对 DNA 的基因沉默[170]

1.5 RNAi与病毒防御

RNAi分子机制在哺乳动物细胞的保守性，使其成为病毒学家们最寄予厚望的全新的抗病毒感染防御策略，其主要原因是，RNAi效应具有快速和高度特异性的特征，有望弥补传统的抗病毒疫苗或药物的缺陷。在植物和昆虫细胞中已经证明，RNAi是主要的抗病毒免疫机制，当病毒感染细胞时，由病毒复制过程中产生dsRNA可以诱发RNAi，并且反过来十分有效地抑制病毒的复制。哺乳动物在进化过程中进化出了一套十分完善高级的蛋白质水平免疫系统（protein-based immune system）。尽管RNAi分子机制存在，但是它作为一种核酸水平免疫系统（nucleic acid-based immune system）的抗病毒功能似乎变得十分脆弱[163]，至今为止几乎没有发现在病毒感染哺乳动物细胞过程中诱发有效的抗病毒RNAi反应。因此，我们希望能够利用人工方法在哺乳动物细胞中建立有效的抗病毒感染RNAi防御策略。迄今为止，对多种哺乳动物病毒的研究结果令人振奋，但是也存在一系列有待解决的问题。下面我们针对较受关注的几种哺乳动物重要病毒性传染病的RNAi策略研究作一简要探讨。

1.5.1 RNAi策略在几种重要病毒性传染病研究中的应用

1.5.1.1 人类艾滋病病毒（human immunodeficiency virus，HIV）

艾滋病又称获得性免疫缺陷综合征（acquired immunodeficiency syndrome，AIDS），由人免疫缺陷病毒（human immunodeficiency virus，HIV）引起的慢性传染病。本病主要经性接触、血液及母婴传播。HIV主要侵犯、破坏辅助性T淋巴细胞，导致机体细胞免疫功能严重缺陷，最终并发各种严重机会性感染（opportunistic infection）和肿瘤。本病传播迅速、发病缓慢、病死率极高。

HIV为单链RNA病毒，属于反转录病毒（Retroviruse）科，灵长类慢病毒（Lentivirus）亚科。HIV为球形20面立体结构，直径约90～140 nm，系双层结构，表面有72个锯齿样突起。包膜由宿主细胞膜与HIV的糖蛋白（glycoprotein，gp）120和gp41共同组成，内含多种宿主要蛋白，尤其MHC Ⅱ类蛋白及跨膜蛋白（transmembrane protein）gp41。包膜与核心之间的基质主要由P17蛋白组成。核心蛋白P24、基质蛋白P6及P9等所包裹的核心内含有与核心蛋白P7结合的双股正链RNA、反转录酶（RT）、RNA酶H及整合酶（INT），及RT形成的互补DNA、P1蛋白、P2蛋白和病毒蛋白R（virion protein R，VPR）。HIV分为Ⅰ型（HIV-Ⅰ）和Ⅱ型（HIV-Ⅱ）。世界各地AIDS多由HIV-Ⅰ所致。HIV-Ⅱ在西非呈地方性流行。

研究人员最早在抗HIV研究中采用了RNAi技术。HIV基因组为单链反义RNA，长度约9 kb，主要编码三类基因[177,178]：其一，调控基因*rev*和*tat*；其二，结构蛋白基因 *gag*、*pol* 和 *env*；其三，附属基因 *nef*、*vif*、*vpr* 和 *vpu*。到目前为止，几乎所有的这些基因包括整个病毒基因组本身都成为 siRNA 的作用靶点被研究[178]。在 siRNA 作用靶点的选择上有创新的是，人类细胞上的 HIV 易感基因，如细胞受体也成为 siRNA 有效的干扰靶点。研究结果发现，不管是在其他细胞模型还是在 HIV 易感细胞中，转染靶向 HIV 相关基因的 siRNA 均能有效的降低病毒基因的表达水平。

1.5.1.2 乙型肝炎病毒（hepatitis B virus，HBV）

HBV 的急性或慢性感染是导致人类重型肝炎、肝硬化或肝细胞癌产生的主要原因。在肝细胞瘤细胞系模型中，靶向 HBV 表面抗原（HBV surface antigen，HBsAg）的 siRNA 能够显著抑制 HBV 转录产物的水平[180]。在小鼠动物模型中，同时注射 HBsAg siRNA 和编码 HBV 全基因组的质粒，能够降低血清中 HBV 标志性蛋白的丰度[181,182]。而且，RNAi 的治疗能够实质性的减少小鼠 HBV 感染细胞的数量，同时不会造成肝脏组织的炎症反应[181]。Uprichard 等[183]新近的研究表明，用腺病毒携带表达的 shRNA 能够使小鼠体内事先已经感染的 *HBV* 基因表达降低到接近检测不出的水平，而且 RNAi 效果持续超过 26 天，这暗示 RNAi 可能作为治疗慢性乙肝患者或 HBV 携带者的一种有效手段。我们课题组[184～186]于 2003 年在国际上首次设计并构建了两个靶向 HBV *S* 基因的 siRNA 表达质粒，以及随机设计的用于对照的非同源 siRNA 表达质粒。首先在 HepG2. 2. 15 细胞中评估了该 siRNA 表达质粒对 *HBV* 基因表达的抑制效应，接着在 HepG2. 2. 15 细胞中进一步检测了它们的抗病毒活性。结果发现，siRNA 表达质粒在转染 HepG2. 2. 15 细胞 48h 时，*HBV* 基因 mRNA 表达量下降 64％～88％，细胞上清中 HBV 标志性蛋白 HBsAg 和 HBeAg 的表达水平分别降低了60％～82％和 56％～78％。我们还发现 S1＋S2 联合转染细胞中可以显著提高抑制 HBV 的复制与表达的效率，而对照组则无抑制效果。我们发现靶向 HBV *S* 基因的siRNA能够有效特异地抑制 HBV 病毒在易感细胞 HepG2. 2. 15 中的复制与表达，并能够有效地降低 HBV 病毒基因的表达水平。此外，我们课题组[184～186]于 2003 年还进行了另外一个独立研究，由于 HBV 基因组编码了 4 种蛋白质（S、C、P 和 X)，其中 C 是主要的抗原蛋白，与病毒感染细胞过程高度相关。我们首次设计并构建了两个靶向 HBV *C* 基因的 siRNA 表达质粒 S1 和 S2，以及随机设计的用于对照的非同源 siRNA-S3，并构建报告基因表达质粒 pC-EGFP-N1，将 siRNA 表达质粒与报告基因 pC-EGFP-N1 共转染 BHK-21 细胞。我们的实验结果发现靶向 HBV *C* 基因的 siRNA 能够有效特异地抑制 HBV 病毒在易感细胞 BHK-21 中的复制与表达。本研究获同样结果发现 RNAi 能够特异性抑制 HBV 在细胞水平的复制与表达。RNAi 可能成为防治 HBV 感染的一种新颖的可行抗病毒防御策略。这是首次报道有关 RNAi 在 HBV 易感细胞水平有效性的评估工作，具有较大的指导意义。这是一个重要发现。

1.5.1.3 丙型肝炎病毒（hepatitis C virus，HCV）

丙型肝炎病毒（hepatitis C virus，HCV）是1989年经分子克隆技术发现的，归为黄病毒科（Flaviviridae）丙型肝炎病毒属。HCV是一种直径30～60 nm的球形颗粒，外有脂质外壳、囊膜和棘突结构，内有由核心蛋白和核酸组成的核衣壳。HCV基因组为单股正链RNA，全长约9.4 kb，基因组两侧分别为5′和3′非编码区，中间为ORF，编码区从5′端依次为核心蛋白区（C），包膜蛋白区（E_1、E_2/NS_1），非结构蛋白区（NS_2、NS_3、NS_4、NS_5）。C区编码的核心蛋白与核酸结合组成核衣壳。E_1、E_2/NS_1区编码的包膜蛋白为病毒外壳主要成分，可能含有与肝细胞结合的表位，推测其可刺激机体产生保护性抗体。NS_3基因区编码解旋酶和蛋白酶，NS_3蛋白具有强免疫原性，可刺激机体产生抗体，在临床诊断上有重要价值。NS_5区编码依赖RNA的RNA多聚酶，在病毒复制中起重要作用。

考虑到丙型肝炎治疗是医学上的难题，很多实验室尝试使用RNAi抑制HCV的复制。然而，由于缺乏有效的HCV细胞培养系统，研究人员普遍采用偶联一个报告基因或者携带选择性标记的HCV基因组DNA作为报告系统进行研究siRNA的干扰效率。结果表明，排除IFN效应和细胞周期对实验结果的影响，只是某些siRNA能够有效抑制*HCV*基因的复制[187]。有一个实验方案[188]发现，采用限制性内切核酸酶制备siRNA，并且两到三次连续转染十分高效。在小鼠中[189]，靶向病毒聚合酶基因BS5B的siRNA能够有效抑制BS5B荧光素酶融合基因的表达。在一个能自主复制亚单位HCV基因组RNA的肝细胞瘤细胞系中，靶向5′非编码区的siRNA能够抑制萤光素酶基因的表达超过85%，而且具有siRNA的剂量效应[190]。此外，靶向BS5A[191]、中心区[192]、NS3-1[193]等基因的siRNA也分别表现出了显著的抑制效应。通常，RNAi效应持续时间都较短，Wilson等[194]发现，运用双顺反子质粒表达系统分别表达siRNA互补双链能够将RNAi效应的持续时间延长到三周。

我们课题组[195]最近首次设计体外转录靶向HCV结构基因*C*和*E*2的siRNA质粒，以及随机设计的用于对照的非同源siRNA质粒。探讨siRNA沉默HCV *C*和*E*2基因表达的可行性。构建含EGFP报告基因及*C*或*E*2基因的表达质粒pEGFP-C和pEGFP-E2，将报告基因表达质粒（pEGFP-C和pEGFP-E2）与转录的siRNA共转染HEK293T细胞。在转染后的不同时间，运用荧光显微镜、流式细胞术、免疫印迹和实时定量PCR观察HCV *C*和*E*2的复制与表达。结果发现RNAi能够特异地抑制HCV *C*和*E*2基因在HEK293T细胞中的复制与表达。我们课题组还研究[196]发现，siRNA能够特异性抑制HCV病毒在Huh-7细胞中的复制与表达。这是首次有关RNAi在HCV易感细胞水平有效性的评估工作，这对防治 HCV 病毒感染具有重要的应用价值。

1.5.1.4 流感病毒（influenza virus）

2003 年亚洲暴发的人禽流感疫情已经给人们留下了一段痛苦的回忆，同时，告诫人类必须为面对随时可能肆虐的禽流感病毒（avian influenza virus，AIV）做好应对的准备。AIV 病毒基因组的高度多变性是目前疫苗无法克服的最大障碍。Ge[197] 和 Tompkins 等[198] 的工作提供了一系列证据表明，RNAi 能够有效地应对 AIV 的基因变异；而且，在小鼠中病毒为载体表达的 shRNA 能够有效地预防或治疗 A 型流感病毒（influenza A virus，IAV）感染产生的肺炎。他们设计的 siRNA 靶向 IAV 的核蛋白质（nucleo protein，NP）和聚合酶（polymerase）PA 或 PB1 的基因保守区。Tompkins 等[198] 的实验证明，他们设计的 siRNA 能够保护小鼠抵抗致死剂量的高致病性流感病毒 H5N1 和 H7N7 的攻击。与其他病原体感染不同，AIV 的感染使动物机体在肺部产生大量的干扰素等细胞因子，从而引发过度的自身免疫应答，导致组织损伤。理论上，RNAi 治疗不会诱导蛋白质水平的免疫反应，亦不会增加风险。因此，作为核酸水平免疫机制之一的 RNAi 可能为人类控制禽流感病毒感染的疫情提供一个有效的全新的抗病毒免疫策略。

1.5.1.5 SARS 冠状病毒（SARS coronavirus，SARS-CoV）

SARS-CoV 简称 SARS 病毒，能够引起人类严重急性呼吸综合征（severe acute respiratory syndrome，SARS），又称传染性非典型肺炎，本病是一种新的病毒性传染病。该病于 2003 年在世界范围内传播，导致大量人类死亡，预防性疫苗至今尚未解决。Wang 等[199] 的研究表明，靶向 SARS 病毒 RNA 聚合酶的 siRNA 能够防止 Vero 细胞发生病理学效应（cytopathic effect，CPE），抑制病毒的复制及其 RNA 和蛋白质的合成。

我们课题组[200] 最先报道探讨 siRNA 抑制 SARS-CoV *M* 基因的复制与表达。首先确立了 SARS-CoV M 蛋白在哺乳动物细胞中的亚细胞定位，接着设计并构建了三个靶向 SARS-CoV *M* 基因的 siRNA 质粒，将 siRNA 表达质粒与报告基因表达质粒（pEGFP-M）共转染 HEK293T 细胞，并评估了其在 HEK293T 细胞中对 SARS-CoV 的抑制效应，我们的实验结果发现，靶向 SARS-CoV *M* 基因的 siRNA 能够完全抑制 SARS-CoV 在细胞水平的复制与表达。这是首次有关 RNAi 在 SARS-CoV 易感细胞水平有效性的评估工作，具有很好的指导意义。RNAi 可能成为防治 SARS 病毒感染的可行抗病毒感染防御策略。

1.5.1.6 口蹄疫病毒（foot-and-mouth disease virus，FMDV）

口蹄疫（foot-and-mouth disease，FMD）是一种人畜共患病毒性传染病，每年都对世界畜牧业造成巨大的经济损失，对人类的健康构成严重的威胁，但是目前的疫苗存在致命的缺陷，因此有必要研究新的抗病毒策略应对该疾病的威胁。FMDV 是 FMD 的病原体，属小 RNA 病毒科口蹄疫病毒属的成员，其基因组是单链正义 RNA，长度约为 8500 bp。我们课题组[184]最先将 RNAi 技术应用于抑制 FMDV 复制和感染的研究之中，结果表明，采用质粒表达的靶向 FMDV VP1 基因的 shRNA 能够特异性抑制同源 FMDV 在 BHK-21 细胞中的复制，抗病毒效应持续约 48 h，但是对异源毒株无抑制力。发现将质粒颈部皮下注射 C57BL/6 乳鼠，动物降低了对同源 FMDV 的敏感性，部分动物受到了保护。随后，世界上多个研究团队（包括我们课题组）[201～203]几乎同时发表了进一步的研究报告，发现靶向 *FMDV* 基因组保守区的 siRNA 能够诱导 RNAi 抑制同型异源毒株，甚至是其他血清型毒株的复制与感染。Kahana 等[204]的工作具有更大的启发性，他们发现采用多个 siRNA 同时转染细胞，能够 100％抑制病毒的复制，而仅仅用单个 siRNA 转染无法取得同样的效果，这暗示，面对单个 siRNA 时，病毒可能比较容易发生突变逃逸，因此，多个 siRNA 联合运用可能是应对病毒逃逸的一种可行策略。我们课题组[205]最近又最先采用人重组腺病毒为载体表达 siRNA，并评估了其在猪 IBRS-2 细胞、豚鼠以及家猪中对 FMDV 的抑制效应，我们的实验结果表明，表达靶向 FMDV 特异性的 siRNA 的重组腺病毒能够完全抑制 FMDV 在细胞水平的复制。在豚鼠实验中，该重组腺病毒的抑制效应亦十分显著，但无论如何改变实验条件动物均无法获得 100％保护。在 FMDV 易感动物家猪中，颈部肌肉注射表达 FMDV 特异性的 siRNA 的重组腺病毒能够明显减轻 FMD 症状，降低血清中 FMDV 的抗体水平。这是世界上第一个 RNAi 在 FMDV 易感动物水平有效性的评估工作，具有很大的指导意义。这是一个重要发现。

迄今为止，RNAi 已经应用到了人类其他多种重要病毒，它们包括脊髓灰质炎病毒（poliovirus，PV）[206]、甲型肝炎病毒（hepatitis A virus，HAV）[207]、登革热病毒（dengue virus，DENV）[208]、轮状病毒（rotavirus）[209]、疱疹病毒（herpesvirus）[210,211]、人类多瘤病毒（human polyomavirus）[212]等。这里不作一一阐述。

1.6 siRNA 的设计、表达和转染

尽管人为诱导的 RNAi 在抗病毒防御中是有效的，但是，其效果仍有待进一步提高，具体表现在两个方面：其一，绝大多数情况下 RNAi 的运用无法完全清除感染的病毒；其二，RNAi 效应持续时间过短，通常仅为几个小时到十几天。因此，如何克服 RNAi 技术在具体运用中的缺陷是目前的一大难题。除了在不同细胞中 RNAi 分子机制的保守性等先天性因素无法改变之外，有大量的研究人员致力于通过 siRNA 的设计、表达和转染等技术的创新，以及选择适当的靶基因

干扰位点来提高 RNAi 的效率。

1.6.1 siRNA 的设计

在早期，有两个实验室分别独立地证明了 RISC 对 siRNA 的选择存在链偏好[73,74]，他们发现，那一条链被 RISC 选择装载链的一个决定性因素是 siRNA 双链的热力学稳定性。Reynolds 等[213]进一步对 180 个 siRNA 进行系统地分析，确定了与 RNAi 功能相关的 siRNA 链的几个特征，它们分别是低 CG 含量、3′末端低内部热力学稳定性的正义链偏好、缺失反向重复序列，以及正义链在某些位点上（第 3、10、13、19 位）的碱基偏好等。根据这些研究结果，研究人员开发了多种用于设计高效的 siRNA 的计算机软件，如 DEQOR[214]、siDirect[215]（http：//design. RNAi. jp/）、OptiRNAi[216]（http：//bioit. dbi. udel. edu/rnai/）。有些软件甚至可以在线使用，如 TROD[217]（http：//www. cellbio. unige. ch/RNAi. html）、Ambion 公司的 SiRNA Target Finder and Design Tool（http：//www. ambion. com/techlib/misc/siRNA finder. html）、Qiagen 公司的 RNAi Design Tool（http：//www. qiagen. com/siRNA/ordering. asp）等。目前，在 Ambion 等许多公司都开辟了包括 siRNA 的设计合成等系列有偿服务，可帮助科研人员适当减轻劳动量以及加快科研进度。尽管有计算机软件的协助，但是，更加可靠保险的方法仍然是针对同一个靶点设计多个 siRNA，然后通过实验验证选取其中一个最佳 siRNA，为后续实验备用。

影响 RNAi 效率的因素除了 siRNA 链本身之外，靶基因 mRNA 的高级结构等其他因素也必须纳入考虑范围。关于这一点存在几个主要假设：其一，mRNA 链结合的蛋白质产生位置阻断效应[218]；其二，mRNA 的内部结构可能影响 siRNA 引导的 RISC 对它的识别与接触[219,220]；其三，siRNA 在细胞内受到 5′磷酸化反应的影响[50]。因此，设计 siRNA 时应同时考虑 mRNA 靶向位点的空间结构与位置。

1.6.2 siRNA 的表达

1.6.2.1 化学合成

化学合成设计好的 siRNA 有两个主要优点：其一，具有统一性，不易混杂长 dsRNA，使实验结果更具说服力；其二，可以对 siRNA 进行大范围的化学修饰[221～223]，使其提高稳定性、转染效率等。主要的缺点是高成本，使该方法不适合大规模的临床应用。值得关注的是，化学合成长度为 27 bp 或 29 bp 的 siRNA 似乎比标准的 21～22 bp siRNA 更加有效[66,67]，而且该长度 siRNA 不会诱导 IFN 反应。一种理论认为，长 dsRNA 需要经过 Dicer 酶的剪切加工，而 Dicer 酶参与的这个过程与 RISC 装载偶联可以提高 RNAi 效率。这种较长的 siRNA 被定义为“Dicer-substrate siRNA”或“disRNA”。

1.6.2.2 酶切产生

获得 siRNA 最有效快捷的方法是：以带有 T7 噬菌体 RNA 聚合酶启动子的引物 PCR 扩增靶基因序列，接着以 T7 噬菌体 RNA 聚合酶分别转录 ssRNA，然后复性，纯化获得 siRNA[224,225]；通过这种方法获得的 siRNA 通常带有 “GGG” 5′端三磷酸基团引导序列，这与启动子的转录有关，在这种情况下，可以采用 T1 核糖核酸酶将多余的单链序列切除。若 PCR 扩增的是长的靶基因序列，则复性后纯化得到的长 dsRNA 可以通过人重组 Dicer 酶（human recombinant Dicer enzyme）酶切获得 siRNA[226,197]。另一种方法是，将转录获得的 dsRNA 以核糖限制性内切核酸酶消化，但是，消化产物是含有大大小小的不规则片段混合物，因此必须采用纯化技术将大小适当的 siRNA 分离，由于该方法不易操作，因此较少被采用。

1.6.2.3 载体表达

不论化学合成或是酶切形成的 siRNA，在使用过程中均需要通过转染才能进入细胞内部发挥基因沉默功能，由于不同细胞的转染效率大相径庭，而且瞬时的转染只能使基因沉默维持较短的时间（一般 2～6 天），这不利于基因功能研究或者在抗病毒防御的运用。因此，以质粒[227]或病毒[228,229]为载体的 siRNA 体内表达技术应运而生。载体表达方法存在几个优点：其一，可以携带 GFP 或萤光素酶等报告基因共表达，便于跟踪、选择和富集转染的细胞；其二，可以根据需要表达不同类型的小 RNA 分子（siRNA、shRNA 或 miRNA）；其三，具有较高的转染效率（特别是病毒载体），使基因沉默维持较长时间。

在载体表达方法中，核心内容是如何选择启动子，以及小 RNA 分子类型的确定。通常，人们采用细胞自体的 RNA 聚合酶 III 启动子表达 siRNA，例如 U6 启动子[227,230]、H1 启动子[231]、7SK 启动子[232]等。这类启动子通常有精确的转录起始和终止位点，有利于 siRNA 的表达后的准确折叠。采用 RNA 聚合酶 II 启动子也是策略之一，但是，其转录产物有十分复杂的帽结构和 polyA 尾结构，不容易准确折叠形成 dsRNA 的结构，另外，这种外源性的转录产物通常不易被 RNAi 有关蛋白识别[230]，因此，该策略较少采用。

有关 siRNA 表达方法可具体参考 Amarzguioui 等[233]的综述性论文。综合几种方式，化学合成方法具有简单可行性，因此，该方法得到了广泛的应用，特别是在细胞水平。由于生物个体水平实验对 siRNA 的大需求量，以及转染不易等难题，载体表达方法得到更多的应用。但是，我们认为，可以结合这两种方法使实验更加具有说服力，即首先采用简易的化学合成方法筛选有效的 siRNA，然后构建表达该 siRNA 的质粒或病毒载体，提高在细胞特别是生物个体水平的转染效率。

1.6.3 siRNA 的转染

Paroo 和 Corey[234]早就预测，RNAi 要在生物个体水平得到有效的应用面临一个重大挑战，那就是：如何使 siRNA 有效地转染靶组织器官？其实不论在细胞水平还是在个体水平，siRNA 的转染均是一大难题。简单地将 siRNA 与细胞混合并不能导致有效的基因沉默，因为：其一，细胞没有有效地吸收 dsRNA 的机制；其二，siRNA 的化学性质决定其不能自由通过细胞膜；其三，即使由于液体流动形成偶然的 siRNA 内吞作用，也不能将 siRNA 有效地释放到细胞质。在这里，对病毒载体表达的 siRNA 的转染，以及化学合成的 siRNA 或 siRNA 表达质粒的纯脂质体和电转化方法不再叙述，我们将对一些特殊的方法作简要的论述。

首先介绍一种用于转染 siRNA 表达质粒的多功能的具有包膜结构的纳米颗粒装置（multifunctional envelope-type nano device，MEND）[235]（图 27），Moriguchi 等[236]将表达抗萤光素酶基因 siRNA 的质粒用多聚赖氨酸（poly-L-lysine，PLL）浓缩，然后装入 MEND，结果表明，MEND（PLL）与萤光素酶表达质粒共转染能够抑制萤光素酶 96％的活性。关于纳米颗粒在 RNAi 中的应用可详细参考 Woodle 和 Lu[237]的综述性文章。Kinoshita 和 Hynynen[238]采用一种能够聚焦的超音频传感器（focused ultrasound transducer）瞬间改变细胞膜的渗透性，提高细胞对 siRNA 的吸收效率。Song 等[239]发展了一种奇特的方法，他们构建抗体与鱼精蛋白的融合蛋白携带 siRNA，依赖特异的细胞受体介导转染过程，在黑色素瘤小鼠模型中展现了该技术的可行性，有趣的是，该技术可以使 siRNA 的转染具有细胞组织特异性，具有深远的意义[240]。阳离子脂质体（cat-

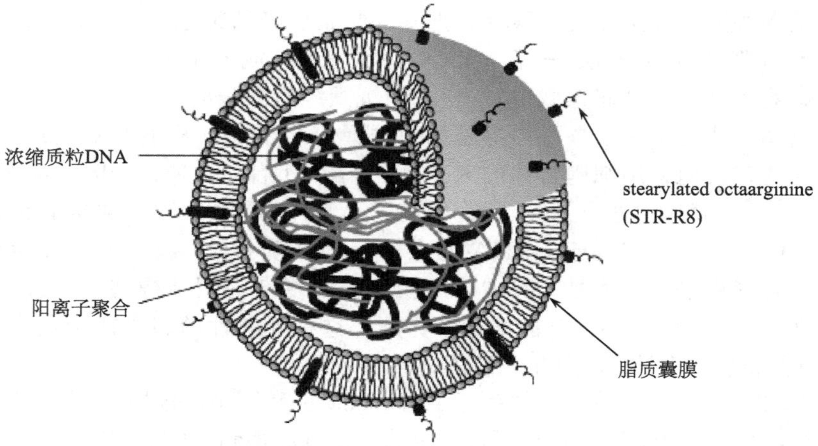

图 27　具有包膜结构的纳米颗粒装置 MEND[232]

ionic liposome）也可以作为有效的 siRNA 转染试剂，实验表明，通过小鼠静脉或腹腔注射，阳离子脂质体可以携带 siRNA 转染小鼠的多个组织器官[241]。然而，阳离子脂质体的使用在小鼠体内增强了 siRNA 诱导的 IFN 反应[242]。因此，该方法有待进一步改进，特别是在基因功能研究中应谨慎使用。最近，日本的科研人员发明了一种被认为安全可靠的方法，将 siRNA 与一种胶原质（atelocollagen）混合，静脉注射小鼠，显著降低了动物不同组织器官中报告基因或内源性癌基因的表达，抑制了癌细胞的生长[243]。

RNAi 作为一种抗病毒感染的防御策略，目前有待解决的主要问题有：其一，如何提高 RNAi 的效率；其二，如何降低和避免 RNAi 的副作用；其三，如何克服病毒逃逸问题；其四，如何在生物个体内实现有效的组织特异性的 siRNA 转染；其五，在必要的情况下，如何在细胞与细胞、组织与组织间实现 RNAi 效应的系统性扩散。

RNAi 的发现不仅使人类对分子细胞功能的了解更加深入，而且也为基因功能研究和抗病毒防御策略的开发提供一个崭新的工具。然而，挑战依然存在。生物基因组计划为 RNAi 技术的研发和应用提供了一个巨大平台，同时为解决以上一系列问题提供了可能。目前，许多国家都在酝酿着 RNAi 在人类抵抗重大传染病临床上的评估，期望在未来五年获得一系列的临床数据及其 RNAi 药物的成功问世。

参 考 文 献

1. Wingard SA. 1928. Hosts and symptoms of ring spot, a virus disease of plants. J Agric Res, 37: 127～153

2. Baulcombe D. 2004. RNA silencing in plants. Nature, 431: 356～363

3. Napoli C, Lemieux C, Jorgensen R. 1990. Introduction of a chimeric chalcone synthase gene into petunia results in reversible co-suppression of homologous genes in trans. Plant Cell, 2: 279～289

4. Van der Krol AR, Mur LA, Beld M, et al. 1990. Flavonoid genes in petunia: addition of a limited number of gene copies may lead to a suppression of gene expression. Plant Cell, 2: 291～299

5. Guo S, Kemphues K, Guo S, et al. 1995. par-1, a gene required for establishing polarity in *C. elegans* embryos, encodes a putative Ser/Thr kinase that is asymmetrically distributed. Cell, 81: 611～620

6. Fire A, Xu S, Montgomery MK, et al. 1998. Potent and specific genetic interference by double-stranded RNA in *Caenorhabditis elegans*. Nature, 391: 806～811

7. Proud CG. 1995. PKR: a new name and new roles. Trends Biochem Sci, 20: 241～246

8. Williams BR. 1997. Role of the double-tranded RNA-activated protein kinase (PKR) in cell regulation. Biochem Soc Trans, 25: 509～513

9. Tabara H, Sarkissian M, Kelly WG, et al. 1999. The rde-1 gene, RNA interference, and transposon silencing in *C. elegans*. Cell, 99: 123～132

10. Hammond SM, Bernstein E, Beach D, et al. 2000. An RNA-directed nuclease mediates post-transcriptional gene silencing in *Drosophila* cells. Nature, 404: 293～296

11. Zamore PD, Tuschl T, Sharp PA, et al. 2000. RNAi: double stranded RNA directs the ATP-dependent cleavage of mRNA at 21 to 23 nucleotide intervals. Cell, 101: 25～33

12. Bernstein E, Caudy AA, Hammond SM, et al. 2001. Role for a bidentate ribonuclease in the initiation step of RNA interference. Nature, 409: 363～366

13. Elbashir SM, Lendeckel W, Tuschl T. 2001. RNA interference is mediated by 21- and 22-nucleotide RNAs. Genes Dev, 15: 188～200

14. Elbashir SM, Martinez J, Patkaniowska A, et al. 2001. Functional anatomy of siRNAs for mediating efficient RNAi in *Drosophila melanogaster* embryo lysate. EMBO J, 20: 6877～6888

15. Schmidt A, Palumbo G, Bozzetti MP, et al. 1999. Genetic and molecular characterization of sting, a gene involved in crystal formation and meiotic drive in the male germ line of *Drosophila melanogaster*. Genetics, 151: 749～760

16. Aravin AA, Naumova NM, Tulin AV, et al. 2001. Double-stranded RNA-mediated silencing of genomic tandem repeats and transposable elements in the *D. melanogaster* germline. Curr Biol, 11: 1017～1027

17. Fagard M, Boutet S, Morel JB, et al. 2000. AGO1, QDE-2, and RDE-1 are related proteins required for post-transcriptional gene silencing in plants, quelling in fungi, and RNA interference in animals. Proc Natl Acad Sci USA, 97: 11650～11654

18. Catalanotto C, Azzalin G, Macino G, et al. 2000. Gene silencing in worms and fungi. Nature 404: 245

19. Agami R. 2002. RNAi and related mechanisms and their potential use for therapy. Current Opinion in Chemical Biology, 6: 829～834

20. Geley S, Müller C. 2004. RNAi: ancient mechanism with a promising future. Experimental Gerontology, 39: 985～998

21. Waterhouse PM, Wang MB, Lough T. Gene silencing as an adaptive defence against viruses. Nature, 411: 834～842

22. Dalmay T, Hamilton A, Rudd S, et al. 2000. An RNA-dependent RNA polymerase gene in *Arabidopsis* is required for post-transcriptional gene silencing mediated by a transgene but not by a virus. Cell, 101: 543～553

23. Mourrain P, Béclin C, Elmayan T, et al. 2000. Arabidopsis SGS2 and SGS3 genes are required for post-transcriptional gene silencing and natural virus resistance. Cell, 101: 533～542

24. Schiebel W, Haas B, Marinković S, et al. 1993. RNA-directed RNA polymerase from tomato leaves. II. Catalytic *in vitro* properties. J Biol Chem, 268: 11858～11867

25. Makeyev EV, Bamford DH. 2002. Cellular RNA-dependent RNA polymerase involved in posttranscriptional gene silencing has two distinct activity modes. Mol Cell, 10: 1417～1427

26. Newport J. 1987. Nuclear reconstitution *in vitro*: stages of assembly around protein-free DNA. Cell, 48: 205～217

27. Volpe TA, Kidner C, Hall IM, et al. 2002. Regulation of heterochromatic silencing and histone H3 lysine-9 methylation by RNAi. Science, 297: 1833～1837

28. Bennetzen JL. 2000. Transposable element contributions to plant gene and genome evolution. Plant Mol Biol, 42: 251～269

29. Kumar A, Bennetzen JL. 1999. Plant retrotransposons. Annu Rev Genet, 33: 479～452

30. Martienssen R. 1998. Transposons, DNA methylation and gene control. Trends Genet. 14: 263～264

31. Mayo MA. 1999. Developments in plant virus taxonomy since the publication of the 6th ICTV report. Arch Virol, 144: 1659～1666

32. Zamore PD, Tuschl T, Sharp PA, et al. 2000. RNAi: double-stranded RNA directs the ATP-dependent cleavage of mRNA at 21 to 23 nucleotide intervals. Cell, 101: 25～33

33. Nicholson AW. 2003. The ribonuclease III superfamily: forms and functions in RNA maturation, decay, and gene silencing. //Hannon G J. RNAi: A Guide to Gene Silencing, vol. 8. Cold Spring Harbor, Cold Spring Harbor Laboratory Press, NY: 149～174

34. Hammond SM. 2005. Dicing and slicing-The core machinery of the RNA interference pathway. FEBS Letters, 579: 5822～5829

35. Filippov V, Solovyev V, Filippova M, et al. 2000. A novel type of RNase III family proteins in eukaryotes. Gene, 245: 213～221
36. Bernstein E, Caudy AA, Hammond SM, et al. 2001. Role for a bidentate ribonuclease in the initiation step of RNA interference. Nature, 409: 363～366
37. Bass BL. 2000. Double-stranded RNA as a template for gene silencing. Cell, 101: 235～238
38. Bernstein E, Caudy AA, Hammond SM, et al. 2001. Role for a bidentate ribonuclease in the initiation step of RNA interference. Nature, 409: 363～366
39. Golden TA, Schauer SE, Lang JD, et al. 2002. SHORT INTEGUMENTS1/SUSPENSOR1/CARPEL FACTORY, a Dicer homolog, is a maternal effect gene required for embryo development in *Arabidopsis*. Plant Physiol, 130: 808～822
40. Park W, Li J, Song R, et al. 2002. CARPEL FACTORY, a Dicer homolog, and HEN1, a novel protein, act in microRNA metabolism in *Arabidopsis thaliana*. Curr Biol, 12: 1484～1495
41. Knight SW, Bass BL. 2001. A role for the RNase III enzyme DCR-1 in RNA interference and germ line development in *Caenorhabditis elegans*. Science, 293: 2269～2271
42. Bernstein E, Kim SY, Carmell MA, et al 2003. Dicer is essential for mouse development. Nat Genet, 35: 215～217
43. Provost P, Dishart D, Doucet J, et al. 2002. Ribonuclease activity and RNA binding of recombinant human Dicer. EMBO J, 21: 5864～5874
44. Zhang H, Kolb FA, Brondani V, et al. 2002. Human Dicer preferentially cleaves dsRNAs at their termini without a requirement for ATP. EMBO J, 21: 5875～5885
45. Zamore PD. 2001. Thirty-three years later, a glimpse at the ribonuclease III active site. Mol Cell, 8: 1158～1160
46. Zhang H, Kolb FA, Jaskiewicz L, et al. 2004 Single processing center models for human Dicer and bacterial RNase III. Cell, 118: 57～68
47. Blaszczyk J, Tropea JE, Bubunenko M, et al. 2001. Crystallographic and modeling studies of RNase III suggest a mechanism for double stranded RNA cleavage. Structure, 9: 1225～1236
48. Montgomery MK, Xu S, Fire A. 1998. RNA as a target of double-stranded RNA-mediated genetic interference in *Caenorhabditis elegans*. Proc Natl Acad Sci USA, 95: 15502～15507
49. Tuschl T, Zamore PD, Lehmann R, et al. 1999. Targeted mRNA degradation by double-stranded RNA in vitro. Genes Dev, 13: 3191～3197
50. Nyknen A, Haley B, Zamore PD. 2001. ATP requirements and small interfering RNA structure in the RNA interference pathway. Cell, 107: 309～321
51. Hammond SM, Boettcher S, Caudy AA, et al. Argonaute2, a link between genetic and biochemical analyses of RNAi. Science, 293: 1146～1150
52. Martinez J, Patkaniowska A, Urlaub H, et al. 2002. Single-stranded antisense siRNAs guide target RNA cleavage in RNAi. Cell, 110: 563～574
53. Rivas FV, Tolia NH, Song JJ, et al. 2005. Purified Argonaute2 and an siRNA form recombinant human RISC. Nat Struct Mol Biol, 12: 340～349
54. Caudy AA, Myers M, Hannon GJ, et al. 2002. Fragile X-related protein and VIG associate with the RNA interference machinery. Genes Dev, 16: 2491～2496
55. Caudy AA, Ketting RF, Hammond SM, et al. 2003. A micrococcal nuclease homologue in RNAi effector complexes. Nature, 425: 411～414

56. Ishizuka A, Siomi MC, Siomi H. 2002. A *Drosophila* fragile X protein interacts with components of RNAi and ribosomal proteins. Genes Dev, 16: 2497～2508
57. Schwarz DS, Tomari Y, Zamore PD. 2004. The RNA-induced silencing complex is a Mg2+-dependent endonuclease. Curr Biol, 14: 787～791
58. Martinez J, Tuschl T. 2004. RISC is a 5′ phosphomonoester-producing RNA endonuclease. Genes Dev, 18: 975～980
59. Tabara H, Yigit E, Siomi H, et al. 2002. The dsRNA binding protein RDE-4 interacts with RDE-1, DCR-1, and a DExH-box helicase to direct RNAi in *C. elegans*. Cell, 109: 861～871
60. Tahbaz N, Kolb FA, Zhang H, et al. 2004. Characterization of the interactions between mammalian PAZ PIWI domain proteins and Dicer. EMBO, 5: 189～194
61. Liu Q, Rand TA, Kalidas S, et al. 2003. R2D2, a bridge between the initiation and effector steps of the *Drosophila* RNAi pathway. Science, 301: 1921～1925
62. Lee YS, Nakahara K, Pham JW, et al. 2004. Distinct roles for *Drosophila* Dicer-1 and Dicer-2 in the siRNA/miRNA silencing pathways. Cell, 117: 69～81
63. Tomari Y, Matranga C, Haley B, et al. 2004. A protein sensor for siRNA asymmetry. Science, 306: 1377～1380
64. Doi N, Zenno S, Ueda R, et al. 2003. Short-interfering-RNA-mediated gene silencing in mammalian cells requires Dicer and eIF2C translation initiation factors. Curr Biol, 13: 41～46
65. Pham JW, Pellino JL, Lee YS, et al. 2004. A Dicer-2-dependent 80S complex cleaves targeted mRNAs during RNAi in *Drosophila*. Cell, 117: 83～94
66. Siolas D, Lerner C, Burchard J, et al. 2005. Synthetic shRNAs as potent RNAi triggers. Nat Biotechnol, 23: 227～231
67. Kim DH, Behlke MA, Rose SD, et al. 2005. Synthetic dsRNA Dicer substrates enhance RNAi potency and efficacy. Nat Biotechnol, 23: 222～226
68. Sontheimer E. 2005. Assembly and function of RNA silencing complexes. Nature, 6: 127～138
69. Matranga C, Tomari Y, Shin C, et al. 2005. Passenger- strand Cleavage facilitates assembly of siRNA into Ago2-containing RNAi enzyme complexes. Cell, 123: 607～620
70. Schwarz DS, Hutvágner G, Haley B, et al. 2002. siRNAs function as guides, not primers, in the RNAi pathway in *Drosophila* and human cells. Mol Cell, 10: 537～548
71. Rocak S, Linder P. 2004. DEAD-box proteins: the driving forces behind RNA metabolism. Nature Rev Mol Cell Biol, 5: 232～241
72. Tomari Y, Du T, Haley B, et al . 2004. RISC assembly defects in the *Drosophila* RNAi mutant armitage. Cell, 116: 831～841
73. Khvorova A, Reynolds A, Jayasena SD. 2003. Functional siRNAs and miRNAs exhibit strand bias. Cell, 115: 209～216
74. Schwarz DS, Hutvágner G, Du T, et al. 2003. Asymmetry in the assembly of the RNAi enzyme complex. Cell, 115: 199～208
75. Reynolds A, Leake D, Boese Q, et al. 2004. Rational siRNA design for RNA interference. Nature Biotechnol, 22: 326～330
76. Mittal V. 2004. Improving the efficiency of RNA interference in mammals. Nature Rev Genet, 5: 355～365
77. Ma JB, Ye K, Patel DJ. 2004. Structural basis for overhang-specific small interfering RNA recognition by the PAZ domain. Nature, 429: 318～322

78. Lingel A, Simon B, Izaurralde E, et al. 2004. Nucleic acid 3′-end recognition by the Argonaute2 PAZ domain. Nature Struct Mol Biol, 11: 576～577
79. Vazquez F, Vaucheret H, Rajagopalan R, et al. 2004. Endogenous trans-acting siRNAs regulate the accumulation of *Arabidopsis* mRNAs. Mol Cell, 16: 69～79
80. Tomari Y, Zamore PD. 2005. Perspective: machines for RNAi. Genes Dev, 19: 517～529
81. Sontheimer EJ. 2005. Assembly and function of RNA silencing complexes. Nat Rev Mol Cell Biol, 6: 127～138
82. Rand TA, Petersen S, Du F, et al. 2005. Argonaute2 cleaves the anti-guide strand of siRNA during RISC activation. Cell 123: 621～629. Cell, 123 (4): 543～545
83. Liu J, Carmell MA, Rivas FV, et al. 2004. Argonaute2 is the catalytic engine of mammalian RNAi. Science, 305: 1437～1441
84. Meister G, Landthaler M, Patkaniowska A, et al. 2004. Human Argonaute2 mediates RNA cleavage targeted by miRNAs and siRNAs. Mol Cell, 15: 185～197
85. Preall JB, Sontheimer EJ. 2005. RNAi: RISC Gets Loaded. Cell, 123: 543～553
86. Filipowicz W. 2005. RNAi: the nuts and bolts of the RISC machine. Cell, 122: 17～20
87. Pham JW, Sontheimer EJ. 2005. Molecular requirements for RNA-induced silencing complex assembly in the *Drosophila* RNA interference pathway. J Biol Chem, 280: 39278～39283
88. Hutvágner G, Zamore PD. 2002. A microRNA in a multipleturnover RNAi enzyme complex. Science, 297: 2056～2060
89. Haley B, Zamore PD. 2004. Kinetic analysis of the RNAi enzyme complex. Nature Struct Mol Biol, 11: 599～606
90. Meister G, Landthaler M, Dorsett Y, et al. 2004. Sequence-specific inhibition of microRNA and siRNA-induced RNA silencing. RNA, 10: 544～550
91. Hutvágner G, Simard MJ, Mello CC, et al. 2004. Sequence-specific inhibition of small RNA function. PloS Biol, 2: 1～11
92. Herschlag D, Eckstein F, Cech TR. 1993. The importance of being ribose at the cleavage site in the *Tetrahymena* ribozyme reaction. Biochemistry, 32: 8312～8321
93. Sigel RKO, Song B, Sigel H. 1997. Stabilities and structures of metal ion complexes of adenosine 5′-Othiomonophosphate (AMPS2-) in comparison with those of its parent nucleotide (AMP2-) in aqueous solution. J Am Chem Soc, 119: 744～755
94. Song JJ, Smith SK, Hannon GJ, et al. 2004. Crystal structure of Argonaute and its implications for RISC Slicer activity. Science, 305: 1434～1437
95. Yan KS, Yan S, Farooq A, et al. 2003. Structure and conserved RNA binding of the PAZ domain. Nature, 426, 468～474
96. Song JJ, Liu J, Tolia NH, et al. 2003. The crystal structure of the Argonaute2 PAZ domain reveals an RNA binding motif in RNAi effector complexes. Nature Struct Biol, 10: 1026～1032
97. Lingel A, Simon B, Izaurralde E, et al. 2003. Structure and nucleic-acid binding of the *Drosophila* Argonaute 2 PAZ domain. Nature, 426: 465～469
98. Rand TA, Ginalski K, Grishin NV, et al. 2004. Biochemical identification of Argonaute 2 as the sole protein required for RNA-induced silencing complex activity. Proc Natl Acad Sci USA, 101: 14385～14389
99. Liu J, Carmell MA, Rivas FV, et al. 2004. Argonaute2 is the catalytic engine of mammalian RNAi. Science, 305: 1437～1441

100. Carmell MA, Xuan Z, Zhang MQ, et al. 2002. The Argonaute family: tentacles that reach into RNAi, developmental control, stem cell maintenance, and tumorigenesis. Genes Dev, 16: 2733～2742
101. Nakayashiki H. 2005. RNA silencing in fungi: Mechanisms and applications. FEBS Letters, 579: 5950～5957
102. Ullu E, Tschudi C, Chakraborty T. 2004. RNA interference in *Protozoan parasites*. Cellular Microbiology, 6: 509～519
103. Kavi HH, Fernandez HR, Xie W, et al. 2005. RNA silencing in *Drosophila*. FEBS Letters, 579: 5940～5949
104. Grishok A. 2005. RNAi mechanisms in *Caenorhabditis elegans*. FEBS Letters, 579: 5932～5939
105. Li HW, Ding SW. 2005. Antiviral silencing in animals. FEBS Letters, 579: 5965～5973
106. Meister G, Tuschl T. 2004. Mechanisms of gene silencing by double-stranded RNA. Nature, 431: 343～349
107. Filipowicz W, Jaskiewicz L, Kolb FA, et al. 2005. Post-transcriptional gene silencing by siRNAs and miRNAs. Current Opinion in Structural Biology, 15: 331～341
108. Ambros V, Bartel B, Bartel DP, et al. 2003. A uniform system for microRNA annotation. RNA, 9: 277～279
109. Bartel DP. 2004. MicroRNAs: genomics, biogenesis, mechanism, and function. Cell, 116: 281～297
110. Cullen BR. 2004. Transcription and processing of human microRNA precursors. Mol Cell, 16: 861～865
111. Kim VN. 2005. MicroRNA biogenesis: coordinated cropping and dicing. Nat Rev Mol Cell Biol, 6: 376～385
112. Lau NC, Lim LP, Weinstein EG, et al. 2001. An abundant class of tiny RNAs with probable regulatory roles in *Caenorhabditis elegans*. Science, 294: 858～862
113. Lagos-Quintana M, Rauhut R, Lendeckel W, et al. 2001. Identification of novel genes coding for small expressed RNAs. Science, 294: 853～858
114. Mourelatos Z, Dostie J, Paushkin S, et al. 2002. miRNPs: a novel class of ribonucleoproteins containing numerous microRNAs. Genes Dev, 16: 720～728
115. Lee Y, Kim M, Han J, et al. 2004. MicroRNA genes are transcribed by RNA polymerase II. EMBO J, 23: 4051～4060
116. Cai X, Hagedorn CH, Cullen BR. 2004. Human microRNAs are processed from capped, polyadenylated transcripts that can also function as mRNAs. RNA, 10: 1957～1966
117. Lee Y, Jeon K, Lee JT, et al. 2002. MicroRNA maturation: stepwise processing and subcellular localization. EMBO J, 21: 4663～4670
118. Smalheiser NR. 2003. EST analyses predict the existence of a population of chimeric microRNA precursor-mRNA transcripts expressed in normal human and mouse tissues. Genome Biol, 4: 403
119. Rodriguez A, Griffiths-Jones S, Ashurst JL, et al. 2004. Identification of mammalian microRNA host genes and transcription units. Genome Res, 14: 1902～1910
120. Aukerman MJ, Sakai H. 2003. Regulation of flowering time and floral organ identity by a microRNA and its APETALA2-like target genes. Plant Cell, 15: 2730～2741
121. Tam W. 2001. Identification and characterization of human BIC, a gene on chromosome 21 that encodes a noncoding RNA. Gene, 274: 157～167
122. Bracht J, Hunter S, Eachus R, et al. 2004. Trans-splicing and polyadenylation of let-7 microRNA primary transcripts. RNA, 10: 1586～1594

123. Brennecke J, Hipfner DR, Stark A, et al. 2003. bantam encodes a developmentally regulated microRNA that controls cell proliferation and regulates the proapoptotic gene hid in *Drosophila*. Cell, 113: 25～36
124. Lagos-Quintana M, Rauhut R, Yalcin A, et al. 2002. Identification of tissue-specific microRNAs from mouse. Curr Biol, 12: 735～739
125. Aravin AA, Lagos-Quintana M, Yalcin A, et al. 2003. The small RNA profile during *Drosophila melanogaster* development. Dev Cell, 5: 337～350
126. Zeng Y, Wagner EJ, Cullen BR. 2002. Both natural and designed micro RNAs can inhibit the eExpression of cognate mRNAs when expressed in human cells. Mol Cell, 9: 1327～1333
127. Lee Y, Ahn C, Han J, et al. 2003. The nuclear RNase III Drosha initiates microRNA processing. Nature, 425: 415～419
128. Fortin KR, Nicholson RH, Nicholson AW. 2002. Mouse ribonuclease III. cDNA structure, expression analysis, and chromosomal location. BMC Genomics, 3: 26
129. Wu H, Xu H, Miraglia LJ, et al. 2000. Human RNase III is a 160-kDa protein involved in preribosomal RNA processing. J Biol Chem, 275: 36957～36965
130. Han J, Lee Y, Yeom KH, et al. 2004. The Drosha-DGCR8 complex in primary microRNA processing. Genes Dev, 18: 3016～3027
131. Denli AM, Tops BB, Plasterk RH, et al. 2004. Processing of primary microRNAs by the microprocessor complex. Nature, 432: 231～235
132. Gregory RI, Yan KP, Amuthan G, et al. 2004. The microprocessor complex mediates the genesis of microRNAs. Nature, 432: 235～240
133. Landthaler M, Yalcin A, Tuschl T. 2004. The human DiGeorge syndrome critical region gene 8 and its *D. melanogaster* homolog are required for miRNA biogenesis. Curr Biol, 14: 2162～2167
134. Zeng Y, Cullen BR. 2003. Sequence requirements for micro RNA processing and function in human cells. RNA, 9: 112～123
135. Zeng Y, Yi R, Cullen BR. 2005. Recognition and cleavage primary microRNA precursors by the nuclear processing enzyme Drosha. EMBO J, 24: 138～148
136. Kim VN. 2004. MicroRNA precursors in motion: exportin-5 mediates their nuclear export. Trends Cell Biol, 14: 156～159
137. Murchison EP, Hannon GJ. 2004. miRNAs on the move: miRNA biogenesis and the RNAi machinery. Curr Opin Cell Biol, 16: 223～229
138. Nakielny S, Dreyfuss G. 1999. Transport of proteins and RNAs in and out of the nucleus. Cell, 99: 677～690
139. Lund E, Güttinger S, Calado A, et al. 2004. Nuclear export of microRNA precursors. Science, 303: 95～98
140. Yi R, Qin Y, Macara IG, et al. 2003. Exportin-5 mediates the nuclear export of pre-microRNAs and short hairpin RNAs. Genes Dev, 17: 3011～3016
141. Bohnsack MT, Czaplinski K, Gorlich D. 2004. Exportin 5 is a RanGTP-dependent dsRNA-binding protein that mediates nuclear export of pre-miRNAs. RNA, 10: 185～191
142. Bohnsack MT, Regener K, Schwappach B, et al. 2002. Exp5 exports eEF1A via tRNA from nuclei and synergizes with other transport pathways to confine translation to the cytoplasm. EMBO J, 21: 6205～6215
143. Calado A, Treichel N, Müller EC, et al. 2002. Exportin-5-mediated nuclear export of eukaryotic elongation factor 1A and tRNA. EMBO J, 21: 6216～6224

144. Lim LP, Lau NC, Weinstein EG, et al. 2003. The microRNAs of *Caenorhabditis elegans*. Genes Dev, 2: 991～1008

145. Gwizdek C, Ossareh-Nazari B, Brownawell AM, et al. 2003. Exportin-5 mediates nuclear export of minihelix-containing RNAs. J Biol Chem, 278: 5505～5508

146. Zeng Y, Cullen BR. 2004. Structural requirements for pre-microRNA binding and nuclear export by Exportin 5. Nucleic Acids Res, 32: 4776～4785

147. Ketting RF, Fischer SE, Bernstein E, et al. 2001. Dicer functions in RNA interference and in synthesis of small RNA involved in developmental timing in *C. elegans*. Genes Dev, 15: 2654～2659

148. Gregory RI, Chendrimada TP, Cooch N, et al. 2005. Human RISC couples microRNA biogenesis and posttranscriptional gene silencing. Cell, 123: 631～640

149. Xie Z, Johansen LK, Gustafson AM, et al. 2004. Genetic and functional diversification of small RNA pathways in plants. PLoS Biol, 2: E104

150. Lee RC, Ambros V. 2001. An extensive class of small RNAs in *Caenorhabditis elegans*. Science, 294: 862～864

151. Ambros V. 2004. The functions of animal microRNAs. Nature, 431: 350～355

152. Dugas DV, Bartel B. 2004. MicroRNA regulation of gene expression in plants. Curr Opin Plant Biol, 7: 512～520

153. Ketting RF, Haverkamp TH, van Luenen HG, et al. 1999. Mut-7 of *C. elegans*, required for transposon silencing and RNA interference, is a homolog of Werner syndrome helicase and RNaseD. Cell, 99: 133～141

154. Wu-Scharf D, Jeong B, Zhang C, et al. 2000. Transgene and transposon silencing in *Chlamydomonas reinhardtii* by a DEAH-box RNA helicase. Science, 290: 1159～1162

155. Svoboda P, Stein P, Anger M, et al. 2004. RNAi and expression of retrotransposons MuERV-L and IAP in preimplantation mouse embryos. Dev Biol, 269: 276～285

156. Matzke MA, Matzke A. 1995. How and why do plants inactivate homologous (Trans) genes? Plant Physiol, 107: 679～685

157. Marathe R, Anandalakshmi R, Smith TH, et al. 2000. RNA viruses as inducers, suppressors and targets of posttranscriptional gene silencing. Plant Mol Biol, 43: 295～306

158. Roth BM, Pruss GJ, Vance VB. 2004. Plant viral suppressors of RNA silencing. Virus Res, 102: 97～108

159. Voinnet O. 2005. Induction and suppression of RNA silencing: insights from viral infections. Nat Rev Genet, 6: 206～220

160. Schutz S, Sarnow P. 2006. Interaction of viruses with the mammalian RNA interference pathway. Virology, 344: 151～157

161. Li WX, Li H, Lu R, et al. 2004. Interferon antagonist proteins of influenza and vaccinia viruses are suppressors of RNA silencing. Proc Natl Acad Sci USA, 101: 1350～1355

162. Lecellier CH, Dunoyer P, Arar K, et al. 2005. A cellular microRNA mediates antiviral defense in human cells. Science, 308: 557～560

163. Chen W, Liu M, Cheng G, et al. 2005. RNA silencing: a remarkable parallel to protein-based immune systems in vertebrates? FEBS Lett, 579: 2267～2272

164. Mette MF, Aufsatz W, van der Winden J, et al. 2000. Transcriptional silencing and promoter methylation triggered by double stranded RNA. EMBO J, 19: 5194～5201

165. Jones L, Ratcliff F, Baulcombe DC. 2001. RNA-directed transcriptional gene silencing in plants can be inherited independently of the RNA trigger and requires Met1 for maintenance. Curr Biol, 11: 747～757

166. Sijen T, Vijn I, Rebocho A, et al. 2001. Transcriptional and posttranscriptional gene silencing are mechanistically related. Curr Biol, 11: 436～440

167. Melquist S, Bender J. 2003. Transcription from an upstream promoter controls methylation signaling from an inverted repeat of endogenous genes in *Arabidopsis*. Genes Dev, 17: 2036～2047

168. Pélissier T, Thalmeir S, Kempe D, et al. 1999. Heavy de novo methylation at symmetrical and non-symmetrical sites is a hallmark of RNA-directed DNA methylation. Nucl Acids Res, 27: 1625～1634

169. Aufsatz W, Mette MF, van der Winden J, et al. 2002. RNA-directed DNA methylation in *Arabidopsis*. Proc Natl Acad Sci USA, 99: 16499～16506

170. Matzke MA, Birchler JA. 2005. RNAi～mediated pathways in the nucleus. Nature Rev Genet, 6: 24～35

171. Weiler KS, Wakimoto BT. 1995. Heterochromatin and gene expression in *Drosophila*. Annu Rev Genetics, 29: 577～605

172. Ekwall K. 2004. The roles of histone modifications and small RNA in centromere function. Chromosome Res, 12: 535～542

173. Mochizuki K, Gorovsky MA. 2004. Small RNAs in genome rearrangement in *Tetrahymena*. Curr Opin Genet Dev, 14: 181～187

174. Garnier O, Serrano V, Duharcourt S, et al. 2004. RNA-mediated programming of developmental genome rearrangements in paramecium. Mol Cell Biol, 24: 7370～7379

175. Aramayo R, Metzenberg RL. 1996. Meiotic transvection in fungi. Cell, 86: 103～113

176. Shiu PK, Raju NB, Zickler D, et al. 2001. Meiotic silencing by unpaired DNA. Cell, 107: 905～916

177. Brisibe EA, Okada N, Mizukami H, et al. 2003. RNA interference: potentials for the prevention of HIV infections and the challenges ahead. Trends Biotech, 21: 306～311

178. Lee NS, Rossi JJ. 2004. Control of HIV-1 replication by RNA interference. Virus Res, 102: 53～58

179. Martínez MA, Gutiérrez A, Armand-Ugón M, et al. 2002. Suppression of chemokine receptor expression by RNA interference allows for inhibition of HIV-1 replication. AIDS, 16: 2385～2390

180. Konishi M, Wu CH, Wu GY. 2003. Inhibition of HBV replication by siRNA in a stable HBV-producing cell line. Hepatology, 38: 842～850

181. Giladi H, Ketzinel-Gilad M, Rivkin L, et al. 2003. Small interfering RNA inhibits hepatitis B virus replication in mice. Mol Ther, 8: 769～776

182. Li Y, Wasser S, Lim SG, et al. 2004. Genome-wide expression profiling of RNA interference of hepatitis B virus gene expression and replication. Cell Mol Life Sci, 61: 2113～2124

183. Uprichard SL, Boyd B, Althage A, et al. 2005. Clearance of hepatitis B virus from the liver of transgenic mice by short hairpin RNAs. Proc Natl Acad Sci USA, 102: 773～778

184. Chen W, Yan W, Du Q, et al. 2004. RNA interference targeting VP1 inhibits foot-and-mouth disease virus replication in BHK-21 cells and suckling mice. J Virol, 78: 6900～6907

185. Bian ZQ, Sun LL, Liu MQ, et al. 2008. siRNA targeting HBV C gene inhibits hepatitis B virus expression in BHK-21 cells. RNAi China, 48～49

186. Bain ZQ, Sun LL, Liu MQ, et al. 2008. siRNA targeting HBV C gene inhibits hepatitis B virus expression and replication in BHK-21 cells. Hepatol Int, 2: S162～S163

187. Kapadia SB, Brideau-Andersen A, Chisari FV. 2003. Interference of hepatitis C virus RNA replication by short interfering RNAs. Proc Natl Acad Sci USA, 100: 2014～2018
188. Krönke J, Kittler R, Buchholz F, et al. 2004. Alternative approaches for efficient inhibition of hepatitis C virus RNA replication by small interfering RNAs. J Virol, 78: 3436～3446
189. McCaffrey AP, Meuse L, Pham TT, et al. 2002. RNA interference in adult mice. Nature, 418: 38～39
190. Seo MY, Abrignani S, Houghton M, et al. 2003. Small interfering RNA-mediated inhibition of hepatitis C virus replication in the human hepatoma cell line Huh-7. J Virol, 77: 810～812
191. Sen A, Steele R, Ghosh AK, et al. 2003. Inhibition of hepatitis C virus protein expression by RNA interference. Virus Res, 96: 27～35
192. Randall G, Grakoui A, Rice CM. 2003. Clearance of replicating hepatitis C virus replicon RNAs in cell culture by small interfering RNAs. Proc Natl Acad Sci USA, 100: 235～240
193. Takigawa Y, Nagano-Fujii M, Deng L, et al. 2004. Suppression of hepatitis C virus replicon by RNA interference directed against the NS3 and NS5B regions of the viral genome. Microbiol Immunol, 48: 591～598
194. Wilson JA, Jayasena S, Khvorova A, et al. 2003. RNA interference blocks gene expression and RNA synthesis from hepatitis C replicons propagated in human liver cells. Proc Natl Acad Sci USA, 100: 2783～2788
195. Liu M, Ding H, Zhao P, et al. 2006. RNA interference effectively Inhibits mRNA accumulation and protein expression of hepatitis C virus core and E2 genes in human cells. Biosci Biotechnol Biochem, 70 (9): 2049～2055
196. Xue Q, Ding H, Liu M, et al. 2007. Inhibition of hepatitis C virus replication and expression by small interfering RNA targeting host cellular genes. Arch Virol, 152 (5): 955～962
197. Ge Q, Filip L, Bai A, et al. 2004. Inhibition of influenza virus production in virus-infected mice by RNA interference. Proc Natl Acad Sci USA, 101: 8676～8681
198. Tompkins SM, Lo CY, Tumpey TM, et al. 2004. Protection against lethal influenza virus challenge by RNA interference *in vivo*. Proc Natl Acad Sci USA, 101: 8682～8686
199. Wang Z, Ren L, Zhao X, et al. 2004. Inhibition of severe acute respiratory syndrome virus replication by small interfering RNAs in mammalian cells. J Virol, 78: 7523～7527
200. Qin ZL, Zhao P, Cao MM, et al. 2007. siRNAs targeting terminal sequences of the SARS-associated coronavirus membrane gene inhibit M protein expression through degradation of M mRNA. Journal of Virological Methods, 145: 146～154
201. Liu M, Chen W, Ni Z, et al. 2005. Cross-inhibition to heterologous foot and-mouth disease virus infection induced by RNA interference targeting the conserved regions of viral genome. Virology, 336: 51～59
202. de los Santos T, Wu Q, de Avila Botton S, et al. 2005. Short hairpin RNA targeted to the highly conserved 2B nonstructural protein coding region inhibits replication of multiple serotypes of foot-and-mouth disease virus. Virology, 335: 222～231
203. Mohapatra JK, Sanyal A, Hemadri D, et al. 2005. Evaluation of in vitro inhibitory potential of small interfering RNAs directed against various regions of foot-and-mouth disease virus genome. Biochem Biophys Res Commun, 329: 1133～1138
204. Kahana R, Kuznetzova L, Rogel A, et al. 2004. Inhibition of foot-and-mouth disease virus replication by small interfering RNA. J Gen Virol, 85: 3213～3217

205. Chen W, Liu M, Jiao Y, et al. 2006. Adenovirus-mediated RNA interference against foot-and-mouth disease virus infection both *in vitro* and *in vivo*. J Virol, 80: 3559～3566
206. Gitlin L, Karelsky S, Andino R. 2002. Short interfering RNA confers intracellular antiviral immunity in human cells. Nature, 418: 430～434
207. Kanda T, Kusov Y, Yokosuka O, et al. 2004. Interference of hepatitis A virus replication by small interfering RNAs. Biochem Biophys Res Commun, 318: 341～345
208. Zhang W, Singam R, Hellermann G, et al. 2004. Attenuation of dengue virus infection by adenoassociated virus-mediated siRNA delivery. Genet Vaccines Ther, 2: 8
209. Arias CF, Dector MA, Segovia L, et al. 2004. RNA silencing of rotavirus gene expression. Virus Res, 102: 43～51
210. Jia Q, Sun R. 2003. Inhibition of gammaherpesvirus replication by RNA interference. J Virol, 77: 3301～3306
211. Bhuyan PK, Karikò K, Capodici J, et al. 2004. Short interfering RNA-mediated inhibition of herpes simplex virus type 1 gene expression and function during infection of human keratinocytes. J Virol, 78: 10276～10281
212. Radhakrishnan S, Gordon J, Del Valle L, et al. 2004. Intracellular approach for blocking JC virus gene expression by using RNA interference during viral infection. J Virol, 78: 7264～7269
213. Reynolds A, Leake D, Boese Q, et al. 2004. Rational siRNA design for RNA interference. Nat Biotechnol, 22: 326～330
214. Henschel A, Buchholz F, Habermann B. 2004. DEQOR: a web-based tool for the design and quality control of siRNAs. Nucleic Acids Res, 32 (Web Server issue): W113～W120
215. Naito Y, Yamada T, Ui-Tei K, et al. 2004. siDirect: highly effective, target-specific siRNA design software for mammalian RNA interference. Nucleic Acids Res, 32 (Web Server issue): W124～W129
216. Cui W, Ning J, Naik UP, et al. 2004. OptiRNAi, an RNAi design tool. Computer Methods and Programs in Biomedicine, 75: 67～73
217. Dudek P, Picard D. 2004. TROD: T7 RNAi Oligo Designer. Nucleic Acids Res, 32 (Web Server issue): W121～W123
218. Holen T, Amarzguioui M, Wiiger MT, et al. 2002. Positional effects of short interfering RNAs targeting the human coagulation trigger tissue factor. Nucleic Acids Res, 30: 1757～1766
219. Bohula EA, Salisbury AJ, Sohail M, et al. 2003. The efficacy of small interfering RNAs targeted to the type 1 insulin-like growth factor receptor (IGF1R) is influenced by secondary structure in the IGF1R transcript. J Biol Chem, 278: 15991～15997
220. Luo KQ, Chang DC. 2004. The gene-silencing efficiency of siRNA is strongly dependent on the local structure of mRNA at the targeted region. Biochem Biophys Res Commun, 318: 303～310
221. Amarzguioui M, Holen T, Babaie E, et al. 2003. Tolerance for mutations and chemical modifications in a siRNA. Nucleic Acids Res, 31: 589～595
222. Braasch DA, Jensen S, Liu Y, et al. 2003. RNA interference in mammalian cells by chemically-modified RNA. Biochemistry, 42: 7967～7975
223. Chiu YL, Rana TM. 2003. siRNA function in RNAi: a chemical modification analysis. RNA, 9: 1034～1048
224. Sohail M, Doran G, Riedemann J, et al. 2003. A simple and cost-effective method for producing small interfering RNAs with high efficacy. Nucleic Acids Res, 31: e38

225. Donzé O, Picard D. 2002. RNA interference in mammalian cells using siRNAs synthesized with T7 RNA polymerase. Nucleic Acids Res, 30: e46
226. Myers JW, Ferrell JE. 2005. Silencing gene expression with dicer-generated siRNA pools. Methods Mol Biol, 309: 93～196
227. Sui G, Soohoo C, Affarel B, et al. 2002. A DNA vector-based RNAi technology to suppress gene expression in mammalian cells. Proc Natl Acad Sci USA, 99: 5515～5520
228. Li MJ, Bauer G, Michienzi A, et al. 2003. Inhibition of HIV-1 infection by lentiviral vectors expressing Pol III-promoted anti-HIV RNAs. Mol Ther, 8: 196～206
229. Shen C, Buck AK, Liu X, et al. 2003. Gene silencing by adenovirus-delivered siRNA. FEBS Lett, 539: 111～114
230. Paddison PJ, Caudy AA, Bernstein E, et al. 2002. Short hairpin RNAs (shRNAs) induce sequence-specific silencing in mammalian cells. Genes Dev, 16: 948～958
231. Brummelkamp TR, Bernards R, Agami R. 2002. A system for stable expression of short interfering RNAs in mammalian cells. Science, 296: 550～553
232. Czauderna F, Santel A, Hinz M, et al. 2003. Inducible shRNA expression for application in a prostate cancer mouse model. Nucleic Acids Res, 31: e127
233. Amarzguioui M, Rossi JJ, Kim D. 2005. Approaches for chemically synthesized siRNA and vector-mediated RNAi. FEBS Letters, 579: 5974～5981
234. Paroo Z, Corey DR. 2004. Challenges for RNAi *in vivo*. Trends Biotechnol, 22: 390～394
235. Kogure K. et al. 2004. Development of a non-viral multifunctional envelope-type nano device by a lipid film hydration method. J Control Release, 98: 317～323
236. Moriguchi R, Kogure K, Akita H, et al. 2005. A multifunctional envelope-type nano device for novel gene delivery of siRNA plasmids. International Journal of Pharmaceutics, 301: 277～285
237. Woodle MC, Lu PY. 2005. Nanoparticles deliver RNAi therapy. Nanotoday, 34～41
238. Kinoshita M, Hynynen K. 2005. A novel method for the intracellular delivery of siRNA using microbubble-enhanced focused ultrasound. Biochem Biophys Res Commun, 335: 393～399
239. Song E, Zhu P, Lee SK, et al. 2005. Antibody mediated in vivo delivery of small interfering RNAs via cell-surface receptors. Nat Biotechnol, 23: 709～717
240. Vornlocher HP. 2006. Antibody-directed cell-type-specific delivery of siRNA. Trends Mol Med, 12: 1～3
241. Sioud M, Srensen DR. 2003. Cationic liposome-mediated delivery of siRNAs in adult mice. Biochem Biophys Res Commun, 312: 1220～1225
242. Ma Z, Li J, He F, et al. 2005. Cationic lipids enhance siRNA-mediated interferon response in mice. Biochem Biophys Res Commun, 330: 755～759
243. Takeshita F, Minakuchi Y, Nagahara S, et al. 2005. Efficient delivery of small interfering RNA to bone-metastatic tumors by using atelocollagen *in vivo*. Proc Natl Acad Sci USA, 102: 12177～12182

2　RNAi 分子机制与脊椎动物免疫系统之间的进化关系

2.1　引言

RNA 沉默，又称转录后基因沉默（PTGS）是 dsRNA 诱发的对序列同源的 mRNA 降解或翻译抑制的分子机制。现在，普遍认为 RNA 沉默是植物和无脊椎动物主要的病毒防御机制。科研人员最早在秀丽新小杆线虫相关研究中发现了小的 dsRNA 分子在诱导 RNA 沉默反应中起至关重要的作用[1]。RNA 沉默分子机制在动物细胞中又称为 RNA 干扰（RNAi），是由 dsRNA 经 RNaseIII 样 Dicer 酶剪切获得的双链小干扰 RNA（short interfering RNA，siRNA）（长度 19～27 bp）诱导的对同源基因进行的表达抑制过程[2]。目前的证据表明，RNAi 保守地存在于哺乳动物细胞当中[3~5]。因此，人们试图使用病毒特异性的 siRNA 诱导 RNAi 效应抑制哺乳动物病毒的复制与感染，结果表明，siRNA 能够有效特异地抵抗病毒的侵染，尽管有报道称一些 dsRNA 或 siRNA 通过激活细胞的 PKR/RNase L 信号途径[6,7]诱导 IFN 病毒防御机制[8]。

通过以上研究，我们针对脊椎动物病毒防御机制相互之间的关系提出了一系列问题：其一，在脊椎动物中，病毒的感染能否自然诱发 RNAi 反应形成核酸水平的免疫系统（nucleic acid-based immune system），类似于自然诱发蛋白质水平免疫反应呢？其二，如果病毒感染能够自然诱发 RNAi，那么，它与蛋白质免疫系统存在什么关系呢？或者两者互不相关？其三，在哺乳动物细胞病毒感染过程中，为什么自然诱发的 RNAi 反应不足以有效地抵抗病毒的感染？除非人为地转染病毒特异性的 siRNA；其四，由于 RNAi 机制的发现，我们需要对脊椎动物的病毒防御机制重新作出怎样的系统认识？其五，有哪些新的策略能够使脊椎动物更加有效地应对病毒性传染病呢？

2.2　RNAi 是天然的病毒感染防御机制

Li 等[9]主张，RNAi 是哺乳动物天然的抗病毒免疫机制，他们的假设基于以下三个证据：其一，RNA 沉默分子机制在哺乳动物细胞中是保守的，而且，siRNA 人为地转染哺乳动物细胞能够有效地抑制病毒的复制；其二，哺乳动物病毒编码了 RNAi 的蛋白抑制因子（例如流感病毒的 E3L 蛋白和牛痘病毒的 NS1 蛋白），而这一特征与植物或无脊椎动物病毒相符；其三，哺乳动物病毒编码的 RNAi 抑制因子同时也是哺乳动物 IFN 免疫系统的抑制剂，众所周知，IFN

反应是哺乳动物天然的病毒感染防御机制。

RNAi 的发现不仅为哺乳动物病毒感染防御提供一种全新的策略，同时，也可能使人类对哺乳动物免疫系统的进化有更加深入的了解。生物学课堂总是讲授，经典的蛋白质免疫系统是脊椎动物主要的病毒感染防御机制。现在，越来越多的证据表明，RNAi 能够保护脊椎动物细胞免受内源侵染物（如转座子）或外源侵染物（如病毒）的侵扰，而且，对基因表达和细胞发育调控产生巨大的影响[10~12]。蛋白质免疫系统和 RNAi 之间至少具备共同的功能，即抵抗病毒的感染与复制。然而，蛋白质免疫系统在生命进化到脊椎动物阶段才产生，而 RNAi 分子机制在早期的真核生物细胞中就已经存在。因此，这使我们联想到，它们之间可能存在进化上的某些关系。通过比较蛋白质免疫系统与 RNAi 分子机制，我们发现它们之间至少有七个重要的方面存在可比性（表 1），Ding 等[13]科研人员也对其中某些方面进行了描述。

表 1　蛋白质免疫系统与 RNAi 间的比较

特征	基于蛋白质的免疫系统	RNA 沉默
1	抗原	病毒基因组/转座子/异常 RNA
		mRNA expressed from plasmid backbones
2	抗体	siRNA
3	淋巴细胞（B-和 T-细胞）	Dicer/RISC#
4	细胞因子（IL、IFN 等）	PKR/RNase L/IFN 途径
5	巨噬细胞/细胞凋亡	非细胞病毒清除
6	免疫记忆	初步形成记忆
7	免疫应答（几天到几个月）	RNAi 沉默的效应（几小时到几天）

#：在动物 RNAi 途径中，靶 RNA 的降解由 siRNA 和 RISC 催化完成。

我们这里补充两点：其一，dsRNA 或 siRNA 能够诱导非特异性的反应，例如 PKR/RNase L 信号途径，这类似于蛋白质免疫系统中某些细胞因子的功能；其二，研究发现，RNAi 反应不会导致 CPE[14,15]，相反，蛋白质免疫系统通常使病毒感染的细胞被吞噬或发生细胞凋亡[16]。

在进化过程中，核酸水平的免疫机制的出现优先于蛋白质免疫系统是可能的[10]。许多生物学家认为，生命起源于 RNA 世界，而且，他们对从 RNA 世界末期到原核再到真核细胞的进化过程构建了多种模型[17~19]。在 RNA 世界起源假说中，RNA 不仅携带遗传信息，同时具备生物反应的催化活性。RNAi 反应是一个由 siRNA 诱导的对同源 mRNA 进行序列特异性的降解过程。原生动物细胞具有完备的 RNAi 分子机制，而且，比真核细胞进化更早期的某些古细菌（图 1）具有 RNAi 基因同源产物[20]，这些证据支持这样一个观点，即 RNAi 在真核细胞进化的早期就已经出现。

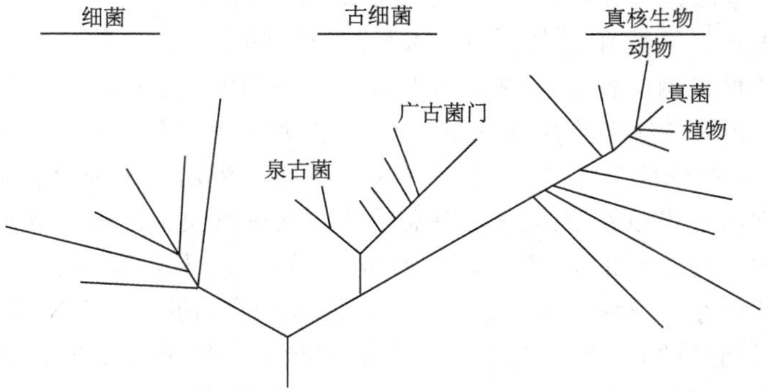

图 1　由 rRNA 序列分析确定的系统发育树[21]

有趣的是，Billy 等[3]发现，相比分化的细胞系（例如小鼠 NIH3T3、大鼠 REF52、人 HeLa 细胞等），胚胎瘤细胞系（例如 P19、F5 等）表达 Dicer 酶的水平高得多，而且，他们发现，在小鼠畸胎瘤细胞系中，即使是 dsRNA 都很容易诱发特异性的 RNAi 反应，而在分化的细胞系中，dsRNA 通常诱导 IFN 反应，其诱导的 RNAi 反应弱得多。众所周知，在哺乳动物胚胎形成的早期，蛋白质免疫系统还未成熟，恰巧这时期 Dicer 酶基因的活性却十分强烈。这些现象可能暗示了，在植物和无脊椎动物病毒防御中占主导地位的 RNAi 在脊椎动物的进化过程中其功能已经被逐渐弱化，甚至最终被蛋白质免疫系统所取代。

迄今为止，仍然没有直接的证据表明细菌或古细菌拥有 RNAi 分子机制，所以，我们对 RNAi 起源非常早的说法须持谨慎乐观的态度。二十几年前发现的核酶或称催化 RNA（catalytic RNA）[22]可能对解开 RNAi 的起源之谜具有启发意义。核酶是一类具有锤头状或发夹状结构的 RNA 分子，它通过与靶 RNA 分子之间的互作催化靶 RNA 分子的剪切或连接反应[23]。核酶普遍存在于病毒、细菌、植物以及低等真核生物中，在脊椎动物中非常稀少。RNAi 与核酶之间的结构、功能以及细胞分布的相似性使我们联想到一种可能性，那就是：RNAi 分子机制可能是从原始的分子信息处理机制（例如核酶）进化而来的。为了检验这种可能性，或许有必要在低等物种细胞中寻找原始分子信息处理机制与 RNAi 之间在进化过程中可能存在的过渡产物。

2.3　脊椎动物 RNAi 可能与蛋白质免疫系统协同作用

Gitlin 和 Andino[10]亦认为，RNA 沉默作为分子水平的病毒防御机制在进化上可能是保守的，因为病毒和转座子对宿主细胞始终维持着一种严酷的选择压力，尽管脊椎动物进化出了一套基于蛋白质水平的复杂完善的免疫机制。既然已经有大量的实验证明在哺乳动物细胞中人为转染 siRNA 能够有效地诱导抗病毒效应[14,24~28]，因此，我们认为，哺乳动物中RNA沉默可能与经典的蛋白质免疫机制协同作用，在核酸和蛋白质两个水平同时对病毒作出防御。

表1对两种机制的比较表明，基于RNA水平而且能够快速特异地抑制病毒感染的RNA沉默机制能够弥补或促进蛋白质免疫系统的病毒防御功能。首先，RNAi反应发生在细胞质[29,30]，但是在这个层面，蛋白质免疫系统的淋巴细胞、抗体以及细胞因子难以对已经进入细胞质的病毒作出快速的识别和反应。当病毒和转座子在细胞内复制的时候[31]，所产生的dsRNA十分容易触发RNAi机制。在植物中，甚至某些异常RNA（aberrant RNA）就能够诱导RNAi反应。其次，正如前面所提到过的，RNAi反应对病毒的清除不会使细胞发生病变[14,15]，而蛋白质免疫反应却可能使病毒感染的细胞被大量吞噬或发生凋亡[16]。而且，由于病毒感染而产生的蛋白质免疫反应可能过激导致自身免疫性疾病的发生[32~34]。再次，siRNA能够在几小时内诱发快速且有效的病毒防御，但是抗病毒效应持续时间似乎较短，通常只有几天[35,36]；然而，病毒抗原必须经过十几天的刺激才能诱导足够强的蛋白质免疫反应，即使是所谓的“应急疫苗”也需要4～5天的时间才能够产生保护作用[37]，但是病毒抗原诱导的蛋白质免疫反应可以持续很长的时间，甚至几年。

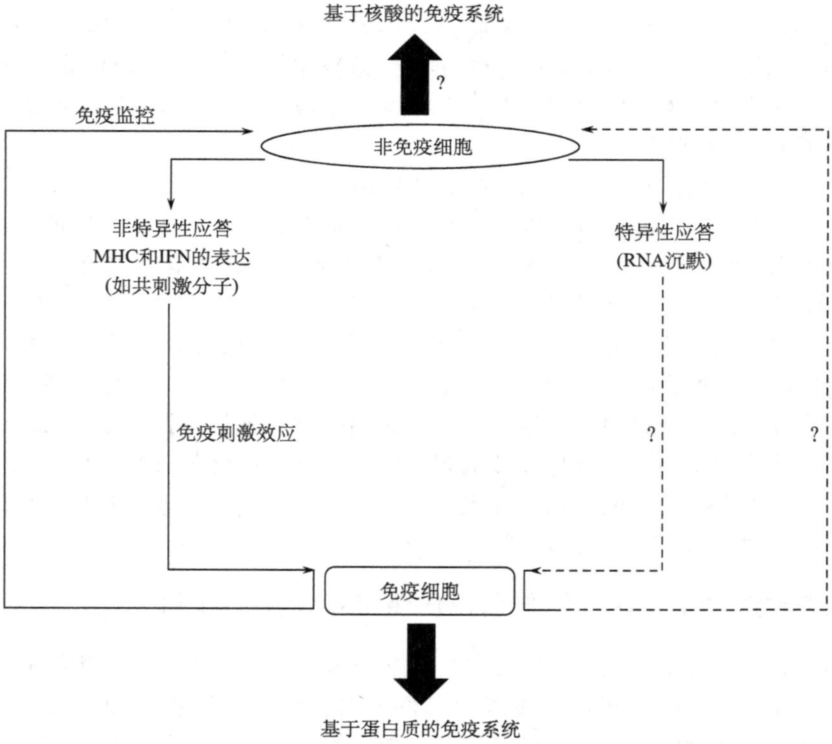

图2　RNA沉默与蛋白质免疫系统协同作用关系示意图

那么，病毒产生的或是人为转染的 siRNA 是否可能促进蛋白质免疫反应呢？日本学者[38]的研究工作表明，长度约为 25 bp 的 dsRNA 转染非免疫细胞可能诱导主要组织相容性抗原复合体（major histocompatibility complex，MHC）的异常表达，同时促进抗原递呈（antigen presentation）相关基因的激活与表达。以上的基因调控是序列非特异性的，单链核苷酸不能诱导同样的反应，而且，对照实验表明 dsRNA 的这种基因调控作用与直接作用在免疫细胞上的 CpG 基序无关。这一现象暗示，非免疫细胞（如大鼠的 FRTL-5 甲状腺细胞）细胞质中的 dsRNA 可能使该细胞成为非专业的抗原呈递细胞，并且通过激活蛋白质免疫系统反过来对这些非免疫细胞进行免疫监督[38,39]（图 2）。恰巧的是，在 RNAi 分子机制中，最初的 dsRNA 被 Dicer 酶剪切产生大小为 19～27 bp 的 siRNA，在细胞质中诱导 RNAi 反应。而且，有实验证据表明，siRNA[6,7]或 siRNA 表达载体[40,41]能够诱导产生干扰素反应。已经知道，干扰素与经典的蛋白质免疫机制关系密切，它在病毒感染的早期产生，并随后刺激和调控特异性和非特异性的蛋白质水平抗病毒反应[8]。因此，有必要去寻找更加直接的证据能够支持我们的一种推测，即 siRNA 介入了蛋白质免疫机制，并可能对其起促进作用（图 2）。

2.4 干扰素反应：RNA 沉默与蛋白质免疫系统之间的进化纽带

有证据表明，RNAi 和干扰素反应在哺乳动物胚胎发生过程中，在病毒防御层面上存在协同作用（图 3）。在哺乳动物胚胎细胞中，即使是 dsRNA 也能够特异有效地诱导 RNAi 反应，其原因可能是 Dicer 酶的高水平表达[3]；相反，dsRNA 或病毒感染在胚胎细胞中无法有效诱导干扰素反应，因为与干扰素反应激活有关的酶表达缺陷[42～46]。然而，在分化的细胞中，dsRNA 似乎很难诱导特异性的 RNAi 反应，原因可能是 Dicer 酶表达下调[3]。相应地，病毒感染分化细胞的早期，通过细胞受体对病毒因子的识别快速地诱导干扰素反应[8]。RNAi 和干扰素反应均能够在病毒感染早期快速抑制病毒的感染与复制，因此，以上实验证据暗示了它们两者在胚胎发育前后可能形成抗病毒功能分工上的默契。更加深入的工作有必要去验证胚胎细胞感染病毒过程中是否诱导强烈的 RNAi 反应而非干扰素反应或经典的蛋白质水平免疫反应（图 3B）。

进一步地，我们推测：作为病毒防御策略，干扰素反应可能在经典蛋白质免疫系统进化过程中扮演重要角色，它可能是经典蛋白质免疫机制与 RNA 沉默机制在进化过程中的中间产物。下面列举了一些实验证据和理论推断来阐述我们的以上假设：

(1) 作为原始的 RNA 水平的监视机制，RNA 沉默不仅保守地存在于哺乳动物细胞中，而且，间接的证据表明其可能也是哺乳动物细胞天然的病毒防御策略。例如，流感病毒编码的 E3L 和牛痘病毒编码的 NS1 蛋白是哺乳动物抵御病

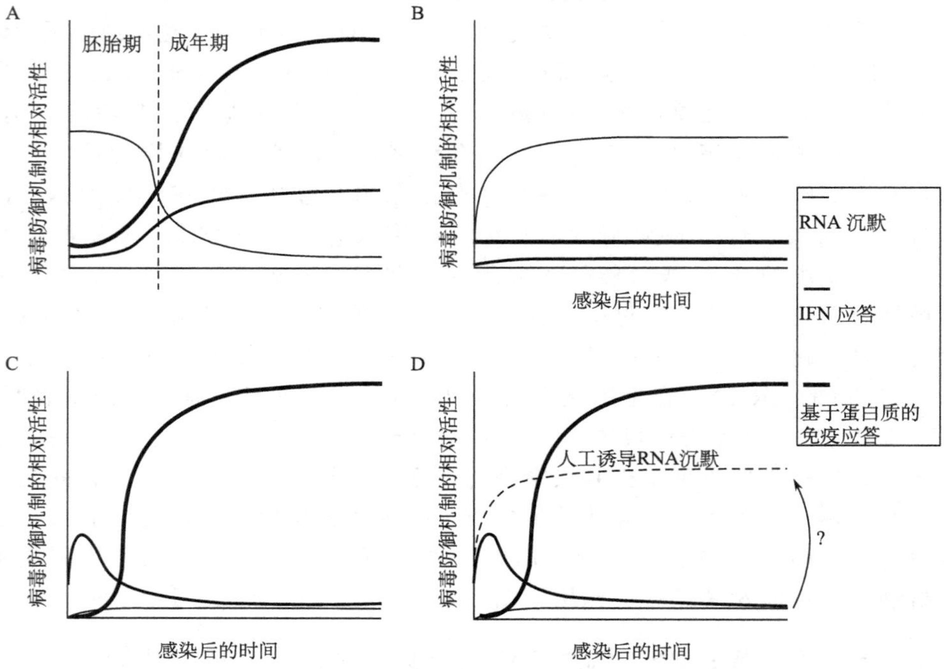

图 3　脊椎动物中三种病毒防御机制相对活性示意图

A. 脊椎动物整体发育过程；B. 脊椎动物胚胎期病毒感染过程；C. 脊椎动物成年期病毒感染过程；D. 脊椎动物成年期病毒感染过程人工诱导 RNAi

毒的第一道防线[47]——干扰素反应的抑制因子，恰巧的是，最近的实验证明 E3L 和 NS1 蛋白也是 RNA 沉默机制的抑制剂[9]。这暗示，对 RNA 沉默反应的抑制也是动物病毒天生具有的特征。

（2）经典蛋白质免疫机制是脊椎动物主要的病毒防御策略；而 RNA 沉默机制作为病毒防御策略之一似乎已经有所退化，因为至今仍然没有找到直接证据证明脊椎动物在病毒感染过程中能够天然地诱导强烈的 RNAi 反应。因此，可以想象的是，RNA 沉默的某些局限性可能推动了更加有效的病毒防御策略的进化。也已证明，siRNA 能够在分化的哺乳动物细胞诱导干扰素反应[6,7]，这说明，siRNA 除了诱导对 mRNA 序列特异性的表达抑制之外还有更加广泛复杂的功能。siRNA 十分苛刻的序列和结构要求可能导致其抗病毒功能在进化过程中被逐渐淘汰，并且为更加有效的病毒防御策略（例如干扰素反应）的进化奠定基础。

（3）从理论角度出发，进化出一套能够对多种多样的外界物质起应答的免疫监督机制是合情合理的，因为这样的免疫机制更加有利于保护细胞。RNAi 的诱导因子 siRNA 具有严格的序列要求和结构局限性。与之相比，包括糖蛋白、

CpG 基序、随机 dsDNA 和 dsRNA 等大量的外界物质均能够有效地诱导干扰素反应。此外，RNAi 反应发生在细胞质中，而干扰素系统和经典蛋白质免疫机制能够通过细胞膜受体对外界物质作出识别，这使得免疫反应更加快速和直接。

(4) 研究发现，在非哺乳类脊椎动物（如鸡、鱼等）中也同样表达干扰素，这暗示，干扰素免疫机制起源早于经典完善的蛋白质免疫系统。Gobel 等[48]的研究结果表明，白介素 18（IL-18）能够刺激鸡的 CD4＋ T 细胞表达干扰素 γ。因此，他们认为，功能完善的“白介素 18-干扰素 γ 系统”在 30～35 亿年前禽类与哺乳动物分歧之前就已经出现了[49]。有趣的是，最近的研究结果发现，鱼类感染 GCHV 病毒过程中产生了大量的Ⅰ型干扰素[50]。

(5) 在 35 亿年后的脊椎动物中，干扰素作为经典蛋白质免疫系统的诱导因子、调节因子以及效应分子，参与并调控了大量的免疫反应过程[8]。干扰素通过刺激巨噬细胞、NK 细胞、树突细胞以及 T 细胞提高抗原递呈效率，促进细胞迁移、细胞分化与表达，最终增强蛋白质免疫系统的病毒防御功能。

(6) 十分重要的是，Sledz 等[6]利用干扰素反应缺陷的细胞系研究表明，RNAi 机制与干扰素系统之间可以完全相互独立。类似地，干扰素系统与经典蛋白质免疫系统之间同样可以独立工作而互不影响。这说明，在进化上，干扰素系统可能是一套独立的病毒防御机制，并通过它使生物的病毒防御机制从原始的 RNA 沉默到高级的蛋白质免疫之间实现进化。

RNA 沉默机制的发现为生物学研究提供了新的技术方法。首先，RNAi 已经发展成为有效的疾病治疗策略，这归功于 RNA 沉默机制先天的病毒防御功能。其次，RNAi 已经成为一种常用的反向遗传学手段用作基因功能研究。然而，要使 RNAi 技术能够成功地应用仍然必须解决一系列的难题[10]，它们包括：RNAi 效应的稳定性、siRNA 的表达与传递、RNAi 效应的系统化，以及 RNAi 靶 mRNA 的突变逃逸等。值得庆幸的是，近来的研究表明，这些难题有望得以逐个解决[35,36,51～56]。

此外，RNA 沉默机制可能为现代细胞（原核细胞、古细菌、真核细胞）的进化研究提供一把新的钥匙。科学家们已经发展出了多种关于细胞进化的理论模型[57]。具有代表性的是基于不同的信息处理系统（包括翻译、转录、基因组结构和复制）建立起来的细胞进化模型，信息处理系统的进化被认为是细胞的纵向进化机制（vertical evolutionary mechanism）。当生物学进入到 20 世纪 90 年代的基因组时代，所谓的“横向基因迁移（horizontal gene transfer，HGT）”被认为是细胞进化的重要动力之一，其提供的进化力量不亚于经典的纵向进化机制[21]。我们认为，RNA 沉默及其有关的细胞防御策略亦可能为细胞进化提供一个新的动力。

我们的一系列直接或间接的实验证据发现，在生命进化过程中，RNA 沉默作为一种天然的病毒防御机制一直延续到哺乳动物，尽管脊椎动物进化了一套十分复杂和完善的蛋白质水平免疫机制。我们认为，脊椎动物干扰素系统可能是RNA沉默到蛋白质免疫系统进化过程中的过渡免疫机制，它的存在解释了RNA沉默作为病毒感染防御机制在哺乳动物中的弱化，以及蛋白质免疫系统的发展和完善。但是，尽管需要更多的实验证据，我们认为，RNA沉默仍然是哺乳动物天然的免疫机制，并且可能与蛋白质免疫系统之间存在协同合作关系，形成一个从核酸水平到蛋白质水平复杂的协作网络。我们还认为，未来的病毒防御策略应该同时调动核酸水平和蛋白质水平的免疫机制，这样才更加合理和有效。

参考文献

1. Fire A. 1999. RNA-triggered gene silencing. Trends Genet, 15: 358～363
2. Alisky JM, Davidson BL. 2004. Towards therapy using RNA interference. Am J Pharmacogenomics, 4: 45～51
3. Billy E, Brondaniy, Zhang H, et al. 2001. Specific interference with gene expression induced by long, double-stranded RNA in mouse embryonal teratocarcinoma cell lines. Proc Natl Acad Sci USA, 98: 14428～14433
4. Caplen NJ, Parrish S, Imani F, et al. 2001. Specific inhibition of gene expression by small doublestranded RNAs in invertebrate and vertebrate systems. Proc Natl Acad Sci USA, 98: 9742～9747
5. Tuschl T. 2002. Expanding small RNA interference. Nat Biotechnol, 20: 446～448
6. Sledz CA, Holko M, de Veer MJ, et al. 2003. Activation of the interferon system by short-interfering RNAs. Nat Cell Biol, 5: 834～839
7. Kariko K, Bhuyan P, Capodici J, et al. 2004. Exogenous siRNA mediates sequence-independent gene suppression by signaling through toll-like receptor 3. Cells Tissues Organs, 177: 132～138
8. Malmgaard L. 2004. Induction and regulation of IFNs during viral infections. J Interferon Cytokine Res, 24: 439～454
9. Li WX, Li H, Lu R, et al. 2004. Interferon antagonist proteins of influenza and vaccinia viruses are suppressors of RNA silencing. Proc Natl Acad Sci USA, 101: 1350～1355
10. Gitlin L, Andino R. 2003. Nucleic acid-based immune system: the antiviral potential of mammalian RNA silencing. J Virol, 77: 7159～7165
11. Bernstein E, Denli AM, Hannon QJ, et al. 2001. The rest is silence. RNA, 7: 1509～1521
12. Vastenhouw NL, Plasterk RH. 2004. RNAi protects the *Caenorhabditis elegans* germline against transposition. Trends Genet, 20: 314～319
13. Ding SW, Li H, Lu R, et al. 2004. RNA silencing: a conserved antiviral immunity of plants and animals. Virus Res, 102: 109～115
14. Gitlin L, Karelsky S, Andino R, et al. 2002. Short interfering RNA confers intracellular antiviral immunity in human cells. Nature, 418: 430～434
15. Randall G, Grakoui A, Rice CM, et al. 2003. Clearance of replicating hepatitis C virus replicon RNAs in cell culture by small interfering RNAs. Proc Natl Acad Sci USA, 100: 235～240
16. Guidotti LG, Chisari FV. 2001. Noncytolytic control of viral infections by the innate and adaptive immune response. Annu Rev Immunol, 19: 65～91
17. Poole AM, Jeffares DC, Penny D, et al. 1998. The path from the RNA world. J Mol Evol, 46: 1～17
18. Joyce GF. 2002. The antiquity of RNA-based evolution. Nature, 418: 214～221

19. Brosius J. 2003. Gene duplication and other evolutionary strategies: from the RNA world to the future. J Struct Funct Genomics, 3: 1～17
20. Ullu E, Tschudi C, Chakraborty T, et al. 2004. RNA interference in *Protozoan parasites*. Cell Microbiol, 6: 509～519
21. Woese CR. 2000. Interpreting the universal phylogenetic tree. Proc Natl Acad Sci USA, 97: 8392～8396
22. Puerta-Fernandez E, Romero-López C, Barroso-del J A, et al. 2003. Ribozymes: recent advances in the development of RNA tools. FEMS Microbiol Rev, 27: 75～97
23. Tanner NK. 1999. Ribozymes: the characteristics and properties of catalytic RNAs. FEMS Microbiol Rev, 23: 257～275
24. Jiang M, Milner J. 2002. Selective silencing of viral gene expression in HPV-positive human cervical carcinoma cells treated with siRNA, a primer of RNA interference. Oncogene, 21: 6041～6048
25. Shlomai A, Shaul Y. 2003. Inhibition of hepatitis B virus expression and replication by RNA interference. Hepatology, 37: 764～770
26. Song E, Lee SK, Wang J, et al. 2003. RNA interference targeting Fas protects mice from fulminant hepatitis. Nat Med, 9: 347～351
27. Lee NS, Dohjima T, Bauer Q, et al. 2002. Expression of small interfering RNAs targeted against HIV-1 rev transcripts in human cells. Nat Biotechnol, 20: 500～505
28. Novina CD, Murray MF, Dykxhoorn DM, et al. 2002. siRNA-directed inhibition of HIV-1 infection. Nat Med, 8: 681～686
29. Hammond SM, Murray MF, Dykxhoorn DM, et al. 2001. Posttranscriptional gene silencing by double-stranded RNA. Nat Rev Genet, 2: 110～119
30. Sharp PA. 2001. RNA interference-2001. Genes Dev, 15: 485～490
31. Sijen T, Plasterk RH. 2003. Transposon silencing in the *Caenorhabditis elegans* germ line by natural RNAi. Nature, 426: 310～314
32. Guardiola J, Maffei A. 1993. Control of MHC class II gene expression in autoimmune, infectious, and neoplastic diseases. Crit Rev Immunol, 13: 247～268
33. Gianani R, Sarvetnick N. 1996. Viruses, cytokines, antigens, and autoimmunity. Proc Natl Acad Sci USA, 93: 2257～2259
34. Horwitz MS, Bradley LM, Harbertson J, et al. 1998. Diabetes induced by Coxsackie virus: initiation by bystander damage and not molecular mimicry. Nat Med, 4: 781～785
35. Chen W, Yan W, Du Q, et al. 2004. RNA interference targeting VP1 inhibits foot-and-mouth disease virus replication in BHK-21 cells and suckling mice. J Virol, 78: 6900～6907
36. Song E, Lee SK, Dykxhoorn DM, et al. 2003. Sustained small interfering RNA mediated human immunodeficiency virus type 1 inhibition in primary macrophages. J Virol, 77: 7174～7181
37. Barnett PV, Carabin H. 2002. A review of emergency foot-and-mouth disease (FMD) vaccines. Vaccine, 20: 1505～1514
38. Suzuki K, Mori A, Ishii KJ, et al. 1999. Activation of target tissue immune-recognition molecules by double-stranded polynucleotides. Proc Natl Acad Sci USA, 96: 2285～2290
39. Rott O, Tontsch U, Fleischer B, et al. 1993. Dissociation of antigen-presenting capacity of astrocytes for peptide-antigens versus superantigens. J Immunol, 150: 87～95
40. Bridge AJ, Pebernard S, Ducraux A, et al. 2003. Induction of an interferon response by RNAi vectors in mammalian cells. Nat Genet, 34: 263～264

41. Pebernard S, Iggo RD. 2004. Determinants of interferon-stimulated gene induction by RNAi vectors. Differentiation, 72: 103～111
42. Burke DC, Graham CF, Lehman JM. 1978. Appearance of interferon inducibility and sensitivity during differentiation of murine teratocarcinoma cells *in vitro*. Cell, 13: 243～248
43. Barlow DP, Randle BJ, Burke DC. 1984. Interferon synthesis in the early post-implantation mouse embryo. Differentiation, 27: 229～235
44. Krause D, Silverman RH, Jacobsen H, et al. 1985. Regulation of ppp (A20p) -nA-dependent RNase levels during interferon treatment and cell differentiation. Eur J Biochem, 146: 611～618
45. Francis MK, Lehman JM. 1989. Control of betainterferon expression in murine embryonal carcinoma F9 cells. Mol Cell Biol, 9: 3553～3556
46. Harada H, Willison K, Sakakibara J, et al. 1990. Absence of the type I IFN system in EC cells: transcriptional activator (IRF-1) and repressor (IRF-2) genes are developmentally regulated. Cell, 63: 303～312
47. Garcia-Sastre A. 2002. Mechanisms of inhibition of the host interferon alpha/beta-mediated antiviral responses by viruses. Microbes Infect, 4: 647～655
48. Gobel TW, Schneider K, Schaerer B. 2003. IL-18 stimulates the proliferation and IFN-c release of $CD4^+$ T cells in the chicken: conservation of a Th1-like system in a nonmammalian species. J Immunol, 171: 1809～1815
49. Hedges SB, Parker PH, Sibley CG, et al. 1996. Continental breakup and the ordinal diversification of birds and mammals. Nature, 381: 226～229
50. Zhang Y, Gui J. 2004. Molecular characterization and IFN signal pathway analysis of Carassius auratus CaSTAT1 identified from the cultured cells in response to virus infection. Dev Comp Immunol, 28: 211～227
51. Brummelkamp TR, Bernards R, Agami R. 2002. Stable suppression of tumorigenicity by virus-mediated RNA interference. Cancer Cell, 2: 243～247
52. Stewart SA, Dykxhoorn DM, Palliser D, et al. 2003. Lentivirus-delivered stable gene silencing by RNAi in primary cells. RNA, 9: 493～501
53. Heggestad AD, Notterpek L, Fletcher BS. 2004. Transposon-based RNAi delivery system for generating knockdown cell lines. Biochem Biophys Res Commun, 316: 643～650
54. Lewis DL, Hagstrom JE, Loomis AG, et al. 2002. Efficient delivery of siRNA for inhibition of gene expression in postnatal mice. Nat Genet, 32: 107～108
55. Ge Q, Filip L, Bai A, et al. 2004. Inhibition of influenza virus production in virus-infected mice by RNA interference. Proc Natl Acad Sci USA, 101: 8676～8681
56. Tompkins SM, Lo CY, Tumpey TM, et al. 2004. Protection against lethal influenza virus challenge by RNA interference *in vivo*. Proc Natl Acad Sci USA, 101: 8682～8686
57. Woese CR. 2002. On the evolution of cells. Proc Natl Acad Sci USA, 99: 8742～8747

3　siRNA 抑制 HBV 在 HepG2. 2. 15 细胞中的复制与表达

实验技术路线

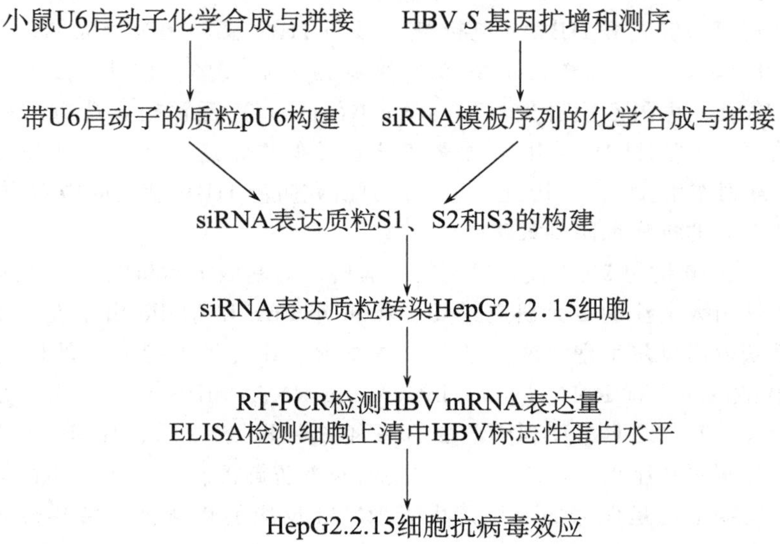

3.1 引言

乙型肝炎病毒（hepatitis B virus，HBV）感染是一个严重的全球性危害人类公共卫生健康的问题[1~5]，据世界卫生组织（WHO）统计，全世界约3.5亿人为慢性HBV感染者，其中约15%～25%发展为重型肝炎、肝硬化和肝细胞癌，全球每年约有100万人死于HBV感染相关的肝病[1~5]。HBV感染呈世界性流行，不同地区HBV流行率差异较大，北美、西欧和澳大利亚等一般人群HBsAg流行率＜2%，HBV感染率为＜20%；中东、印度次大陆等一般人群HBsAg流行率为2%～7%，HBV感染率为20%～60%；亚洲、次撒哈拉非洲、太平洋岛屿等一般人群HBsAg流行率＞8%，HBV感染率为＞60%。我国属于HBV高流行区，一般人群HBsAg流行率约为7%～9%，估计有1.2亿人为慢性HBV感染。我国乙型肝炎（hepatitis B，HB）广泛流行，严重威胁人类生命。目前国际上抗HBV采用干扰素和核苷类似物，这些药物存在免疫应答率低[6~8]，毒副作用大[9,10]。因此，迫切需要研究防治HBV感染尚未解决的难题，寻找新的有效的抗病毒防御策略。

RNAi是20世纪90年代末发现的一套转录后基因沉默机制[11]，是近年来生命科学中最引人关注的重大研究进展。2006年Fire和Mello由于发现RNAi的卓越贡献获得诺贝尔生理学或医学奖。诱发RNAi的最关键分子是长度为19～27个核苷酸的小干扰RNA（small interfering RNA，siRNA），它由一系列蛋白复合体介导，对与之具有序列同源性的基因在转录、转录后、翻译等水平进行表达调控。在植物和昆虫中，RNAi是主要的病毒防御机制[12]；而且RNAi分子机制在哺乳动物中也是保守的[13,14]。由于RNAi反应的快速性和特异性，可能弥补目前已有的病毒感染防御手段的不足。siRNA可以由细胞内源性产生，或者外源性由病毒感染、转座子侵入或质粒转染表达[14,15]。目前，RNAi的分子机制与功能仍有待更加细致地阐明，但作为一种反向遗传学手段已在基因功能研究中广泛应用，并已作为一种治疗手段应用于人类抵抗重大病毒性传染病的研究。

HBV是嗜肝DNA病毒科（Hepadnaviriade）正嗜肝DNA病毒属（*Orthohepadnavirus*），HBV基因组由不完全双链环状DNA组成，长链（负链）全长约3200 bp，短链（正链）长度可变，约为长链的50%～80%。正、负链起始的250个核苷酸是互补的，即为黏性末端，其为HBV DNA分子成环及复制的关键位点[16]。HBV基因组有以下特点：①HBV DNA负链中各个可读框（open reading frame，ORF）均为病毒抗原蛋白编码序列，基因组中的顺式元件包括4个启动子和2个增强子都处于个编码区内，这4个启动子分别对基因组C及pre-C、S蛋白、X蛋白的mRNA起调控作用，增强子1位于*X*基因上游，增强*C*、*S*、*X*基因的转录。增强子2位于增强子1下游600 bp的位置，由148个核苷酸组成，能激活全长基因组转录启动子和C启动子的转录。②HBV基因组结构紧密，编码基因间相互重叠，其中 *P* 基因完全与 *S* 及 *pre-S* 基因重叠，*X* 基因与其部分重叠，这使 HBV 基因组能充分利用其有限的长度，提高病毒的编码效率。③不同毒株间的 HBV 基因组存在多态性，是变异频率较高的 DNA 病毒。

HBV 基因组至少有 4 个 ORF，分别编码 S、C、P 和 X 蛋白。*S* 基因编码 3 种长短不同的 S、pre-S1 和 pre-S2 表面抗原多肽；*C* 基因编码病毒的核心抗原 HBcAg 及 HBeAg；*P* 基因编码病毒 DNA 聚合酶；*X* 基因编码 154 个氨基酸残基且具有转录激活作用的 X 蛋白[17]。

S 可读框包括 *pre-S*1 区、*pre-S*2 区和 *S* 区。由 *S* 区编码的 226 个氨基酸残基组成的蛋白质成分为小蛋白，是乙型肝炎病毒表面抗原的主要组成部分。*pre-*S2 蛋白和 S 蛋白共同构成的由 281 个氨基酸残基组成的蛋白质为中蛋白。由 *pre-S*1、*pre-S*2 和 *S* 区共同编码的 389 个氨基酸残基组成的蛋白质为大蛋白。三种编码产物不仅参与完整的 HBV Dane 颗粒装配，而且还可以组装成直径为 22 nm 的球形颗粒及管型颗粒，并大量存在于 HBV 感染者的血清中[18,19]。HBsAg主要亚型是 adw、adr、ayw 和 ayr。

C 基因是 HBV 基因组中另一个重要的可读框。*C* 基因可分为 *pre-C* 区和 *C* 区两部分，*pre-C* 区编码一段 29 个氨基酸组成的 *pre-C* 蛋白，*C* 区编码由 183 个氨基酸残基组成的 C 蛋白，又称乙型肝炎病毒核心蛋白（hepatitis B core virus，HBcAg）。而整个 *C* 基因，则编码由 212 个氨基酸组成的一种多肽，即乙型肝炎病毒 e 抗原（hepatitis B e virus，HBeAg）。尽管这两种蛋白质抗原大部分氨基酸序列相同，但各有特异性抗原表位并可诱导机体产生 HBc 抗体和 HBe 抗体。

P 基因是 HBV DNA 中最大的一个可读框，总长为 2532 个核苷酸，编码乙型肝炎病毒反转录酶/DNA 聚合酶、RNA 酶 H 等，参与 HBV 的复制。也是 HBV 的一种重要结构蛋白。病毒 DNA 多聚酶为内源性的，可以修补病毒基因组形成完整的双链 DNA，并且其具有强大的反转录活性[20]，这与 HBV 的自我复制能力有关。

X 基因是 HBV DNA 中最小的一个可读框，位于 1374～1838 nt 之间，其编码 X 蛋白，或称为乙型肝炎病毒 X 抗原（HBxAg），由 145～154 个氨基酸组成。X 蛋白可能与肝癌的发生发展有关，近年发现其与 HBV DNA 的表达调控等有较密切的关系[21]。

在本项工作中，由于 *S* 基因是 HBV 的主要抗原蛋白，与病毒感染细胞过程高度相关，介导病毒进入细胞并在病毒生活周期中起着关键作用。我们利用以质粒为载体的 RNAi 技术，在 HepG2. 2. 15 细胞中探讨了靶向 HBV *S* 基因的两个 siRNA 的抗病毒活性。

3.2 实验材料

3.2.1 细胞、病毒毒株

(1) 细胞

HepG2.2.15 细胞，于 DMEM 培养基（含 10% 胎牛血清，200 μg/ml G418，pH 7.4）37℃、5%CO_2 条件下培养。

(2) 病毒

HBV 毒株，HBV/U95551（ayw）来源于 HepG2.2.15 细胞[22]（GenBank 登录号 U95551）。

3.2.2 质粒及菌株

(1) 质粒

pCDNA3.1B（—）(Invitrogen，Groningen，The Netherlands)；pMD 18-T (TaKaRa，Kyoto，Japan)，由复旦大学遗传工程国家重点实验室保存。

(2) 菌株

大肠杆菌（*Escherichia coli*，*E. coli*）TG1 菌株 {supE hsd △5 thi△（lac-proAB）F′ [traD36proAB+lacIq lacZ △ M15]}，由复旦大学遗传工程国家重点实验室保存。

3.2.3 主要试剂

(1) 生化酶试剂

限制性内切核酸酶：*Nde*I、*Eco*RI、*Hin*dIII、*Xho*I、*Bam*HI、T4 连接酶 (T4 ligase)、T4 多核苷酸激酶（T4PNK）及 λDNA/*Hin*dIII marker 等均购自 NEB 公司。

(2) 试剂盒

PCR 试剂盒和一步法 RT-PCR 试剂盒（Gibco-BRL），均购自 Gibco-BRL 公司；柱离心式胶回收试剂盒和 PCR 产物纯化试剂盒（UltraPure™）购自上海赛百盛基因技术有限公司；B 型质粒小量快速提取试剂盒（B Type：Mini-Plasmid Rapid Isolation Kit）和 B 型小量 DNA 片段快速胶回收试剂盒（B Type：Mini-DNA Rapid Purification Kit）购自上海博大泰克生物有限公司。

(3) 总 RNA 抽提试剂

TRIzol 试剂，购自 Gibco-BRL 公司。

(4) HepG2.2.15 细胞转染试剂

Lipofectamin™ 2000，购自 Invitrogen 公司。

（5）LB 培养基

LB 液体培养基：1% 蛋白胨、0.5% 酵母粉、1% NaCl，pH 7.0

LB 固体培养基：1% 蛋白胨、0.5% 酵母粉、1% NaCl、2% 琼脂糖，pH 7.0。

（6）碱裂解法抽提质粒主要溶液

溶液 I（50 mmol/L 葡萄糖、25 mmol/L Tris-HCl、10 mmol/L EDTA，pH 8.0）

溶液 II（0.2 mol/L NaOH，1% SDS）

溶液 III（3 mol/L KAc，用冰乙酸调 pH 4.8）

异丙醇

5mol/L LiCl

氯仿∶异戊醇（24∶1）（*V/V*）

酚∶氯仿∶异戊醇（25∶24∶1）（*V/V/V*）

75%的无水乙醇

3 mol/L NaAc（pH 4.8）

TE（10 mmol/L Tris-HCl、1 mmol/L EDTA，pH 8.0）

氨苄青霉素（Amp）（100 mg/ml）

0.1 mol/L $CaCl_2$

TAE（40 mmol/L Tris-乙酸、1 mmol/L EDTA，pH 8.0）。

3.2.4 主要仪器

PE 公司 9600 型 PCR 仪、奥林巴斯（Olympus）BH-2 荧光显微镜、尼康（Nikon）E950 数码照相机、Eppendorf 高速离心机、H6-1 微型电泳槽、Bio-Rad 一次性凝胶成像仪、孵育箱等。

3.2.5 引物

（1）HBV *S* 基因 PCR 扩增引物

根据 GenBank 公布的 HBV/U95551 毒株序列（登录号 U95551）设计，并化学合成扩增 *S* 基因的引物如下：

正链引物 P1：5′-GCAAGCTTATGCAGTGGAACTCCACAAC-3′（3079～3098 nt）

负链引物 P2：5′-CGGGATCCTCAAATGTATACCCAAAGAC -3′（709～690 nt）

扩增长度约 846 bp。引物两端分别引入 *Hin*dIII 和 *Bam*HI 酶切位点。

（2）小鼠 U6 启动子基因 PCR 扩增引物

根据 GenBank 公布的小鼠 U6 启动子基因序列（登录号 X06980）设计并化学合成引物如下（画线部分为 U6 启动子基因匹配序列）：

正链引物 P3：5′-GGAATTCCATATGGATCCGACGCCGCCA-3′

负链引物 P4：5′-GGCCGGAATTCAAACAAGGCTTTTCTCC-3′

（3）*S* 基因实时荧光定量 PCR 扩增引物

根据 GenBank 公布的 HBV/U95551 毒株序列（登录号 U95551）设计，并化学合成扩增 *S* 基因的引物如下：

正链引物 P5：5′-CAACTTGTCCTGGTTATCGC-3′（356～375 nt）

负链引物 P6：5′-AAGCCCTACGAACCACTGAA-3′（714～695 nt）

（4）人 *β-actin* 基因实时荧光定量 PCR 扩增引物

根据 GenBank 公布人 *β-actin* 序列（登录号 AK225414）设计并化学合成引物如下：

正链引物 P7：5′-GGCTACAGCTTCACCACCAC-3′（637～656 nt）

负链引物 P8：5′-GCACTGTGTTGGCGTACAGG-3′（814～795 nt）

3.3 实验方法

3.3.1 HBV 毒株 HBV/U95551 基因组 DNA 抽提

3.3.1.1 实验耗材准备

玻璃和塑料制品用 0.1%焦碳酸二乙酯（DEPC）（用 MilliQ 水配制）于 37℃浸泡过夜。然后，玻璃制品于 180℃干烤 4 h；塑料制品高压（1.034×10^5 Pa）30 min，65℃烘干。

3.3.1.2 HBV DNA 抽提

取从培养瓶消化下来的 HepG2.2.15 细胞 200 μl，加入 2.5 mg/ml 的蛋白酶 K 及裂合酶［10 mmol/l Tris-HCl（pH 8.0），5 mmol/L 乙二胺四乙酸（EDTA），0.5%十二烷基硫酸钠（SDS）］，置于 37℃水浴 3 h，混合液经酚：氯仿 300 μl 等体积混合后，4℃，12 000 r/min，离心 5 min；用无水乙醇沉淀 2 h，12 000 r/min，离心 15 min；75%乙醇洗涤一次，离心后加入 20 μl 灭菌双蒸水，－20℃保存。

3.3.2　HBV S 基因的扩增及产物纯化

3.3.2.1　PCR 扩增 HBV 全长 S 基因

PCR 扩增[1]：在 0.2ml 的 Eppendorf 管中，依次加入 10×缓冲液 5 μl、8mmol/ L $MgSO_4$ 4 μl 、引物 P1/P2 各 1 μl、10 mmol/L dNTP 1 μl、模板 DNA（从 HepG2.2.15 细胞中抽提的 HBV DNA）2 μl、1 U/μl *Taq* 酶 1 μl，加双蒸水至总体积为 50 μl。混合均匀后，置于 PCR 扩增仪进行 PCR 反应。设置 PCR 反应参数为：94℃预变性 5 min，94℃变性 1 min，55℃复性 1 min，72℃延伸 1 min，共 30 个循环，最后 72℃再延伸 10 min。

3.3.2.2　PCR 产物纯化

按试剂盒说明书进行。

（1）将 0.4 ml 纯化树脂（使用前充分混匀）装入离心纯化柱然后加入 50～100 μl 无石蜡油的 PCR 反应液，颠倒混匀后静置 3 min。13 000 r/min 离心30 s，倒掉收集管中的废液。

（2）加入 500 μl 80%异丙醇（或乙醇），13 000 r/min 离心 30 s，倒掉收集管中的废液。

（3）重复步骤（2）一次，但在重复步骤中 13 000 r/min 离心 2 min，务必将异丙醇（或乙醇）除尽。如果纯化柱上还残留有液体，将收集管中废液倒掉后再离心 1 min。

（4）将纯化柱套入干净的 1.5 ml 离心管中，加入适量（20～50 μl）的超纯水或 TE 缓冲液（若用于测序，则加超纯水）于纯化树脂上，不能粘在管壁上。37℃放置 5 min 后，13 000 r/min 离心 1 min 收集 PCR 产物样品。

（5）取少量体积的收集样品，经 0.8%琼脂糖凝胶电泳检测纯化效率。

3.3.3　小鼠 U6 启动子化学合成、拼接与扩增

3.3.3.1　化学合成

小鼠 U6 启动子基因全长 315 bp，将其正负链分别分成 6 个 DNA 片段进行合成，每个片段分割点的选择原则是：使该片段与其互补片段序列匹配后（如片段 1 与片段 7）产生一个长度为 12 nt 的黏性末端（图 1）。此外，为了方便克隆，在启动子的两端通过 PCR 分别加上 *Nde*I 和 *Eco*RI 限制性内切核酸酶识别位点。各个片段序列如下：

片段 1：5′-GATCCGACGCCGCCATCTCTAGGCCCGCGCCGGCCCCCTCGCACA-3′

片段 2：5′-GACTTGTGGGAGAAGCTCGGCTACTCCCCTGCCCCGGTTAATTT

GCATATAATA-3′

片段 3：5′-TTTCCTAGTAACTATAGAGGCTTAATGTGCGATAAAAG
ACAGATAATCTGTTCT-3′

片段 4：5′-TTTTAATACTAGCTACATTTTACATGATAGGCTTGGAT
TTCTATAAGAGATACA-3′

片段 5：5′-AATACTAAATTATTATTTAAAAAACAGCACAAAAGG
AAACTCACCCTAACTGT-3′

片段 6：5′-AAAGTAATTGTGTGTTTTGAGACTATAAATATCCCTTG
GAGAAAAGCCTTGTTT-3′

片段 7：5′-CTCCCACAAGTCTGTGCGAGGGGGCCGGCGCGGGC
CTAGAGATGGGGCCGTCGGATC-3′

片段 8：5′-GTTACTAGGAAATATTATATGCAAATTAACCGGGGCAG
GGGAGTAGCCGAGCTT-3′

片段 9：5′-CTAGTATTAAAAAGAACATAGTATCTGTCTTTTATCGC
ACATTAAGCCTCTATA-3′

片段 10：5′-TAATTTAGTATTTGTATCTCTTATAGAAATCCAAGCCT
ATCATGTAAAATGTAG-3′

片段 11：5′-CACAATTACTTTACAGTTAGGGTGAGTTTCCTTTTGTG
CTGTTTTTTAAAATAA-3′

片段 12：5′-AAACAAGGCTTTTCTCCAAGGGATATTTATAGTCTCAA
AACA-3′

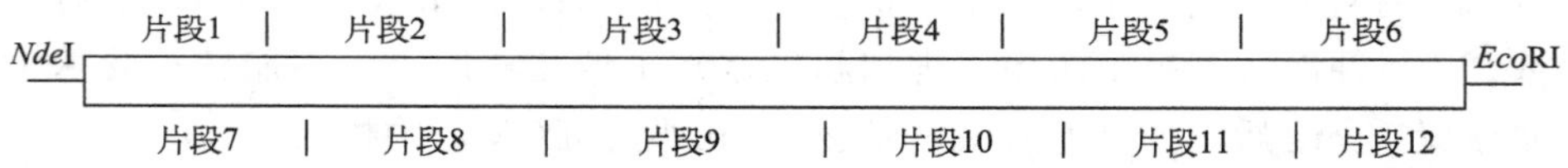

图 1　小鼠 U6 启动子分段化学合成示意图

3.3.3.2　化学合成 DNA 片段的拼接

1）DNA 片段的 5′磷酸化

将合成的 DNA 片段用双蒸水溶解至 0.5 μg/μl，各取 1 μl DNA 溶液在 1.5 ml离心管中进行 5′磷酸化反应。试剂如下依次加入：

双蒸水	18 μl
10×T4 PNK 缓冲液	4 μl
ATP（2 mmol/L）	4 μl
DNA 片段	1 μl（0.5 μg）×12
T4 PNK	2 μl
总体积	40 μl

轻轻混匀反应体系，稍离心后，置于 37 ℃水浴 2 h。

2）复性互补、沉淀

（1）往磷酸化反应管中加入 4 μl NaCl（1 mol/L）溶液，然后轻轻在液体表面滴上石蜡油。直至铺满液体表面。

（2）100 ℃水浴 1 min，自然冷却至室温。

（3）小心吸去大部分石蜡油，然后轻轻加入少量的乙醚抽提残留石蜡油。最后让残留乙醚自然挥发，直至无味。

（4）加入 1/10 体积 0.1 mol/L $MgCl_2$、1/10 体积 3 mol/L NaAc（pH 5.2），以及 2 倍体积无水乙醇。混匀冰浴超过 1 h。15 000 r/min 离心 15 min，弃去液体保留沉淀部分。

（5）加入 500 μl 70%乙醇溶液，轻轻润洗，15 000 r/min 离心 1 min，弃去乙醇液体。重复洗涤一次。在重复过程中，15 000 r/min 离心 1 min 弃去乙醇液体后，再次用离心机将残留液体轻轻甩至离心管底部，最后用微量移液器将其小心吸去。

（6）将离心管置于 37 ℃恒温箱或室温自然晾干，用 20 μl TE 缓冲液充分溶解，储存于−20 ℃冰箱备用。

3）连接

吸取 5 μl 样品用于连接反应，依次加入试剂如下：

双蒸水	18 μl
10×T4 连接酶缓冲液	3 μl
ATP（10 mmol/L）	3 μl
DNA 样品	5 μl
T4 连接酶（5 U/μl）	1 μl
总体积	30 μl

轻轻混匀反应体系，稍离心后，置于 16 ℃连接过夜。

3.3.3.3 小鼠 U6 启动子基因 PCR 扩增

吸取 2 μl 以上连接液用于 U6 启动子序列的扩增，PCR 体系依次加入如下：

双蒸水	33.5 μl
10×缓冲液	5 μl
连接液	2 μl
正链引物 P3	2 μl（50 pmol）
负链引物 P4	2 μl（50 pmol）
dNTP（2 mmol/L）	5 μl
pfu 聚合酶	0.5 μl
总体积	50 μl

轻轻混匀反应体系，稍离心后，按下列程序进行 PCR 反应：

94 ℃，5 min ⟶（94 ℃，40 s ⟶ 55 ℃，1 min ⟶ 72 ℃，90 s）×30 个循环 ⟶ 72 ℃，10 min。

3.3.3.4 PCR 产物纯化

纯化步骤见 3.3.2.2。

3.3.4 质粒构建

3.3.4.1 pU6

构建流程如图 2 所示。

1）pCDNA3.1B（—）载体双酶切

双蒸水	30 μl
NEB 缓冲液 4	4 μl
pCDNA3.1B（—）	4 μl（0.5 μg）
*Nde*I（5 U/μl）	1 μl
*Eco*RI（5 U/μl）	1 μl
总体积	40 μl

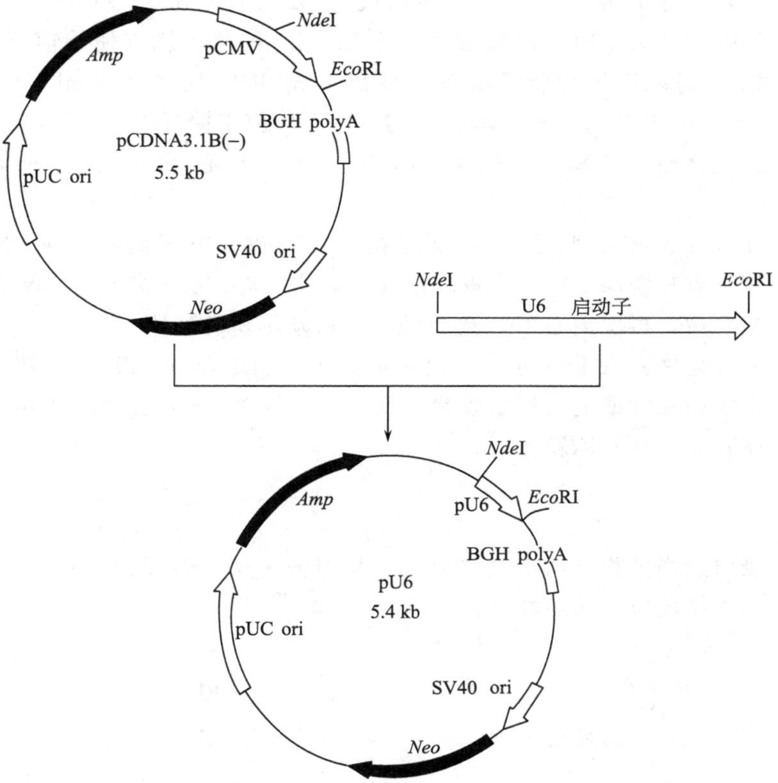

图 2　带有小鼠 U6 启动子的质粒 pU6 构建流程示意图

pCMV，CMV 启动子；pU6，小鼠 U6 启动子

2）U6 启动子基因双酶切

双蒸水	29 μl
NEB 缓冲液 4	44 μl
U6 启动子基因	5 μl（约 1 μg）
*Nde*I（5 U/μl）	1 μl
*Eco*RI（5 U/μl）	1 μl
总体积	40 μl

3）酶切样品胶回收

（1）将上述酶切样品分别进行琼脂糖凝胶（0.8%）电泳，分别切下含基因

条带的凝胶块（尽量切除不含 DNA 的凝胶），装入 1.5 ml 离心管中，称重。

（2）200～400 mg 琼脂糖凝胶中加入 0.4 ml 纯化树脂（使用前充分混匀）（对于超过 2%高浓度的琼脂糖凝胶，每 200 mg 中需加入 0.5 ml 纯化树脂），70℃水浴 5～10 min，每 2 min 颠倒混匀 1 次，使琼脂糖凝胶完全融化。

（3）将混合液装入离心纯化柱，13 000 r/min 离心 30 s，倒掉收集管中的废液。

（4）加入 0.5 ml 80%异丙醇（或乙醇），13 000 r/min 离心 30 s，倒掉收集管中的废液。重复洗涤一次。在重复过程中，13 000 r/min 离心 1 min 弃去异丙醇（或乙醇）后，再次离心 15 s 确保纯化柱底端不留有液体。

（5）将纯化柱套入干净的 1.5 ml 离心管中，加入 30 μl TE 缓冲液于纯化树脂中央，不能粘在管壁上。37℃放置 5 min 后，13 000 r/min 离心 1 min 收集酶切产物，储存于－20℃冰箱备用。

4）连接

分别吸取适当体积（通常载体与目的基因分子拷贝数比约 3∶1）的酶切回收样品进行连接反应，体系如下：

双蒸水	9 μl
T4 连接酶缓冲液	3 μl
ATP（10 mmol/L）	2 μl
pCDNA3.1B（－）	10 μl
U6 启动子基因	5 μl
T4 连接酶（5 U/μl）	1 μl
总体积	30 μl

轻轻混匀反应体系，稍离心后，置于 16℃连接过夜。

3.3.4.2 siRNA 表达载体 S1、S2 和 S3 的构建

1）siRNA 表达模板的设计

siRNA 表达模板的设计参照 Sui 等[23]工作，采用反向重复结构，中间以 *Xho*I 限制性内切核酸酶识别序列作为链接便于克隆鉴定，重复结构末端加入 5 个胸腺嘧啶（T5）作为 U6 启动子的转录终止信号（图 3）。该模板克隆到 pU6

载体中，经 U6 启动子转录获得 ssRNA，预期折叠成 shRNA，并在细胞内经 Dicer 酶剪切最终获得目的 siRNA。

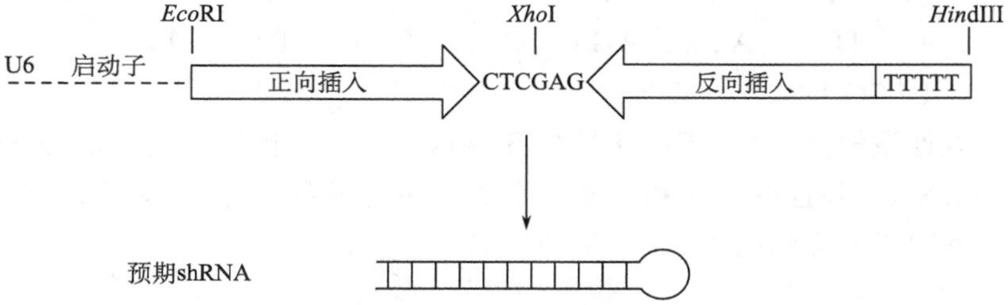

图 3　siRNA 表达模板设计示意图

2）siRNA 表达模板的化学合成与拼接

siRNA 表达模板的化学合成策略与 U6 启动子一致，即采取正负链分段合成，并在模板序列的两端分别加上 *Eco*RI 和 *Hin*dIII 限制性内切核酸酶酶切位点，而后磷酸化、双链复性互补、连接。具体步骤略。各个 siRNA 表达模板序列如下：

（1）S1：（221～241 nt）

A1　5′-AATCC　TGA　CAA　GAA　TCC　TCA　CAA　TAC　C-3′

A2　5′-TCGAG　GTA　TTG　TGA　GGA　TTC　TTG　TCA　TTTTT　A-3′

A3　5′-G　ACT　GTT　CTT　AGG　AGT　GTT　ATG　GAGCT-3′

A4　5′-C　CAT　AAC　ACT　CCT　AAG　AAC　AGT　AAAAA　TTCGA-3′

靶向 HBV *S* 基因的第 221～241 位核苷酸，预计表达长度为 21 bp 的 shRNA。

（2）S2：（421～441 nt）

B1　5′-AATTC　CTA　TGC　CTC　ATC　TTC　TTG　TTG　C-3′

B2　5′-TCGAG　CAA　CAA　GAA　GAT　GAG　GCA　TAG　TTTTT　A-3′

B3　5′-G　GAT　ACG　GAG　TAG　AAG　AAC　AAC　GAGCT-3′

B4　5′-C　GTT　GTT　CTT　CTA　CTC　CGT　ATC　AAAAA　TTCGA-3′

靶向 HBV *S* 基因的第 421～441 位核苷酸，预计表达长度为 21 bp 的 shRNA。

（3）S3

C1　5′-AATTC　GAT　CTT　CAT　AGC　TGA　CTA　GCT　C-3′

C2　5′-TCGAG　AGC　TAG　TCA　GCT　ATG　AAG　ATC
TTTTT A-3′

C3　5′-G　CTA　GAA　GTA　TCG　ACT　GAT　CGA　GAGCT-3′

C4　5′-C　TCG　ATC　AGT　CGA　TAC　TTC　TAG　AAAAA
TTCGA-3′

随机设计该模板序列，GC 含量与 S1 和 S2 一致，预计表达长度为 21 bp 的对照组 shRNA，并且在 5′端和 3′端分别引入不完整的 *Eco*RI 与 *Hin*dIII 酶切位点，在正反向序列之间引入 *Xho*I 酶切位点。

3）pU6 和 siRNA 模板序列双酶切及连接

反应体系参见 3.3.4.1。

3.3.5　重组质粒的克隆及鉴定

3.3.5.1　大肠杆菌感受态细胞的制备

（1）将大肠杆菌 TG1 接种于 LB 平板，37℃培养过夜。

（2）挑单菌落于 25 ml LB 液体培养基中，置 37℃、240 r/min 摇床中，培养至 OD_{600} 约 0.2～0.4。

（3）将菌液倒入离心管中，冰浴 10 min 后，于 4℃以 5000 r/min 离心 10 min。

（4）弃上清，加入 10 ml 用冰预冷的 0.9% NaCl 溶液，洗涤菌液 1 次。

（5）弃 NaCl 溶液，吸尽残留液体，加入 10 ml 用冰预冷的 0.1 mol/L $CaCl_2$ 溶液，悬浮细菌，冰浴 20 min。

（6）于 4℃以 5000 r/min 离心 10 min。

（7）弃上清，加入 1 ml 0.1 mol/L $CaCl_2$ 溶液悬浮细菌，分装成 100 μl 每管于冰上以备 24 h 内使用（长期使用，可加入冰预冷的甘油至 10%浓度，冻存于－70℃冰箱）。

3.3.5.2　重组质粒的转化

（1）将连接液置 65℃水浴 15 min。

（2）于干净的 Eppendorf 离心管中，加入 100 μl 制备好的感受态细胞，再加入 15 μl 连接液，同时设立仅加受体菌和加了受体菌与空白载体的对照组。

（3）小心混匀各管，冰浴 1 h，其间轻弹 2～3 次。

（4）置 42℃水浴 90～120 s 后，冰浴 2 min。

（5）每管加 900 μl 37℃预热的 LB 培养基，置 37℃摇床，200 r/min，45 min。

（6）5000 r/min 离心 5 min，弃上清。

（7）每管加入 100 μl 37℃预热的 LB 培养基，悬浮细菌。

（8）将各组菌液涂布在含有 100 μg/ml Amp、X-gal 及 IPTG 的 LB 平板中，转化组以 50 μl 每皿及 150 μl 每皿两个浓度涂布，对照组仅涂布一皿。

（9）室温放置 30 min 后，37℃培养 12～16 h。

3.3.5.3 质粒的小量抽提

（1）挑取单个菌落于 5 ml 含有 100 μg/ml Amp 的 LB 培养基中，37℃摇床，250 r/min 培养 12 h。

（2）收集菌液，冰浴 5 min，5000 r/min 离心 5 min。

（3）弃上清，加 400 μl 用冰预冷的溶液 I，振散菌块。

（4）加入 800 μl 新配制的溶液 II 轻轻混匀，冰浴 5 min。

（5）加入 600 μl 用冰预冷的溶液 III，略振荡混匀，冰浴 5 min。

（6）15 000 r/min 离心 10 min。

（7）取上清，加 0.8 倍体积的异丙醇，混匀，室温置 15 min 后，15 000 r/min 离心 15 min。

（8）弃上清，沉淀用 70%乙醇洗涤 1 次，室温晾干。

（9）用 400 μl TE 溶解沉淀，加入等体积 5 mol/L LiCl，混匀，冰浴 20 min。

（10）15 000 r/min 离心 10 min。

（11）取上清，加等体积异丙醇，混匀，室温置 15 min 后，15 000 r/min 离心 10 min。

（12）弃上清，沉淀用 70%乙醇洗涤 1 次，室温晾干。

（13）用 0.5 ml TE 溶解沉淀，加入 RNase 至终浓度 50 μg/ml，置 55℃水浴 30 min。

（14）加等体积酚：氯仿：异戊醇（25：24：1）（*V*/*V*/*V*）、氯仿：异戊醇（24：1）（*V*/*V*）各抽提 1 次。

（15）取上层水相，加 1/10 倍体积的 3 mol/L NaAc（pH 5.2），2 倍体积的无水乙醇，混匀，冰浴 30 min。

（16）15 000 r/min 离心 15 min，弃上清，用 70%乙醇洗涤沉淀 1 次。

（17）弃乙醇，吸尽残留液体，室温晾干 10 min，用 20 μl TE 溶解。

3.3.5.4 重组质粒鉴定

1）酶切鉴定

（1）单酶切鉴定：选取目的基因内存在的一个或多个特征性限制性内切核酸

酶识别位点（若无特征性识别位点，单酶切鉴定过程通常略），并以该限制性内切核酸酶对重组质粒进行单酶切反应，同时设立空载体酶切对照。酶切体系通过琼脂糖凝胶电泳后，若电泳条带单一，且大小符合，表明该质粒克隆为阳性，否则为阴性。酶切体系见 3.3.4.1。

（2）双酶切鉴定：该鉴定程序通常选用克隆目的基因时采用的两个酶切位点（若克隆目的基因时仅采用同一个酶切位点，可另外选用目的基因内的一个特征性限制酶识别位点），并以该限制酶对重组质粒进行双酶切反应，同时设立空载体酶切对照。酶切体系通过琼脂糖凝胶电泳后，若同时出现与目的基因大小一致的电泳条带以及空载体电泳条带，表明该质粒克隆为阳性，否则为阴性。酶切体系见 3.3.4.1。

2）PCR 鉴定

设计并化学合成与目的基因两端匹配，或与空载体多克隆位点两端匹配的引物，以重组质粒克隆为模板进行标准的 PCR 反应，同时设立以空载体为模板的 PCR 反应对照。PCR 反应产物通过琼脂糖凝胶电泳后，若出现与目的基因大小一致的电泳条带，表明该质粒克隆为阳性，否则为阴性。PCR 体系见 3.3.3.3。

3）测序鉴定

这是最直接也是最具说服力的重组质粒克隆鉴定程序。测序引物通常选用载体上具备的通用引物，若无该通用引物，可自行设计与空载体多克隆位点两端匹配且离多克隆位点有适当距离（超过 50 bp，以保证测序结果能完全囊括目的基因序列）的引物，然后进行测序反应。测序在上海博亚生物工程有限公司进行。

3.3.6 siRNA 表达质粒转染 HepG2.2.15 细胞

操作主要根据 Invitrogen 公司的 Lipofectamin™ 2000 转染试剂说明书进行。

（1）将 HepG2.2.15 细胞培养于 96 孔培养板中，直至铺满 90%～95%的孔底面积。

（2）转染前吸去 96 板孔里 DMEM 培养基，加入不含血清和抗生素新鲜培养基。

（3）质粒/脂质体混合物的制备：每个质粒取 2 μl 约 800 ng（联合转染组中 S1 与 S2 表达质粒各取 1 μl，约 400 ng）和 10 μl DMEM-O 混合（每个样品质粒要做 4 个平行重复），分别以空白和随机设计的表达质粒 S3 作对照——→取 2 μl Lipofectamin™ 2000（脂质体使用之前应轻轻摇匀）稀释于 20 μl 无血清无抗生素的 DMEM 培养液中，轻轻混匀——→将质粒稀释液和脂质体稀释液混合，并轻轻混匀，放置室温 30 min，而后用无血清无抗生素的 DMEM 培养液将这个混合液补到 200 μl，操作要轻，使液体沿管壁轻轻滑落混合。

（4）转染：吸去 96 孔板中细胞培养基──→用 DMEM-O 将每个孔洗 2 或 3 次──→每个孔加入 50 μl 质粒脂质体混合液，每个样品作 4 个重复孔，前后左右轻轻摇匀──→置于细胞培养箱 37℃、5%CO_2 条件下培养（原则上转染时间越长转染效率越高，但细胞受转染的毒性危害也大，一般根据细胞的耐受性确定转染时间）──→吸走转染液──→用含血清抗生素的 DMEM 培养液将每孔洗 2 或 3 次──→每个孔加 100 μl 细胞培养液──→培养 48 h 后进行后续实验。

3.3.7　荧光显微镜观察

质粒转染 48 h 后，使用 Olympus BH-2 型荧光显微镜观察其在 HepG2.2.15 细胞中的转染效率，并使用 Nikon E950 型数码相机在放大 40 倍、曝光 8 s 的条件下记录每孔细胞具有代表性的可见光视野和相应的紫外光视野。

3.3.8　S 基因表达情况的分析

3.3.8.1　HepG2.2.15 细胞总 RNA 的抽提

使用 TRIzol 试剂（Gibco-BRL）抽提 96 孔每孔细胞的总 RNA，具体步骤如下：

（1）96 孔板中每孔加入 50 μl TRIzol 试剂，4 孔并一管，置 25℃，5 min。

（2）加入 40 μl 氯仿，剧烈振荡 15 s，置 25℃，3 min。

（3）于 4℃以 12 000 r/min 离心 20 min，或再高速离心 10 min。

（4）取上层水相，加入等量异丙醇，混匀，室温置 15 min。

（5）于 4℃以 12 000 r/min 离心 20 min 后，用 1 ml 75%乙醇洗涤沉淀 1 次。

（6）弃乙醇，吸尽管壁残留液体，室温晾干 5 min。

（7）每管加 20 μl 无 RNase 的水溶解 RNA，−70℃冰箱备用。

3.3.8.2　用 M-MuLV 反转录酶进行第一链 cDNA 合成

实验步骤根据酶的说明书进行操作。

（1）在无菌管中加入以下样品：

总 RNA	8 μl
oligo dT23 VN 引物（50 mmol/L）	2 μl
dNTP 混合物（2.5 mmol/L）	4 μl
无 RNase 的水	2 μl
总体积	16 μl

（2）70 ℃加热 5 min，短暂离心后置于冰上。

（3）混合以下样品：

步骤 1 的 RNA/引物/dNTP	16 μl
10×RT 反应缓冲液	2 μl
RNase 抑制剂	1 μl
M-MuLV 反转录酶	1 μl
总体积	20 μl

（4）42℃温育 1 h。

（5）95℃ 5 min，使酶失活。

（6）用无核酸酶污染的水将反应体系稀释到 50 μl，取 2 μl 进行实时荧光定量 PCR 扩增反应。

3.3.8.3 *β-actin* 基因和 HBV *S* 基因实时荧光定量 PCR 扩增

1）*β-actin* 基因实时荧光定量 PCR 扩增

（1）按照以下的组分配制 PCR 反应液：

SYBR Premix Ex *Taq*™（2×）	10.0 μl
PCR 正链引物 P7	0.2 μl
PCR 反链引物 P8	0.2 μl
DNA 模板（cDNA/RNA 双链）	2.0 μl
DEPC 处理的 MilliQ 水	7.6 μl
总体积	20.0 μl

（2）实时荧光定量 PCR 反应过程：

95 ℃，2 min ⟶（95 ℃，10 s ⟶ 62 ℃，20 s ⟶ 72 ℃，20 s）×40 个循环。

2）HBV *S* 基因实时荧光定量 PCR 扩增

（1）按照以下的组分配制 PCR 反应液

SYBR Premix Ex Taq^{TM}（2×）	10.0 μl
PCR 正链引物 P5	0.2 μl
PCR 反链引物 P6	0.2 μl
DNA 模板（cDNA/RNA 双链）	2.0 μl
DEPC 处理的 MilliQ 水	7.6 μl
总体积	20.0 μl

（2）实时荧光定量 PCR 反应过程：

95 ℃，2 min ⟶ 95 ℃，10 s ⟶ 62 ℃，20 s ⟶ 72 ℃，20 s）×40 个循环。

3.3.9 *S* 基因表达情况的 ELISA 测定

转染 48 h 后，收集 HepG2.2.15 细胞培养板中各孔上清，按 ELISA 试剂说明书进行。

（1）将各种试剂移至室温（18～25℃）平衡 30 min，取浓缩洗涤液，根据当批检测数量，用双蒸水 1∶20 稀释，混匀后备用。

（2）将预包板从密封袋中取出，设置一个空白对照孔，不加任何液体；设阴性对照 2 孔，每孔加入阴性对照 50 μl；设阳性对照 2 孔，每孔加入阳性对照 50 μl；其余每个检测孔直接加入待检测血清 50 μl。

（3）每孔加入酶结合物 50 μl（空白对照孔除外），充分混匀，贴上不干胶片，置 37 ℃温浴 30 min。

（4）洗板：弃去孔内液体，洗涤液注满各孔，静置 20 s 甩干，重复 5 次后拍干。

（5）每孔加显色剂 A 50 μl，显色剂 B 50 μl，振荡混匀后，置 37℃避光显色 15 min，每孔加终止液 50 μl。

（6）用酶标仪读数，取波长 450 nm，先用空白孔调零点，测定各孔吸光度（A）值。

（7）结果用样品吸光度（A）值/对照孔（A）值（S/N，S 表示待测样品，N 代表阴性对照）表示，计算各表达质粒转染组的抑制效率，并进行统计学分析。

3.4 实验结果

3.4.1 HBV/U95551 *S* 基因的 PCR 扩增

以 HepG2.2.15 细胞提取的 HBV DNA 为模板，用引物 P1、P2 扩增 *S* 基因，PCR 产物进行 0.8%琼脂糖凝胶电泳，HBV/U95551 *S* 基因全长约 846 bp，由电泳图谱可见，PCR 产物条带特异，且大小与理论上预期相符（图略）。

3.4.2 小鼠 U6 启动子的 PCR 扩增

小鼠 U6 启动子分段合成后进行磷酸化、复性互补及连接，而后以 P3 和 P4 为引物进行 PCR 扩增，PCR 产物进行 0.8%琼脂糖凝胶电泳（图 4）。

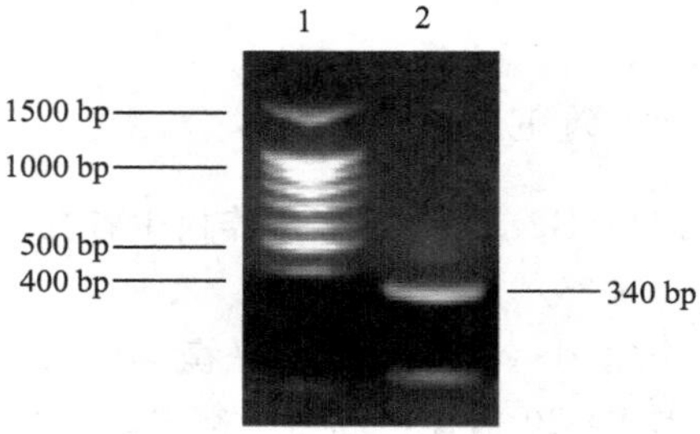

图 4 小鼠 U6 启动子 PCR 产物电泳图谱

1. DNA marker；2. PCR 产物

小鼠 U6 启动子基因全长 315 bp，引物 P3 和 P4 两端分别加上 *Nde*I 和 *Eco*RI 限制性内切核酸酶识别位点。因此，理论上 PCR 产物大小约为 340 bp。由电泳图谱可见，PCR 产物条带特异，且大小与预期相符。

3.4.3 重组质粒构建

3.4.3.1 pU6

1）双酶切鉴定

U6 启动子与 pCDNA3.1B（一）载体连接液转化 TG1 菌株，挑取 6 个转化子，分别抽提质粒并进行 *Nde*I/*Eco*RI 双酶切鉴定，酶切产物进行 0.8%琼脂糖凝胶电泳（图 5）。

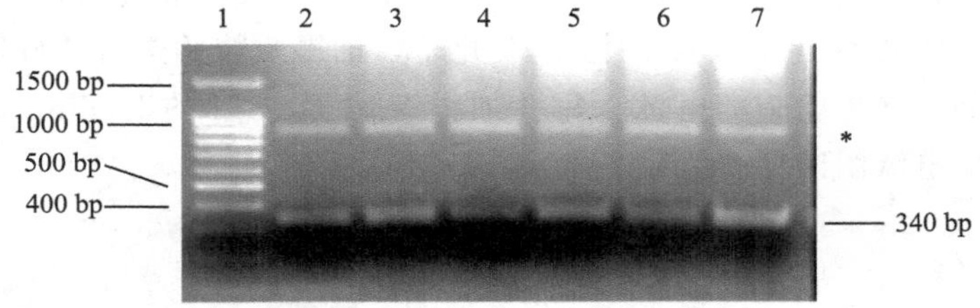

图 5　pU6 转化子 *Nde*I/*Eco*RI 双酶切产物电泳图谱

1. DNA marker；2～7. 6 个转化子

电泳图谱显示，酶切产物大小与预期相符。标有 * 处出现异常条带，可能原因：其一，质粒底物量过大导致酶切不完全，该异常条带为质粒超螺旋条带；其二，酶切出现星号反应。

2）PCR 鉴定

以 P3、P4 为引物对挑选的 6 个转化子进行 PCR 鉴定。PCR 产物进行 0.8% 琼脂糖凝胶电泳（图 6）。

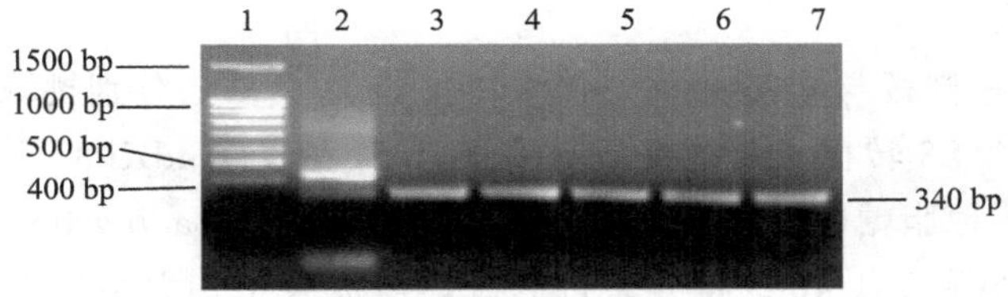

图 6　pU6 转化子 PCR 产物电泳图谱

1. DNA marker；2～7. 6 个转化子

电泳图谱显示，其中第 3～7 泳道转化子为阳性，PCR 扩增较为特异。

3）测序鉴定

选取第 3 号泳道转化子在上海博亚生物工程有限公司测序。引物选用 pCDNA3.1B(一)载体反向引物，即 5′-TAGAAGGCACAGTCGAGG-3′。测序结果表明，U6 启动子序列以及多克隆位点均与预期相符。测序报告略。

3.4.3.2　S1、S2 和 S3 的酶切鉴定

1）单酶切鉴定

pU6 载体内无 *Xho*I 限制性内切核酸酶酶切位点，而我们在设计 siRNA 时，引入了限制性内切核酸酶酶切位点 *Xho*I，故能被 *Xho*I 酶切的重组克隆载体可被

认为是阳性克隆。将 siRNA 表达模板与 pU6 载体连接液转化 TG1 菌株，分别挑取 3 个 S1 和 S2 转化子以及 6 个 S3 转化子，抽提质粒并进行 *Xho*I 酶切鉴定，酶切产物进行 0.8%琼脂糖电泳。每孔加样 8 μl 及 5 μl 的 loading buffer。S1、S2 和 S3 酶切电泳图谱见图 7。

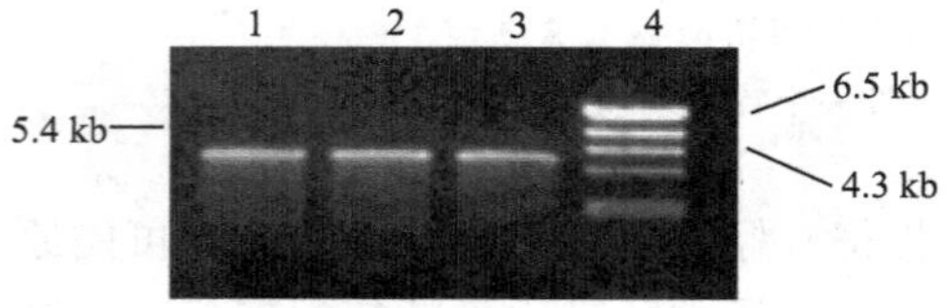

图 7 siRNA 表达质粒用 *Xho*I 单酶切

1. S1 表达质粒酶切电泳条带；2. S2 表达质粒酶切电泳条带；3. S3 表达质粒酶切电泳条带，4. λDNA/*Hind* III marker

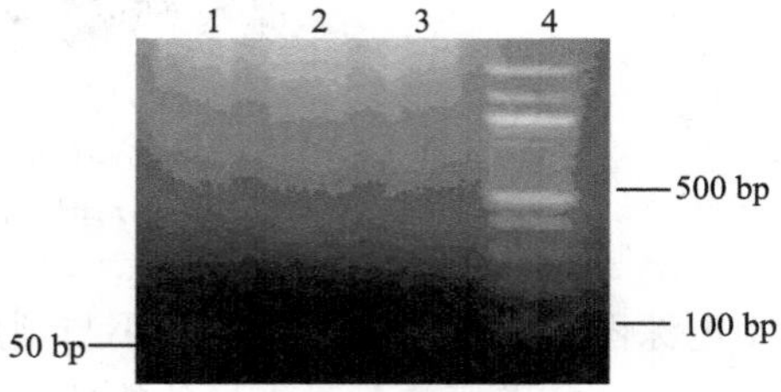

图 8 重组表达质粒 *Eco*RI/*Hin*dIII 双酶切产物电泳图谱

1. S1 表达质粒双酶切电泳条带；2. S2 表达质粒双酶切电泳条带；3. S3 表达质粒双酶切电泳条带；4. 100 bp DNA marker

2）双酶切鉴定

siRNA 表达模板与 pU6 载体连接液转化 TG1 菌株，分别挑取 3 个 S1 和 S2 转化子以及 6 个 S3 转化子，抽提质粒并进行 *Eco*RI/*Hin*dIII 双酶切鉴定，酶切产物进行 1.5%琼脂糖电泳。每孔加样 20 μl 及 5 μl 的 loading buffer。PCR 产物电泳图中。大小为 5.4 kb 的特异条带为载体电泳条带，大小约 50 bp 的条带为双酶切电泳条带。S1、S2 和 S3 酶切电泳图谱见图 8。阳性转化子以 *Eco*RI/*Hin*dIII 双酶切获得的小条带理论上包括 U6 启动子序列和 siRNA 表达模板序列，大小应为两者之和。

3）测序鉴定

选取第 1 号泳道 S1 转化子、第 2 号泳道 S2 转化子、第 3 号泳道 S3 转化子在上海博亚生物工程有限公司测序。引物选用 pCDNA3.1B(－)载体反向引物，即 5′-TAGAAGGCACAGTCGAGG-3′。测序结果表明，siRNA 表达模板序列与预期相符，克隆正确，测序报告略。

3.4.4 S1、S2 在 HepG2.2.15 细胞中有效抑制 HBV *S* 基因的表达

为了检测 shRNA 对 HBV *S* 基因表达的影响情况，我们将 siRNA 表达质粒(96 孔板每孔细胞每个质粒的转染量为 200 ng) 转染 HepG2.2.15 细胞，转染后 48 h 从多个水平检测 HBV *S* 基因蛋白表达情况。

3.4.4.1 实时荧光定量 PCR 对 *β-actin* 的检测

磷酸甘油醛脱氢酶（GAPDH）和 *β-actin* 是看家基因（house keeping gene），一般在哺乳动物细胞中转录表达是恒定的，其 mRNA 占总 RNA 的比例也是固定的。为了定量细胞内 mRNA 转录表达情况，人们常利用测定 *β-actin* 的表达作为校正各个样品总 RNA 量的差别。在本实验中，为了横向比较各组 siRNA表达质粒对 HBV *S* 基因表达的抑制情况，我们测定各个样品 *β-actin* 的表达量并将其作为总 RNA 量的指标。

从实时荧光定量 PCR 的结果（图 9 和表 1）中，可以看到各组 siRNA 表达质粒转染细胞后 *β-actin* 的表达量有所差别。表 1 中 ct（cycle threshold）值是衡量内标基因表达量的主要指标，实时荧光定量 PCR 仪汇集了所有样品的实时荧光定量 PCR 结果后，自动记录下一个荧光量域值，达到这个域值的 ct 值越小，则表明样品的起始量越高，反之 mRNA 的起始量越少。

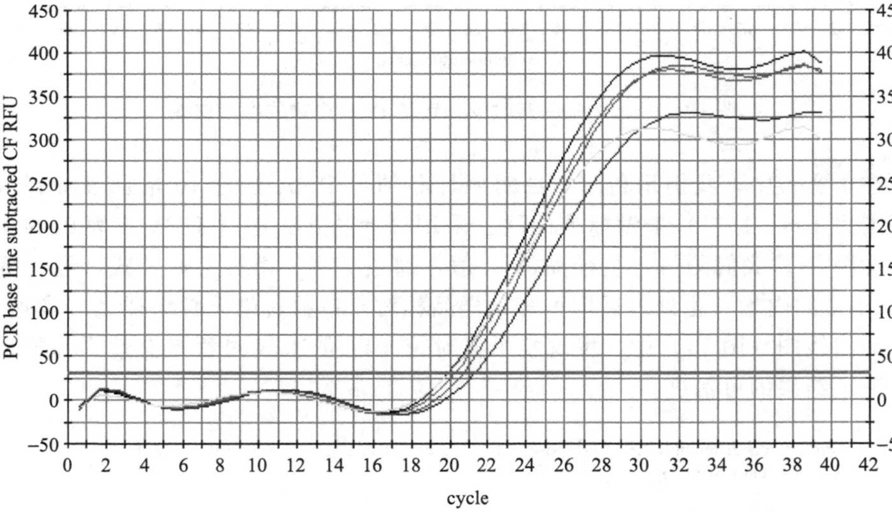

图 9 各组 siRNA 表达质粒转染 HepG2.2.15 细胞后 *β-actin* 实时荧光定量 PCR 曲线图

表 1 各组 siRNA 表达质粒转染 HepG2.2.15 细胞后用实时荧光定量 PCR 测定 *β-actin* 的 ct 值

组	ct
A01	20.0
A02	20.9
A03	21.3
A04	19.9
A05	20.2

A01 为转染 S1 表达质粒组；A02 为转染 S2 表达质粒组；A03 为联合转染 S1＋S2 表达质粒组；A04 为转染 S3 表达质粒组；A05 为空白对照。

从融解曲线图（图 10）中，可以看到有一个很明显的主峰，并且每条曲线的主峰位置基本一致，说明整个实时荧光定量 PCR 反应产生的条带比较单一，与预计 *β-actin* 的实时荧光定量 PCR 产物相符，说明通过 ct 值所得的总 RNA 量正确。

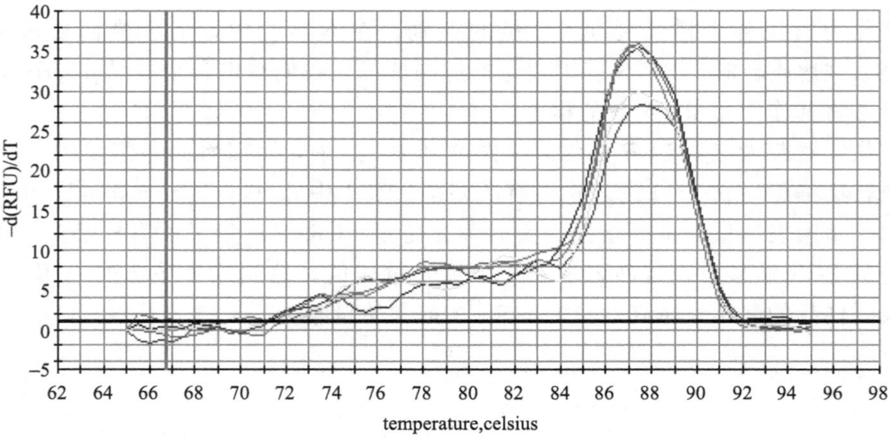

图 10　*β-actin* 基因实时荧光定量 PCR 产物的融解曲线

在本实验中，我们是利用空白对照样品的总 RNA 进行 10 倍梯度稀释（稀释范围为 100～10^{-6}）来做标准曲线。采用 $2^{-\Delta\Delta CT}$ 方法进行 HBV *S* 基因的相对定量检测[24]。我们测得各组样品的 ct 值，通过 $2^{-\Delta\Delta CT}$ 相对定量公式，经内标基因 *β-actin* 的内均一化处理后即可算出样品相对于单独转染质粒组样品的表达量。从标准曲线图（图 11）中，发现整个实时荧光定量 PCR 过程是有效平稳的，从而保证了结果的可信度。

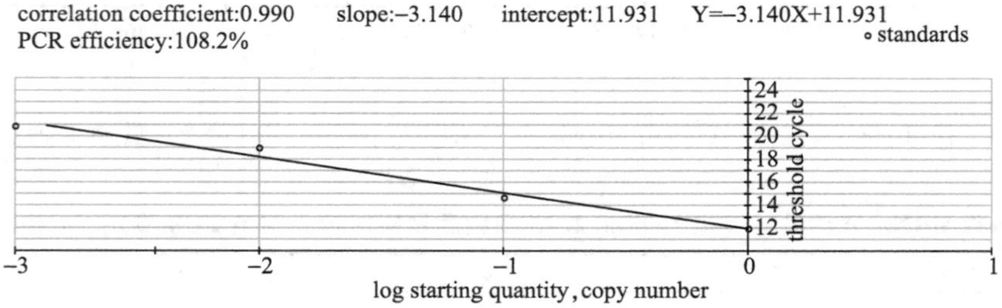

图 11　*β-actin* 基因实时荧光定量 PCR 的标准曲线

3.4.4.2　实时荧光定量 PCR 对 HBV *S* 基因的检测

本实验中，我们将构建的 siRNA 表达质粒单独和联合转染 HepG2.2.15 细胞，同时以随机设计的非同源表达质粒和空白为对照，通过检测细胞中 HBV *S* 基因 mRNA 表达情况，观察 siRNA 表达质粒对靶基因的抑制情况。

从实时荧光定量 PCR 的结果（图 12 和表 2）中，可以看到 S1、S2 和 S1＋S2 表达质粒转染组的 ct 值比 S3 表达质粒转染组和空白对照组大，并且 S1＋S2 表达质粒转染组的 ct 值最大。这是未经 *β-actin* 校正过的绝对值，检测相对准确的 HBV *S* 基因的表达情况，还必须与对应样品中的 *β-actin* 表达量进行比较。

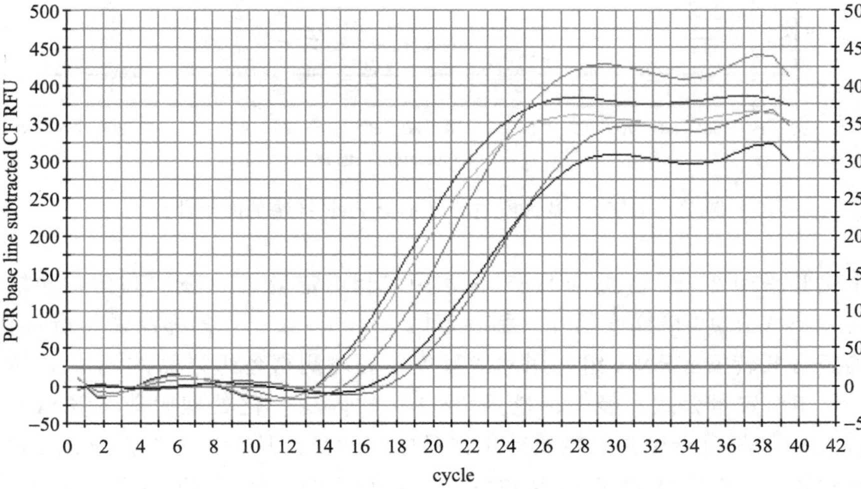

图 12　各组 siRNA 表达质粒转染 HepG2. 2. 15 细胞 HBV *S* 基因的实时荧光定量 PCR 曲线图

表 2　各组 siRNA 质粒转染 HepG2. 2. 15 细胞后用实时荧光定量 PCR 测定 HBV *S* 基因的 ct 值

组	ct
A01	16. 4
A02	18. 0
A03	18. 8
A04	14. 8
A05	15. 1

A01 为转染 S1 表达质粒组；A02 为转染 S2 表达质粒组；A03 为联合转染 S1＋S2 表达质粒组；A04 为转染 S3 表达质粒组；A05 为空白对照。

从融解曲线图（图 13）中，可以看到一个很明显的主峰，并且每条曲线的主峰位置基本一致，说明整个实时荧光定量 PCR 产物大小条带特异，与预期 HBV *S* 基因相符，证明通过 ct 值所得的总 RNA 量正确。

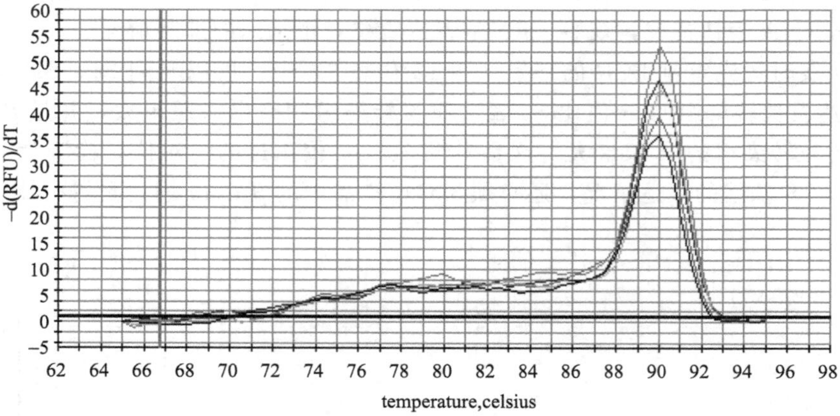

图 13　HBV *S* 基因实时荧光定量 PCR 产物的融解曲线

本实验采用 $2^{-\Delta\Delta CT}$法进行 HBV *S* 基因的相对定量[24]。我们利用单独转染质粒组的 cDNA 作 10 倍梯度稀释（稀释范围为 100～10^{-6}）的样品做出标准曲线，由此确定各共转染 siRNA 组所用的稀释度，同时测得各组样品的 ct 值，然后采用 $2^{-\Delta\Delta CT}$相对定量公式，经内标基因 *β-actin* 的内均一化处理后即可算出共转染 siRNA 组样品相对于单独转染质粒组样品的表达量。从标准曲线图（图 14）中，可以看到整个实时荧光定量 PCR 过程是有效平稳的，从而保证了结果的可信度。

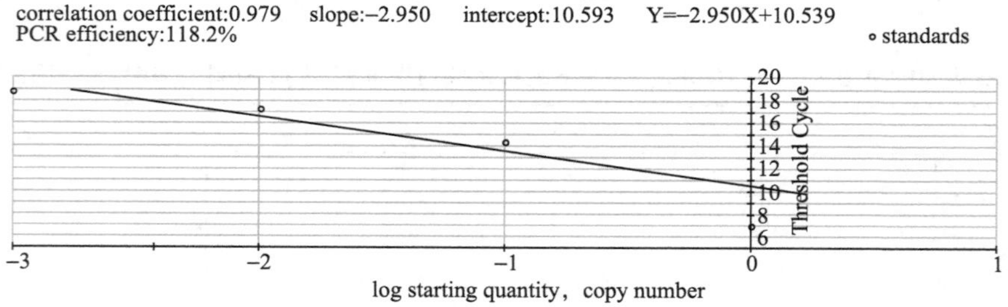

图 14　HBV *S* 基因实时荧光定量 PCR 的标准曲线

在标准曲线中，横坐标代表起始拷贝数的对数，纵坐标代表 ct 值，因此可以从获得样品的 ct 值，即可从相应的标准曲线上计算出该样品的起始拷贝数，并计算出 HBV *S* 基因与 *β-actin* 的相对浓度比值。

转染 S3 表达质粒组和空白对照组无显著性差异；与空白对照组相比，转染 S1 表达质粒组的抑制率为 64%，转染 S2 表达质粒组的抑制率为 83%，联合转染 S1+S2 表达质粒组的抑制率为 88%。而对照组 S3 无抑制效果。

荧光显微镜观察以及蛋白质表达细胞计数结果图略。

抽提各个转染组细胞总 RNA，并且以 P7、P8 为引物实时荧光定量 PCR 检测 *β-actin* 基因 mRNA 的丰度，以 P5、P6 为引物实时荧光定量 PCR 检测 *S* 基因 mRNA 的丰度，结果与显微镜观察和细胞计数结果相符。我们研究发现设计的靶向 HBV *S* 基因的 siRNA 能够有效特异地抑制 HBV 病毒在易感细胞 HepG2. 2. 15 细胞中的复制与表达。

3. 4. 5 S1、S2 显著抑制 HBV 在 HepG2. 2. 15 细胞中的复制与表达

由于 HBV 感染的高度特异性，HepG2. 2. 15 细胞被广泛用于该病毒的扩增和检测。为了研究设计的 siRNA 能否有效地抑制 HBV 的复制与表达，我们进一步验证以上观察到的抑制效应，在转染细胞 48 h 后检测细胞上清中 HBV 标志性蛋白 HBsAg 和 HBeAg。结果见图 15。

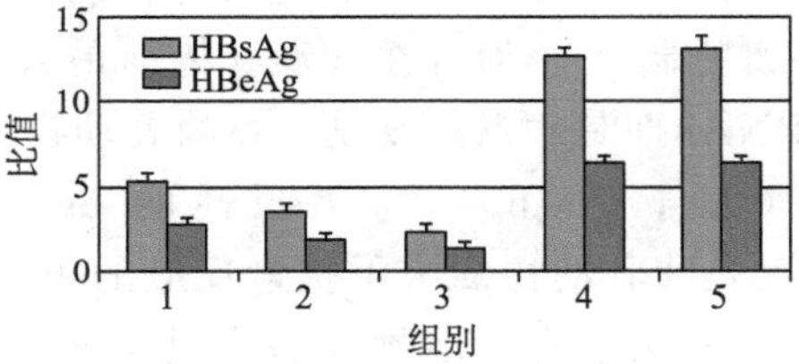

图 15 各组细胞上清 HBsAg 和 HBeAg

第 1 组为转染 S1 表达质粒组；第 2 组为转染 S2 表达质粒组；第 3 组为联合转染 S1+S2 表达质粒组；第 4 组为转染 S3 表达质粒组；第 5 组为空白对照组

各组与空白对照组相比，转染 S1 表达质粒组 HBsAg 的抑制率为 60%，HBeAg 的抑制率为 56%；转染 S2 表达质粒组的 HBsAg 抑制率为 73%，HBeAg 的抑制率为 70%；S1+S2 联合转染表达质粒组 HBsAg 的抑制率为 82%，HBeAg 的抑制率为 78%。比较转染 S3 表达质粒组和空白对照组无显著性差异。

3. 5 实验发现

小 RNA（大小约在 20～32 nt）能够通过染色质修饰、mRNA 降解或者翻译抑制来调控基因的表达。目前已经在真核细胞中鉴定出三大类小 RNA[25,26]，即 miRNA、siRNA 和 Piwi-interacting RNA（piRNA），后者也称为 gsRNA（germline small RNA，gsRNA）。miRNA 和 siRNA 存在于不同的动物、植物和病毒中，而 piRNA 只在动物中发现[26,27]。miRNA 涉及发育和细胞分化过程，

其表达具有受发育过程调节以及组织特异性表达等特征。miRNA 基因的改变可能在多种甚至所有人类癌症发生和发展的病理生理学中都扮演着重要的角色。miRNA 表达谱已经用于揭示人类癌症发病机制中 miRNA 的潜在作用，并且使我们能够鉴定与人类肿瘤的诊断、分期、发展、预后和治疗效果相关的标记物[28~34]。siRNA 主要参与转座子活性的抑制及病毒感染的防御。piRNA 在生殖细胞和干细胞中表达，其作用与抑制反转录转座子的转座有关。piRNA 生物合成 Piwi 蛋白质，属于 Ago 蛋白质的亚科，并参与调控基因的表达。虽然绝大多数的 miRNA 的功能仍未知，但我们至少可以推测一部分 miRNA 在病毒的生命周期中发挥着关键的作用，因此，鉴定新的病毒 miRNA 极其重要。

我们选取 HBV *S* 基因作为 siRNA 的靶点，因为 *S* 基因是 HBV 的四个编码蛋白质基因之一，在病毒感染过程中 *S* 基因编码的 HBsAg 与易感细胞表面受体结合，介导病毒对细胞的感染。我们的实验结果发现，靶向 HBV *S* 基因的 siRNA能够有效特异地抑制 HBV 病毒在易感细胞 HepG2. 2. 15 细胞中的复制与表达。我们还发现 S1＋S2 联合转染细胞中可以显著提高抑制 HBV 的复制与表达的效率。这一发现与我们前期研究已发现 siRNA 能够有效特异地抑制 HBV 和FMDV病毒在易感细胞 BHK-21 细胞中的复制与表达相吻合[35~37]。在植物中，RNAi 是主要的病毒防御机制[38]，而且在病毒（特别是 RNA 病毒）感染植物细胞过程中能自然诱发 RNAi 抑制病毒的复制。在哺乳动物细胞中，人们最初认为 dsRNA 特别是长的（大于 35 bp）病毒源性的 dsRNA[39] 不能有效诱发 RNAi[40]，因为 dsRNA 是哺乳动物细胞干扰素反应的主要诱导因子[41,42]。随后的研究证明，RNAi 分子机制在哺乳动物细胞中是保守的[43]，而且，在某些实例[44,45]中长 dsRNA 不会诱导蛋白激酶 R（protein kinase R，PKR）的磷酸化，这暗示可能不会诱导干扰素反应，因为 PKR 的磷酸化作用是干扰素反应的信号，同时 dsRNA 被证明能够被加工成有效的 siRNA。实验表明，人工导入 siRNA 能够在哺乳动物细胞内诱导强有力的抗病毒反应，例如抗 HIV[46~48]、HCV[49,50] 等。我们发现设计的靶向 HBV *S* 基因的长 21 bp 的两个 shRNA 均能有效地特异抑制同源病毒 HBV/U95551 的复制和表达，因为它们不能干扰对照组病毒的复制。因此，我们进一步的工作将设计靶向 HBV 基因组保守区的 siRNA，试图诱导对同型不同毒株甚至是不同型不同毒株之间的交叉抑制效应。

在植物或昆虫细胞中，RNA 依赖性的 RNA 聚合酶（RdRP）能够以 mRNA 为模板合成 dsRNA，随后通过 Dicer 酶的加工使 siRNA 获得扩增，进而提高 RNAi 效率[51,52]。但上述机制无法解释我们的实验现象，因为在哺乳动物细胞中不存在 RdRP 的活性，有一种假设认为实验动物细胞本身感染的其他病原体能够提供 RdRP 并参与以上过程，这种假设显然需要进一步的证据。Song 等[53] 的实验结果显示，病毒 mRNA 的存在能够使 siRNA 的效果维持更长的时间，这暗示靶 mRNA 是否存在可能决定了 siRNA 在细胞内是否被降解。我们的研究结果发现与国外文献报道相一致[54~56]，文献报道使用 esiRNA 比化学合成的 siRNA 抑制病毒的效果更好[4,57,58]，经化学修饰的特异性 HBV 的 siRNA 可望在体内应用[59]。进化生物学家们认为生命起源于 RNA 世界，即“RNA 世界起源假说”。如果是这样很可能在生命早期就进化出了一种核酸水平的免疫机制（nucleic-acid based immune system），类似于高等脊椎动物的蛋白质水平免疫机制（protein-based immune system）。随着 RNAi 分子机制的发现及其在真菌、植物和昆虫细胞中作为天然的病毒防御策略，RNAi 可能就是早期进化的一套核酸水平免疫机制。因此，基于我们和 Song 等[53]的实验结果，类比脊椎动物的蛋白质免疫记忆模式，我们提出一个假设，病毒 mRNA 与同源 siRNA 的共同存在可能建立起一套初级的核酸水平的免疫记忆，使细胞面临病毒侵染的时候 siRNA 能更加有效地诱发 RNAi 反应。我们的发现可能推动 RNAi 在细胞水平病毒防御中的研究，接下来的工作我们期望在动物水平对 RNAi 的有效性和实用性进行评估。

利用 RNAi 技术作为病毒感染防御策略虽有许多优点，但是 siRNA 转染细胞后，大多数被降解，因此提高 siRNA 在细胞内的稳定性和半衰期至关重要。例如，将 siRNA 的碱基末端进行 2′-*O*-甲基化和 2′-氟代化，可以显著提高 siRNA 在血中的稳定性，在体外实验中的效能较未修饰的 siRNA 高出 500 倍[60]。LNA（locked nucleic acid）是一种 RNA 样的高亲和力的核酸类似物，能增强修饰后 siRNA 的生物稳定性和种特异性，从而提高基因沉默效果[61]。

我们课题组发现要想在哺乳动物中更加有效地应用 RNAi 技术抵抗病毒的感染，必须克服很多困难。首先，在一个细胞内诱发的 RNAi 反应必须能够快速有效地扩散到其他细胞或组织，形成系统化效应（systemic effect）。已经证明，在线虫某个部位产生的 RNAi 反应能够扩散到许多不同的组织，包括生殖腺[40]，而且发现，一个跨膜蛋白 SID-1 与系统化效应有关[62]。令人兴奋的是，SID-1 同源蛋白也存在于人类和小鼠细胞中[63]，这暗示着 RNAi 系统化效应在哺乳动物个体中存在的可能性。其次，RNAi 的运用还必须克服病毒的逃逸（viral escape）问题，因为病毒可能通过编码 RNAi 抑制蛋白或基因组变异使 RNAi 失效。第三个需要解决的难题是如何将 siRNA 或 siRNA 表达质粒有效特异地注射到动物的某些组织器官。研究发现，采用具有高效细胞感染能力的病毒作为 siRNA 表达载体可能是一个更好的选择[64,65]。我们发现 RNAi 可能成为防治 HBV 感染有效的全新的抗病毒防御策略。

参考文献

1. 边中启，华占楼，严维耀等．2006. 中国云南少数民族地区慢性乙型肝炎患者病毒基因型的鉴定．中华医学杂志，86（10）：681～686
2. Lai CL，Ratziu V，Yuen MF，et al. 2003. Viral hepatitis B. Lancet，362：2089～2094
3. Tan C，Xuan B，Hong J，et al. 2007. RNA interference against hepatitis B virus with endoribonuclease-prepared siRNA despite of the target sequence variation. Virus Research，126：172～178

4. Meng Z, Xu Y, Wu J, et al. 2008. Inhibition of hepatitis B virus gene expression and replication by endoribonuclease-prepared siRNA. Journal of Virological Methods, 150: 27～33
5. Snyder LL, Esser JM, Pachuk CJ, et al. 2008. Vector design for liver-specific expression of multiple interfering RNAs that target hepatitis B virus transcripts. Antiviral Research, 80 (1): 36～44
6. Yao N, Hong Z, Lau JY. 2002. Application of structural biology tools in the study of viral hepatitis and the design of antiviral therapy. Gastroenterology, 123 (4): 1350～1363
7. Niederau C, Heintges T, Lange S, et al. 1996. Long-term follow-up of HBeAg-positive patients treated with interferon alpha for chronic hepatitis B. N Engl J Med, 334 (22): 1422～1427
8. Mazzella G, Saracco G, Festi D, et al. 1999. Long-term results with interferon therapy in chronic type B hepatitis: a prospective randomized tria. Am J Gastroenterol, 94 (8): 2246～2250
9. Papatheodoridis GV, Dimou E, Papadimitropoulos V. 2002. Nucleoside analogues for chronic hepatitis B: antiviral efficacy and viral resistance. Am J Gastroenterol, 97 (7): 1618～1628
10. Ayres A, Bartholomeusz A, Lau G, et al. 2003. Lamivudine and Famciclovir resistant hepatitis B virus associated with fatal hepatic failure. J Clin Virol, 27 (1): 111～116
11. Fire A, Xu S, Montgomery MK, et al. 1998. Potent and specific genetic interference by double-stranded RNA in *Caenorhabditis elegans*. Nature, 391: 806～811
12. Gitlin L, Andino R. 2003. Nucleic acid-based immune system: the antiviral potential of mammalian RNA silencing. J Virol, 77: 7159～7165
13. Chen W, Yan W, Zheng Z. 2005. RNA silencing: a remarkable parallel to protein-based immune systems in vertebrates? FEBS Lett, 579: 2267～2272
14. Ding SW. 2004. RNA silencing: a conserved antiviral immunity of plants and animals. Virus Res, 102: 109～115
15. Plow EF, Pierschbacher MD, Ruoslahti E, et al. 1985. The effect of Arg-Gly-Asp containing peptides on fibrinogen and von Willebrand factor binding to platelets. Proc Natl Acad Sci USA, 82: 8057～8061
16. Tuttleman JS, Pourcel C, Summers J. 1986. Formation of the pool of covalently closed circular viral DNA in hepadnavirus-infected cells. Cell, 47 (3): 451～460
17. Seeger C, Mason WS. 2000. Hepatitis B virus biology. Microbiol Mol Biol Rev, 64 (1): 51～68
18. Dane DS, Cameron CH, Briggs M. 1970. Virus-like particles in serum of patients with Australia-antigen-associated hepatitis. Lancet, 1 (7649): 695～698
19. Lambert V, Fernholz D, Sprengel R, et al. 1990. Virus-neutralizing monoclonal antibody to a conserved epitope on the duck hepatitis B virus pre-S protein. J Virol, 64 (3): 1290～1297
20. Hu JF, Cheng Z, Chisari FV, et al. 1997. Repression of hepatitis B virus (HBV) transgene and HBV-induced liver injury by low protein diet. Oncogene, 15 (23): 2795～2801
21. Assogba BD, Paik NW, Rho HM. 2004. Transcriptional activation of gammaherpesviral oncogene promoters by the hepatitis B viral X protein (HBx). DNA Cell Biol, 23 (3): 141～148
22. Sells MA, Chen ML, Acs G. 1987. Production of hepatitis B virus particles in Hep G2 cells transfected with cloned hepatitis B virus DNA. Proc Natl Acad Sci USA, 84: 1005～1009
23. Sui G. 2002. A DNA vector-based RNAi technology to suppress gene expression in mammalian cells. Proc Natl Acad Sci USA, 99: 5515～5520
24. Livak KJ, Schmittgen TD. 2001. Analysis of relative gene expression data using real-time quantitative PCR and the 2 (-Delta Delta C (T)) Method. Methods, 25, 402～408
25. Bartel DP. 2004. MicroRNAs: Genomics, Biogenesis, Mechanism, and Function. Cell, 116 (2): 281～297

26. Kim VN. 2006. Small RNAs just got bigger: Piwi-interacting RNAs (piRNAs) in mammalian testes. Genes Dev, 20: 1993～1997
27. Yang N, Coukos G, Zhang L. 2007. MicroRNA epigenetic alterations in human cancer: one step forward in diagnosis and treatment. International Journal of Cancer, 122 (5): 963～968
28. Barbarotto E, Schmittgen TD, Calin GA. 2007. MicroRNAs and cancer: profile, profile, profile. International Journal of Cancer, 122 (5): 969～977
29. Wang V, Wu W. 2007. MicroRNA: a new player in breast cancer development. Journal of Cancer Molecules, 3 (5): 133～138
30. Aravin A, Gaidatzis D, Pfeffer S, et al. 2006. A novel class of small RNAs bind to MILI protein in mouse testes. Nature, 442, 203～207
31. Girard A, Sachidanandam R, Hannon GJ, et al. 2006. A germline-specific class of small RNAs binds mammalian Piwi proteins. Nature, 442, 199～202
32. Grivna ST, Beyret E, Wang Z, et al. 2006. A novel class of small RNAs in mouse spermatogenic cells. Genes Dev, 20: 1709～1714
33. Lau NC, Seto AG, Kim J, et al. 2006. Characterization of the piRNA complex from rat testes. Science, 313, 363～367
34. Watanabe T, Takeda A, Tsukiyama T, et al. 2006. Identification and characterization of two novel classes of small RNAs in the mouse germline: retrotransposon-derived siRNAs in oocytes and germline small RNAs in testes. Genes Dev, 20: 1732～1743
35. Bian ZQ, Sun LL, Liu MQ, et al. 2008. siRNA targeting HBV C gene inhibits hepatitis B virus expression in BHK-21 cells. RNAi China, 48～49
36. Bian ZQ, Sun LL, Liu MQ, et al. 2008. siRNA targeting HBV C gene inhibits hepatitis B virus expression and replication in BHK-21 cells. Hepatol Int, 2: S162～S163
37. Chen W, Yan W, Du Q, et al. 2004. RNA interference targeting VP1 inhibits foot-and-mouth disease virus replication in BHK-21 cells and suckling mice. J Virol, 78: 6900～6907
38. Vance V, Vaucheret H. 2001. RNA silencing in plants——defense and counter-defense. Science, 292: 2277～2280
39. Cullen BR. 2002. RNA interference: antiviral defense and genetic tool. Nat Immunol, 3: 597～599
40. Fire A. 1999. RNA-triggered gene silencing. Trends Genet, 15: 358～363
41. Leib DA, Machalek MA, Williams BR, et al. 2000. Specific phenotypic restoration of an attenuated virus by knockout of a host resistance gene. Proc Natl Acad Sci USA, 97: 6097～6101
42. Stark GR, Kerr IM, Williams BRG, et al. 1998. How cells respond to interferons. Annu Rev Biochem, 67: 227～264
43. Elbashir SM, Harborth J, Lendeckel W, et al. 2001. Duplexes of 21-nucleotide RNAs mediate RNA interference in cultured mammalian cells. Nature, 411: 494～498
44. Billy E, Brondaniv, Zhang H, et al. 2001. Specific interference with gene expression induced by long, double-stranded RNA in mouse embryonal teratocarcinoma cell lines. Proc Natl Acad Sci USA, 98: 14428～14433
45. Ui-Tei K, Zenno S, Miyata Y, et al. 2000. Sensitive assay of RNA interference in *Drosophila* and *Chinese hamster* cultured cells using firefly luciferase gene as target. FEBS Lett, 479: 79～82
46. Von Eije KJ, Brake O, Berkhout B. 2008. Human immunodeficiency virus type 1 escape is restricted when conserved genome sequences are targeted by RNA interference. J Virol, 82 (6): 2895～2902

47. Barichievy S, Saayman S, von Eije KJ, et al. 2007. The inhibitory efficacy of RNA POL III-expressed long hairpin RNAs targeted to untranslated regions of the HIV-1 5′long terminal repeat. Oligonucleotides, 17 (4): 419～431
48. An DS, Donahue RE, Kamata M, et al. 2007. Stable reduction of CCR5 by RNAi through hematopoietic stem cell transplant in non-human primates. Proc Natl Acad Sci USA, 104 (32): 13110～13115
49. Chen W, Zhang Z, Chen J. 2008. HCV core protein interacts with Dicer to antagonize RNA silencing. Virus Research, 133: 250～258
50. Watanabe T, Umehara T, Kohara M. 2007. Therapeutic application of RNA interference for hepatitis C virus. Adv Drug Deliv Rev, 59: 1263～1276
51. Ketting RF, Fischer SEJ, Bernstein E, et al. 2001. Dicer functions in RNA interference and in synthesis of small RNA involved in developmental timing in *C. elegans*. Genes Dev, 15: 2654～2659
52. Lipardi C, Wei Q, Paterson BM, et al. 2001. RNAi as random degradative PCR: siRNA primers convert mRNA into dsRNAs that are degraded to generate new siRNAs. Cell, 107: 297～307
53. Song E, Lee SK, Dykxhoorn DM, et al. 2003. Sustained small interfering RNA-mediated human immunodeficiency virus type 1 inhibition in primary macrophages. J Virol, 77: 7174～7181
54. Ren GL, Bai XF, Zhang Y, et al. 2005. Stable inhibition of hepatitis B virus expression and replication by expressed siRNA. Biochemical and Biophysical Research Communications, 335: 1051～1059
55. Ren XR, Luo GB, Xie ZH, et al. 2006. Inhibition of multiple gene expression and virus replication of HBV by stable RNA interference in 2. 2. 15 cells. Journal of Hepatology, 44: 663～670
56. Jia F, Zhang YY, Liu CM. 2007. Stable inhibition of hepatitis B virus expression and replication in HepG2. 2. 15 cells by RNA interference based on retrovirus delivery. J Biotechnology, 128: 32～40
57. Xuan BQ, Qian ZK, Hong J, et al. 2006. EsiRNAs inhibit hepatitis B virus replication in mice model more efficiently than synthesized siRNAs. Virus Research, 118: 150～155
58. Tan C, Xuan BQ, Hong J, et al. 2007. RNA interference against hepatitis B virus with endoribonuclease-prepared siRNA despite of the target sequence variations. Virus Research, 126: 172～178
59. Shin D, Kim SN, Park M, et al. 2007. Immunostimulatory properties and antiviral activity of modified HBV-specific siRNAs. Biochemical and Biophysical Research Communications, 364 : 436～442
60. Allerson CR, Sioufi N, Jarres R, et al. 2005. Fully 2′-modified oligonucleotide duplexes with improved *in vitro* potency and stability compared to unmodified small interfering RNA. J Med Chem, 48: 901～904
61. Elmen J, Thonberg H, Ljungberg K, et al. 2005. Locked nucleic acid (LNA) mediated improvements in siRNA stability and functionality. Nucleic Acids Res, 33: 439～447
62. Winston WM, Molodowitch C, Hunter CP, et al. 2002. Systemic RNAi in *C. elegans* requires the putative transmembrane protein SID-1. Science, 295: 2456～2459
63. Barton GM, Medzhitov R. 2002. Retroviral delivery of small interfering RNA into primary cells. Proc Natl Acad Sci USA, 99: 14943～14945
64. Devroe E, Silver PA. 2002. Retrovirus-delivered siRNA. BMC Biotechnol, 2: 15
65. Xia H, Mao Q, Paulson HL, et al. 2002. siRNA-mediated gene silencing *in vitro* and *in vivo*. Nat Biotechnol, 16: 16

4 siRNA抑制HBV在BHK-21细胞中的复制与表达

实验技术路线

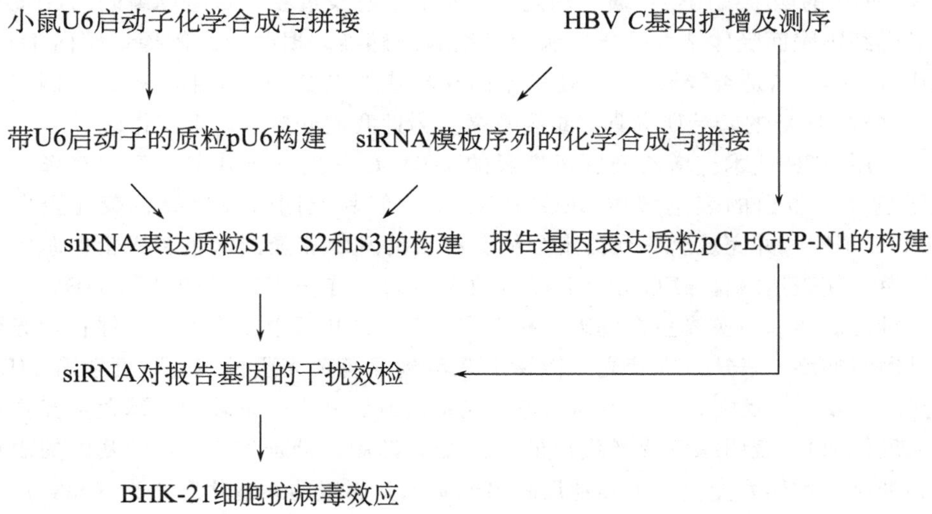

Ⅰ 靶基因表达载体 pC-EGFP-N1 的构建

Ⅰ4.1 引言

我们在前期的研究工作基础上[1]，根据第 1～3 章阐述的 RNAi 分子机制[2]及其作为病毒防御策略，我们选取 HBV *C* 基因作为 siRNA 的靶点，因为 *C* 基因是 HBV 的四个编码蛋白质基因之一，在病毒感染过程中 *C* 基因编码的HBcAg与易感细胞表面受体结合，介导病毒对细胞的感染。据此，我们探讨靶向 HBV *C* 基因的siRNA是否能够抑制 HBV 基因在易感细胞 BHK-21 细胞中的复制与表达，这对 HBV 的防治研究具有重要意义。为此我们开展了以下工作。

应用 PCR 技术扩增乙型肝炎患者的 HBV *C* 基因，将其编码序列克隆到表达绿色荧光蛋白的表达载体 pEGFP-N1 上，使其能同时表达绿色荧光蛋白和 HBV *C* 基因。并完成全序列测定分析。将目的基因克隆到绿色荧光蛋白基因组的上游，使表达载体 pEGFP-N1 在启动表达后，首先表达目的基因 HBV *C* 基因，继之表达绿色荧光蛋白基因，接着在 HBV *C* 基因中止表达后，绿色荧光蛋白基因组亦终止表达。在荧光显微镜下观察到绿色荧光蛋白表达，证明有 HBV *C* 基因的表达；反之，观测不到绿色荧光蛋白或者其表达量较少（绿色荧光蛋白发光度较弱），表明绿色荧光蛋白的表达受到抑制，即证实 HBV *C* 基因的表达受到抑制。此体系能快速准确地反映出靶基因基因组的表达状态，为 RNAi 用于研究抑制 HBV 病毒感染的复制与表达提供了一种简单、有效的监测平台。

Ⅰ4.2 实验材料

Ⅰ4.2.1 样品的采集

入选 100 例乙型肝炎患者均来自云南地区，包括 50 例少数民族患者与 50 例汉族患者，男 76 例，女 24 例，年龄 18～68 岁，平均 29±6.4 岁，其中乙型肝炎患者 90 例，重型 CHB 患者 10 例。所有乙型肝炎患者为解放军成都军区昆明总医院传染病中心于 2000 年 3 月～2002 年 10 月住院或门诊收集[3]。入选病例标准：①年龄 18～68 岁；②血清 HBsAg、HBeAg、抗 HBe 阳性、抗 HBc 阳性，HBV DNA 阳性（PCR 法），血清抗 HAV、抗 HCV、抗 HD、抗 HEV、抗 HIV 阴性；③肝功能测定异常；④病例入选前 6 个月内未用过免疫调节剂或抗病毒治疗，并排除有吸毒史、妊娠和哺乳期妇女；⑤诊断标准符合《病毒性肝炎防治方案》制订的诊断标准。乙型肝炎患者 100 例标本，空腹采集全血 2 ml，通过酶联免疫吸附试验和 PCR 检测血清标记物和 HBV DNA，所采用样品的

HBsAg、HBeAg、抗 HBc 和 HBV DNA 均呈阳性，并且排除 HAV、HCV、HDV、HEV 等重叠感染者。血清标本置－70℃保存，空运至复旦大学。

Ⅰ4.2.2　乙型肝炎病毒基因组

HBV DNA 的提取[3]。分别取血清 200 μl，加入 2.5 mg/ml 的蛋白酶 K 及裂合酶［10 mmol/L Tris-HCl pH 8.0，5 mmol/L 乙二胺四乙酸（EDTA），0.5%十二烷基硫酸钠（SDS）］，置于 37℃水浴 3 h，混合液经酚：氯仿 300 μl 等体积混合后，4℃，12 000 r/min，离心 5 min，用无水乙醇沉淀 2 h，12 000 r/min，离心 15 min，75%的乙醇洗涤一次，离心后加入 20 μl 灭菌双蒸水，－20℃保存。

Ⅰ4.2.3　菌株

菌株与载体：大肠杆菌（*Escherichia coli*，*E. coli*）TG1 菌株 {supE hsd △5 thi △（lac-proAB）F′［traD36proAB＋lacIq lacZ △ M15］}；载体 pEGFP-N1（Clontech，Palo Alto，Calif. USA）均系复旦大学遗传工程国家重点实验室保存。

Ⅰ4.2.4　酶及试剂盒

（1）生化酶试剂

*Eco*RI、*Hind* III、T4 连接酶、*Taq* DNA 多聚酶，Kod Plus DNA 多聚酶及 λDNA/*Hind* III marker 和 100 bp DNA marker 等购自 NEB 公司。

（2）试剂盒

B 型小量 DNA 片段快速胶回收试剂盒（B Type：Mini-DNA Rapid Purification Kit）和 B 型质粒小量快速提取试剂盒（B Type：Mini-Plasmid Rapid Isolation Kit）购自上海博大泰克生物科技有限公司。

Ⅰ4.2.5　试剂

（1）LB 液体培养基（1%蛋白胨、0.5%酵母粉，用 1%NaCl 调至 pH 7.0）。

（2）LB 固体培养基（LB 液体培养基 ＋ 2%琼脂）。

（3）溶液 I（50 mmol/L 葡萄糖、25 mmol/L Tris-HCl、10 mmol/L EDTA，pH 8.0）。

（4）溶液 II（0.2 mol/L NaOH，10%SDS）。

（5）溶液 III（3 mol/L KAc，用冰乙酸调至 pH 4.8）。

（6）异丙醇。

（7）酚（Tris-HCl 饱和，pH 8.0）。

（8）酚：氯仿＝24：1（*V/V*）或酚：氯仿：异戊醇＝25：24：1（*V/V/V*），Tris-HCl 饱和，pH 8.0。

（9）无水乙醇。

(10) 琼脂糖。
(11) 75%的乙醇。
(12) 100 mg/ml 氨苄青霉素 (Amp)。
(13) TE (10 mmol/L Tris-HCl、1 mmol/L EDTA, pH 8.0)。
(14) TAE (40 mmol/L Tris-乙酸、1 mmol/L EDTA, pH 8.0)。
(15) 3 mol/L NaAc (pH 4.8)。
(16) 5 mol/L LiCl。
(17) 0.1 mol/L $CaCl_2$。

Ⅰ4.3 实验方法

Ⅰ4.3.1 报告基因表达载体 pC-EGFP-N1 的构建

报告基因表达载体 pC-EGFP-N1 的构建。将 PCR 扩增的 HBV *C* 基因双酶切后克隆到质粒 pEGFP-N1 上，构建成报告基因表达载体 pC-EGFP-N1 重组质粒[4]，见图 1。

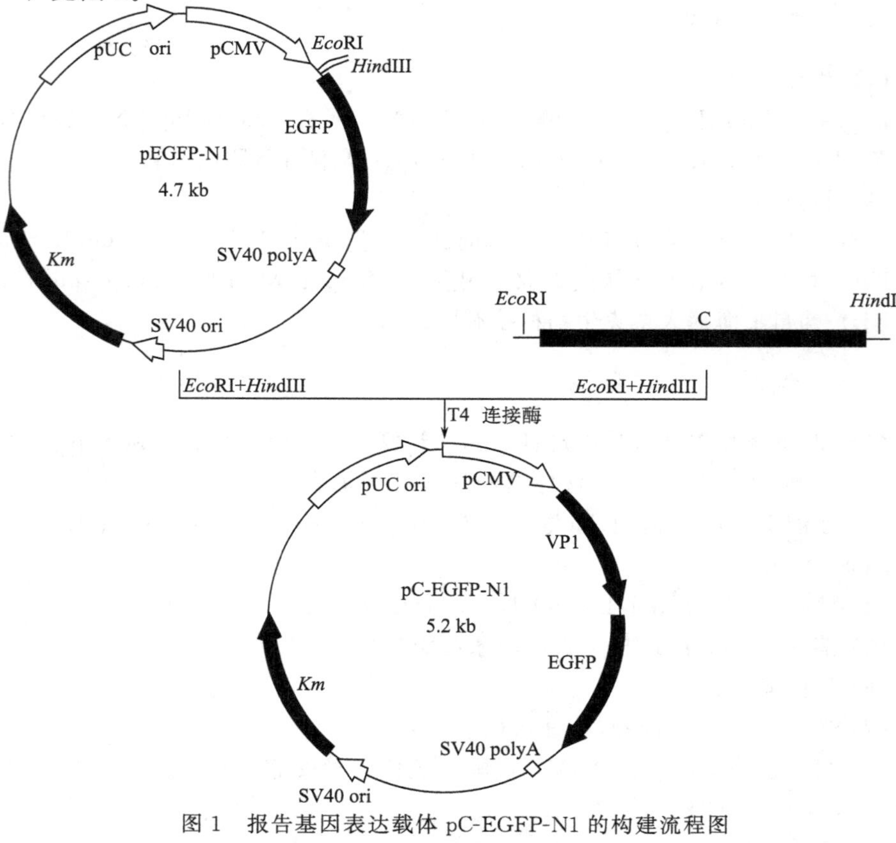

图 1 报告基因表达载体 pC-EGFP-N1 的构建流程图

EGFP，增强型绿色荧光蛋白；SV40 polyA，SV40 聚腺苷酸化信号；*Km*，卡那霉素抗性基因

Ⅰ4.3.2　PCR引物的设计

HVB *C*基因的上游引物P1：5′-CCC AAGCTT ATGGACATTGACCCG-TATAAAG -3′（1775～1796 nt）。

下游引物P2：5′-GCG GAATTC CTAACATTGAGATTCCCGAG-3′（2326～2307 nt）。扩增长度为552 bp。

引物两端分别引入*Hin*dIII和*Eco*RI酶切位点。引物由上海英骏技术有限公司（Invitrogen Biotechnology Co.，Ltd）合成。

Ⅰ4.3.3　PCR扩增HBV *C*基因

PCR扩增：在0.2 ml的Eppendorf管中，依次加入10×缓冲液5 μl、8 mmol/L $MgSO_4$ 4 μl 、引物P1/P4各1 μl 、10 mmol/L dNTP 1 μl、模板DNA（乙肝患者血清提取的HBV DNA）2 μl、1 U/μl *Taq*酶1 μl，加ddH_2O至50 μl，以正常人血清为对照。混合均匀后，置于PCR扩增仪进行PCR反应。设置PCR反应参数为：94℃预变性5 min，94℃变性1 min，55℃复性1 min，72℃延伸1 min，共30个循环，最后72℃再延伸10 min。

Ⅰ4.3.4　PCR扩增产物纯化

（1）取PCR产物50 μl，加TE溶液扩容到200 μl。

（2）加等体积的酚∶氯仿∶异戊醇，15 000 r/min，5 min。

（3）取上清，加等体积的氯仿∶异戊醇，15 000 r/min，5 min。

（4）取上清，加1/10体积的3 mol/L NaAc，加2倍体积的无水乙醇，－20℃静置过夜。

（5）15 000 r/min离心5 min，弃上清。

（6）75％乙醇洗涤一次，室温晾干。

（7）加20 μl ddH_2O，－20℃保存备用。

Ⅰ4.3.5　目的基因DNA和克隆载体双酶切

载体pEGFP-N1和目的*C*基因双酶切，于0.5 ml Eppendorf管中依次加入：双蒸水20 μl、10×缓冲液2 3 μl、pEGFP-N1或*C*基因5 μl、*Hin*dIII 1 μl、*Eco*RI 1 μl。混匀后置于37℃水浴1.5h。

单酶切（*Hin*dIII和*Eco*RI单酶切）对照：双蒸水21 μl、10×缓冲液2 3 μl、pEGFP-N1 5 μl、*Hin*dIII或*Eco*RI 1 μl。混匀后置于37℃水浴1.5h。

Ⅰ4.3.6　割胶回收

按博大泰克生物基因技术有限公司的B型小量DNA片段快速胶回收试剂盒

回收酶切的载体和目的基因，具体操作步骤如下。

（1）尽可能小的切下目的基因条带。

（2）按 100 mg 凝胶加 700 μl 溶胶液的比例，把切下的目的基因条带置于室温或 55℃水浴中融解，把溶解液装入离心吸附柱中，12 000 r/min，离心 30 s，弃废液。

（3）加入 500 μl 漂洗液漂洗，12 000 r/min，离心 30 s，弃废液。重复此步骤一次，再于 12 000 r/min 离心 2 min（此步离心一定要充分，尽量弃除废液）。

（4）把离心吸附柱放入 1.5 ml 离心管中，加入适量的洗脱缓冲液（30～50 μl），室温放置 5 min，12 000 r/min 离心 2 min。

洗脱液即为所需要的目的基因。

Ⅰ4.3.7　目的基因片段与表达质粒 pEGFP-N1 的连接

于 0.5 ml Eppendorf 管中依次加入：双蒸水 18 μl、10×T4 连接缓冲液 3 μl、pEGFP-N1 5 μl、*C* 基因 3 μl、T4 连接酶 1 μl。混匀后置于 16℃连接过夜 12 h。

Ⅰ4.3.8　大肠杆菌感受态细胞 TG1 的制备

（1）将大肠杆菌 TG1 接种于 LB 平板，37℃培养过夜。

（2）挑单菌落于 25 ml LB 液体培养基中，置 37℃、240 r/min 摇床中，培养至 OD_{600} 约 0.2～0.4。

（3）将菌液倒入离心管中，冰浴 10 min 后，于 4℃以 5000 r/min 离心 10 min。

（4）弃上清，加入 10 ml 用冰预冷的 0.9% NaCl 溶液，洗涤菌液 1 次。

（5）弃 NaCl 溶液，吸尽残留液体，加入 10 ml 用冰预冷的 0.1 mol/L $CaCl_2$ 溶液，悬浮细菌，冰浴 20 min。

（6）于 4℃以 5000 r/min 离心 10 min。

（7）弃上清，加入 1 ml 0.1 mol/L $CaCl_2$ 溶液悬浮细菌，分装成每管 100 μl，于冰上以备 24 h 内使用（欲长期使用，可加入冰预冷的甘油至 10%浓度，冻存于－70℃冰箱）。

Ⅰ4.3.9　报告基因表达载体 pC-EGFP-N1 的转化

（1）将连接液置 65℃水浴 15 min。

（2）于干净的 Eppendorf 离心管中，加入 100 μl 制备好的感受态细胞，再加入 15 μl 连接液，同时设立只加受体菌、加了受体菌与空白载体的对照组。

（3）小心混匀各管，冰浴 1 h，其间轻弹 2～3 次。

（4）置 42℃水浴 90～120 s 后，冰浴 2 min。

（5）每管加入 900 μl 37℃预热的 LB 培养基，置 37℃摇床，200 r/min，

45 min。

（6）5000 r/min 离心 5 min，弃上清。

（7）每管加入 100 μl 37℃预热的 LB 培养基，悬浮细菌。

（8）将各组菌液涂布在含有 100 μg/ml 卡那霉素（Km）、X-gal 及 IPTG 的 LB 平板，转化组以 50 μl 每皿及 150 μl 每皿两个浓度涂布，对照组仅涂布 1 皿。

（9）室温放置 30 min 后，37℃培养 12～16 h。

Ⅰ 4.3.10 质粒的小量抽提

采用博大泰克生物基因技术有限公司的 B 型质粒小样快速提取试剂盒抽提所需质粒，操作步骤见试剂盒说明书。

Ⅰ 4.3.11 报告基因表达载体 pC-EGFP-N1 的鉴定

报告基因表达载体 pC-EGFP-N1 采取双酶切及测序两种方法鉴定。

Ⅰ 4.3.11.1 双酶切鉴定

该鉴定程序通常选用克隆目的基因时采用的两个酶切位点（若无特征性识别位点，可另外选用目的基因内的一个特征性限制酶识别位点），并以该限制酶对重组质粒进行双酶切反应，同时设立空载体做酶切对照。酶切体系通过琼脂糖凝胶电泳后，若同时出现与目的基因大小一致的电泳条带以及空载体电泳条带，表明该质粒克隆为阳性质粒，否则为阴性质粒。酶切体系如下：双蒸水 20 μl、10×缓冲液 2 3 μl、*C* 基因 5 μl、*Hin*dIII 1 μl、*Eco*RI 1 μl。混匀后置于 37℃水浴 1.5 h。

Ⅰ 4.3.11.2 测序鉴定

测序鉴定是最直接，亦是最具说服力的重组质粒克隆鉴定程序。测序引物通常选用载体上具备的通用引物，若无通用引物，可自行设计与空载体多克隆位点两端匹配且离多克隆位点有适当距离（超过 50 bp，以保证测序结果能完全囊括目的基因序列）的引物，然后进行测序反应。

Ⅰ 4.4 实验结果

Ⅰ 4.4.1 目的 *C* 基因的 PCR 扩增结果

乙肝病毒 *C* 基因全长 552 bp，引物 P1 和 P2 两端分别加上 *Hin*dIII 和 *Eco*RI 限制性内切核酸酶识别位点。因此，理论上 PCR 产物大小为 556 bp。把样品置于 0.8%的琼脂糖凝胶电泳，每孔加样 5 μl 及 2 μl 的 DNA marker。其电泳条带与预计大小相符（图 2）。

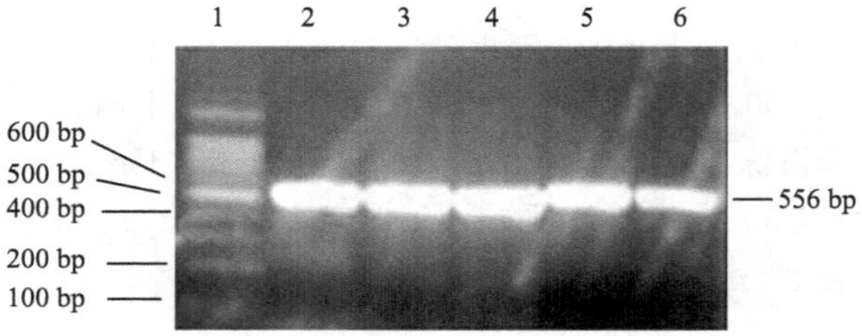

图 2　*C* 基因 PCR 产物电泳图

1. 100 bp DNA marker；2～7. *C* 基因 PCR 产物电泳图

Ⅰ4.4.2　表达载体 pC-EGFP-N1 的双酶切鉴定

报告基因表达载体全长约 5.2 kb，其中 HBV *C* 基因长 556 bp，质粒 pEGFP-N1 长 4.7 kb。经 *Hin*dIII 和 *Eco*RI 双酶切 2 h 后，置于 0.8%的琼脂糖凝胶电泳，每孔加样 5 μl 及 2 μl 的 DNA marker。其电泳条带与预计大小相符（图 3），选择第 3 号泳道转化子进行测序，测序报告略。

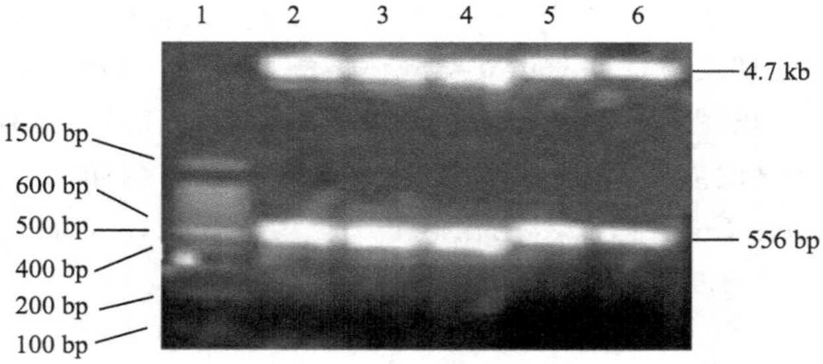

图 3　*C* 基因重组质粒双酶切电泳图

1. 100 bp DNA marker；2～7. *C* 基因双酶切电泳图

Ⅰ4.4.3　报告基因表达载体 pC-EGFP-N1 测序鉴定

我们构建了能稳定表达 HBV *C* 基因和绿色荧光蛋白的报告基因表达载体，此载体是一种可以稳定表达绿色荧光蛋白的质粒。绿色荧光蛋白可以直接在荧光显微镜下观测，便于我们实验结果的检测。在构建过程中，我们人为地把 HBV *C* 基因克隆到载体 pEGFP-N1 中，克隆位点位于编码绿色荧光蛋白基因组之前，使得我们所构建的报告基因表达载体 pC-EGFP-N1 首先表达 HBV *C* 基因，继之再顺序表达绿色荧光蛋白（这种表达顺序有利于检测 siRNA 的干扰效果）。当我们所构建的 siRNA 产生干扰效果时，剪切了 HBV *C* 基因的 mRNA，中断报告基因表达载体的表达，使得后续的绿色荧光蛋白无法正常表达。反之，如果我们所构建的 siRNA 无法表现出干扰效果时，报告基因表达载体 pC-EGFP-N1 能顺序表达 HBV *C* 基因和绿色荧光蛋白。据此我们根据绿色荧光蛋白的表达与否，判断siRNA是否对目的基因的复制与表达产生干扰效果。还可以根据绿色荧光蛋白表达量的多少，即荧光显微镜下观测到的明暗程度，初步计算 siRNA 的干扰效率。此报告基因表达载体 pC-EGFP-N1 还可以对 siRNA 进行筛选，舍弃无效的siRNA，保留有效的 siRNA，方便我们后继的研究工作。选取第 3 号泳道的转化子在上海生工生物工程有限公司测序。引物选用 pEGFP-N1 载体正向引物，测序结果表明，目的 *C* 基因序列以及多克隆位点均与预期结果相符。对应位置在测序报告上的第 172～728 个核苷酸之间，全长 556 bp（图 4）。

AAGCTT

ATGGACATTG ACCCGTATAA AGAATTTGGA GCTTCTGTGG AGTTACTCTC

TTTTTTGCCT TCTGACTTTT TTCCTTCTGT TCGAGATCTC CTCGACACCG

CCTCTGCTCT GTATCGGGAG GCCTTAGAGT CTCCGGAACA TTGTTCACCT

CACCATACAG CACTCAGGCA AGCTATTCTG TGTTGGGTTG AGTTGATGAA

TCTGGCCACC TGGGTGGGAA GTAATTTGGA AGACCCAGCA TCCAGGGAAT

TAGTAGTCAG CTATGTCAAT GTTAATATGG GCCTAAAGAT CAGACAACTA

CTGTGGTTTC ACATTTCCTG TCTTACTTTT GGAAGAGAAA CTGTTCTTGA

GTATTTGGTG TCTTTTGGAG TGTGGATTCG CACTCCTCCT GCTTACAGAC

CACAAAATGC CCCTATCTTA TCAACACTTC CGGAAACTGC TGTTGTTAGA

CGACGATGCA GGTCCCCTAG AAGAAGAACT CCCTCGCCTC GCAGACGAAG

GTCTCAATCG CCGCGTCGCA GAAGATCTCA ATCTCGGGAA TCTCAATGTT

GAATTC

图 4　HBV *C* 基因重组表达质粒测序结果

4.5　实验发现

1965 年 Blumberg 等首次报道澳大利亚抗原。1967 年 Krugman 等发现澳大利亚抗原与肝炎有关，故称其为肝炎相关抗原（hepatitis associated antigen，HAA）。1972 年世界卫生组织（World Health Organization，WHO）将其命名为乙型肝炎表面抗原（hepatitis B surface antigen，HBsAg）。1970 年 Dane 等在电镜下发现 HBV 完整颗粒。称为 Dane 颗粒。1979 年 Galibert 测定了 HBV 全基因组序列[5]。HBV 是嗜肝 DNA 病毒科（Hepadnaviridae）正嗜肝 DNA 病毒属（*Orthohepadnavirus*）的一员，该属其他成员包括土拨鼠肝炎病毒（woodchuck hepatitis virus，WHV）及地松鼠肝炎病毒（ground squirrel hepatitis virus，GSHV）。HBV 的致病机制尚不清楚，HBV 和宿主之间的相互作用是导致 HBV 感染的发生、发展与临床转归的关键。尤其是人类白细胞抗原（HLA）系统可能影响宿主对 HBV 的易感性、免疫应答，甚至抗病毒药物的疗效。

我们发现 PCR 扩增的 HBV *C* 基因全长 556 bp，与我们理论上预计的目的基因产物大小相一致（图 2）。通过对载体 pC-EGFP-N1 的双酶切鉴定，发现报告基因表达载体 pC-EGFP-N1 全长约 5.2 kb（其中 *C* 基因长 556 bp，质粒 pEGFP-N1 长 4.7 kb），与我们理论上预计的大小相一致（图 3）。我们进一步对报告基因表达载体 pC-EGFP-N1 测序鉴定，发现首次成功构建了能稳定表达 HBV *C* 基因和绿色荧光蛋白的报告基因表达载体 pC-EGFP-N1。当所构建的 siRNA 产生抑制 HBV 病毒效果时，HBV *C* 基因的 mRNA 被降解，中止了靶基因表达载体的表达，使得后续绿色荧光蛋白无法正常表达。反之，pC-EGFP-N1 能顺序表达出 *C* 基因和绿色荧光蛋白。经测序发现，目的基因序列以及多克隆位点均与预期理论结果 ORF 一致，我们还发现编码序列克隆到表达绿色荧光蛋白基因组载体 pC-EGFP-N1 的上游，pC-EGFP-N1 在启动表达后，能顺序表达出 HBV *C* 基因和绿色荧光蛋白基因，接着在 HBV *C* 基因中止表达后，绿色荧光蛋白基因组亦终止表达。

Ⅱ　siRNA 表达载体的构建

Ⅱ4.1　引言

在前述研究中[1,6,7]，我们利用以质粒为载体的 RNAi 技术，首次设计构建了两个靶向 HBV *C* 基因的 siRNA 表达质粒 S1 和 S2，以及随机设计的用于对照组的非同源 siRNA-S3，并把这三个靶向 *C* 基因的 siRNA 克隆到表达载体 pU6 上。构建报告基因表达质粒 pC-EGFP-N1，将 siRNA 表达质粒与 pC-EGFP-N1 共转染 BHK-21 细胞，观察靶向 HBV *C* 基因的 siRNA 在 BHK-21 细胞中抗病毒活性，探索 RNAi 抗 HBV 感染治疗的可行性，为乙肝防治提供理论依据。

Ⅱ4.2　实验材料

Ⅱ4.2.1　细胞、病毒毒株、质粒及菌株

（1）细胞：BHK-21 细胞，于 1640 培养基（含 10％胎牛血清，每升 200 万单位青霉素和链霉素，pH 7.4）37℃，5％ CO_2 条件下培养。

（2）病毒毒株：由 HBV *C* 基因和表达载体 pEGFP-N1 构建的 pC-EGFP-N1，可以完整表达 HBV *C* 基因，构建方法见Ⅰ4.3.1。

（3）质粒：pU6 由小鼠 U6 启动子与 pCDNA3.1B（－）载体重组构建而成，系复旦大学遗传工程国家重点实验室构建及保存。

（4）菌株：大肠杆菌（*Escherichia coli*，*E. coli*）TG1 菌株｛supE hsd △5 thi△（lac-proAB）F′［traD36proAB＋lacIq lacZ △ M15］｝系复旦大学遗传工程国家重点实验室保存。

Ⅱ4.2.2　酶及试剂

（1）生化酶试剂：*Eco*RI、*Hind*III、*Xho*I、T4 连接酶、T4 多核苷酸激酶、M-MuLV 反转录酶及 λDNA/*Hind*III marker 和 100 bp DNA marker 等购自 NEB 公司。

（2）小量胶回收试剂盒（Gel Extraction Mini Kit）购自上海博大生物科技有限公司。

（3）BHK-21 细胞转染试剂：Lipofecta min™2000，购自 Invitrogen 公司。

（4）RT-PCR 试剂盒：SYBR Premix Ex *Taq*™。

Ⅱ4.2.3　其他试剂

PBS 液、1640 培养基，其他见Ⅰ4.2.5。

Ⅱ4.3　实验方法

Ⅱ4.3.1　表达载体的构建流程

人工合成 siRNA 各片段，将各片段 siRNA 克隆到表达载体 pU6 上，此 siRNA 表达载体分别命名为 S1、S2、S3，合成方法如图 5 和图 6。S1 的合成：合成片段 1 和合成片段 2 互补复性，纯化后经 *Hind*III 和 *Eco*RI 双酶切，再与经 *Hind*III 和 *Eco*RI 双酶切的 pU6 连接。S2 和 S3 使用同一种方法合成：合成片段 1、合成片段 2、合成片段 3 及合成片段 4 磷酸化，两两复性互补形成双链，然后再与经 *Hind*III 和 *Eco*RI 双酶切的 pU6 连接（图 5）。

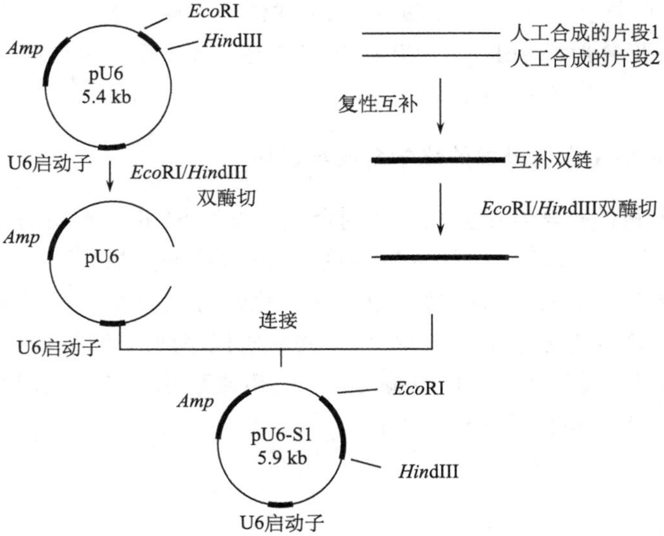

图 5　S1 表达载体的合成过程

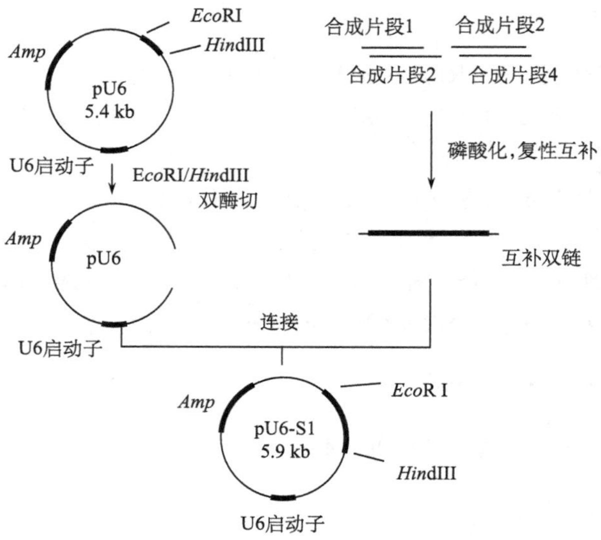

图 6　S2 和 S3 的合成过程

Ⅱ4.3.2　构建 siRNA 表达载体 S1、S2 和 S3

Ⅱ4.3.2.1　siRNA 表达模板的设计

siRNA 表达模板的设计[8]采用反向重复结构，中间以 *Xho*I 限制性内切核酸酶识别序列作为连接便于克隆鉴定，重复结构末端加入 5 个胸腺嘧啶（T5）作为 U6 启动子的终止信号。该模板在 pU6 载体中克隆，经 U6 启动子转录获得 ssRNA，预期折叠形成 shRNA，并在细胞内经 Dicer 酶切割最终获得有效的目的 siRNA（见 3.3.4.2 中图 3）。

Ⅱ4.3.2.2　siRNA 表达模板的化学合成与拼接

S1 表达模板的化学合成方法：分别合成完整的 S1 正链和负链，并在模板序列的两端分别引入 *Eco*RI 和 *Hin*dIII 限制性内切核酸酶酶切位点，双链复性互补，并与 pU6 连接。S2 和 S3 则采用另一种化学合成方案：即采取正负链分段合成（一个 siRNA 分别合成 4 段单链），并在模板序列的两端分别引入酶切后的 *Eco*RI 和 *Hin*dIII 限制性内切核酸酶位点，然后磷酸化，各链之间复性互补，连接。各个 siRNA 表达模板序列如下：

1）siRNA1

S1 合成片段 1　A1 ：5′-CCC GAATTC CATAT TTCTT AAACC TCGAA

CACA CTCGAG TGTG TTCGA GGTTT AAGAA ATATG TTTTT AAGCTT GCG-3′

S1 合成片段 2　A2：5′-CGC AAGCTT AAAAA CATAT TTCTT AAACC TCGAA CACA CTCGAG TGTG TTCGA GGTTT AAGAA ATATG GAA TTC GGG3′

靶向 HBV *C* 基因的第 15～38 位核苷酸，预计长度为 24 bp 的 siRNA。

2）siRNA2

S2 合成片段 1　B1：5′-AATTC AATCA TCAGT CGATA CAGTT ACAA C -3′

S2 合成片段 2　B2：5′-TCGAG TTGTA ACTGT ATCGA CTGAT GATT TTTTT A -3′

S2 合成片段 3　B3：5′-TAGAG TTGTA ACTGT ATCGA CTGAT GATT G-3′

S2 合成片段 4　B4：5′-AGCTT AAAAA AATCA TCAGT CGATA CAGTT ACAA C-3′

靶向 HBV *C* 基因的第 250～273 位核苷酸，预计长度为 24 bp 的 siRNA，并且在 5′端和 3′端分别引入不完整的 *Eco*RI、*Xho*I 及 *Hin*dIII 酶切位点。

3）siRNA3

S3 合成片段 1　C1：5′-AATTC ACTTA AGCAT CCAAG TAATG ATCG C-3′

S3 合成片段 2　C2：5′-TCGAG CGATC ATTAC TTGGA TGCTT AAGT T TTTT A-3′

S3 合成片段 3　C3：5′-TCGAG CGATC ATTAC TTGGA TGCTT AAGT G-3′

S3 合成片段 4　C4：5′-AGCTT AAAAA ACTTA AGCAT CCAAG TA-ATG ATCGC-3′

该序列随机设计，GC 含量与 S1 和 S2 大致一样，预计长度为 24 bp 的对照组 siRNA，并且在 5′端和 3′端分别引入不完整的 *Eco*RI、*Xho*I 及 *Hin*dIII 酶切位点。

Ⅱ4.3.2.3　pU6 和 siRNA 模板序列磷酸化、变性、双酶切及连接

1）pU6 载体的双酶切体系

双蒸水 20 μl、10×缓冲液 2 3 μl、pU6 5 μl、*Hin*dIII 1 μl、*Eco*RI 1 μl，混合均匀后，于 37℃水浴 1.5 h。

2）S1 模板序列的磷酸化体系

双蒸水	21 μl
10×T4 PNK 缓冲液	4 μl
ATP（10 mmol/L）	4 μl
S1 合成片段 1	5 μl
S1 合成片段 2	5 μl
T4 PNK	1 μl
总体积	30 μl

3）S2、S3 模板序列的磷酸化体系

双蒸水	21 μl
10×T4 PNK 缓冲液	4 μl
ATP（10 mmol/L）	4 μl
合成片段 1	3 μl
合成片段 2	3 μl
合成片段 3	3 μl
合成片段 4	3 μl
T4 PNK	1 μl
总体积	30 μl

Ⅱ4.3.2.4 S1、S2 和 S3 变性互补，沉淀

（1）往磷酸化反应管中加入 4 μl NaCl（1 mol/L）溶液，然后轻轻在液体表面滴上石蜡油，直至铺满液体表面。

（2）100℃水浴 1 min，自然冷却至室温。

（3）小心吸去大部分石蜡油，然后轻轻加入少量的乙醇抽取残留石蜡油，最后让残留的乙醚自然挥发，直至无味。

（4）加入 1/10 体积 0.1 mol/L $MgCl_2$，1/10 体积 3 mol/L NaAc（pH 5.2），以及 2 倍体积无水乙醇。混匀冰浴超过 1 h。15 000 r/min 离心 15 min，弃废液保留沉淀部分。

（5）加入 500 μl 70%的乙醇溶液，轻轻洗涤，15 000 r/min 离心 1 min，弃除乙醇液体。重复洗涤一次。在重复过程中，15 000 r/min 离心 1 min 后，再次用离心机将残留液体轻轻甩至离心管底部，后以微量移液器将其小心吸去。

（6）将离心机置于37℃恒温箱或室温自然晾干，用20 μl TE缓冲液充分溶解，储存于－20℃冰箱备用。

Ⅱ4.3.2.5 连接

（1）S1合成片段的连接。双蒸水18 μl、10×T4连接缓冲液3 μl、pU6 2 μl、S1合成片段3 μl×2、T4连接酶1 μl，混匀后置于16℃连接过夜12 h。

（2）S2，S3合成片段的连接。双蒸水16 μl、10×T4连接缓冲液3 μl、pU6 2 μl、S2/S3合成片段2 μl×4、T4连接酶1 μl，混匀后置于16℃连接过夜12 h。

Ⅱ4.3.3 大肠杆菌感受态细胞TG1的制备

见Ⅰ4.3.8。

Ⅱ4.3.4 重组siRNA表达载体的转化

见Ⅰ4.3.9。

Ⅱ4.3.5 质粒的小量抽提

按照博大泰克生物基因技术有限公司的B型质粒小样快速提取试剂盒说明书抽提所需质粒。

Ⅱ4.3.6 重组siRNA表达载体的鉴定

siRNA表达载体采取单酶切、双酶切及测序三种方法鉴定。

Ⅱ4.3.6.1 单酶切鉴定

选取目的基因内存在的一个或多个特征性限制性内切核酸酶识别位点，并以该内切酶对重组质粒进行单酶切反应，同时设立空载体酶切对照。酶切体系通过琼脂糖凝胶电泳后，若电泳条带单一、且大小适当，表明该质粒克隆为阳性，否则为阴性。pU6载体内无*Xho*I限制性内切核酸酶酶切位点，而我们在设计siRNA时，人为地引入了特异性内切核酸酶限制位点*Xho*I，故能被*Xho*I酶切的重组克隆载体认为是阳性克隆。酶切体系如下：

双蒸水	14.3 μl
10×缓冲液2	2 μl
100×BSA	0.2 μl
siRNA	3 μl
*Xho*I	0.5 μl
总体积	20 μl

Ⅱ4.3.6.2 双酶切鉴定

见Ⅰ4.3.11.1。

Ⅱ4.3.6.3 测序鉴定

我们所构建的 siRNA 表达载体的测序引物选用 pCDNA3.1B（一）载体反向引物，即 5′-TAGAAGGCACAGTCGAGG-3′。测序在上海生工生物工程有限公司进行。

Ⅱ4.4 实验结果

Ⅱ4.4.1 S1、S2 及 S3 单酶切鉴定

pU6 载体内无 *Xho*I 限制性内切核酸酶限制性位点，而我们在设计 siRNA 时，人为地引入了特异性限制性内切核酸酶酶切位点 *Xho*I，故能被 *Xho*I 酶切的重组克隆载体可认为是阳性克隆。酶切产物进行 0.8%琼脂糖凝胶电泳，每孔加样5 μl及 3 μl 的 loading buffer。5.4 kb 大小的条带为 S1、S2 和 S3 单酶切电泳条带（图 7～图 10）。

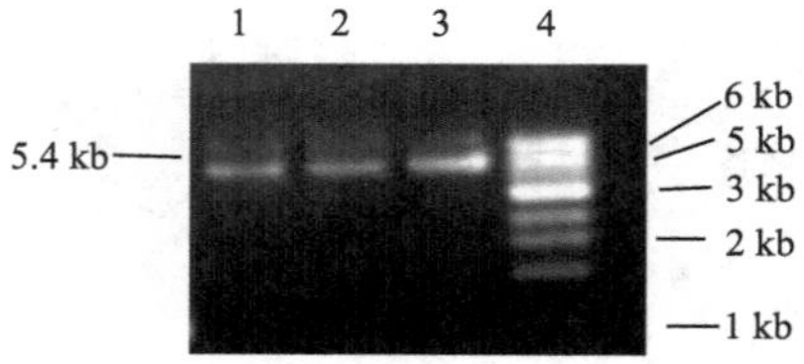

图 7 S1 单酶切电泳图

1～3. 3 个转化子；4. 1000 bp DNA marker；选择第 2 号孔进行测序

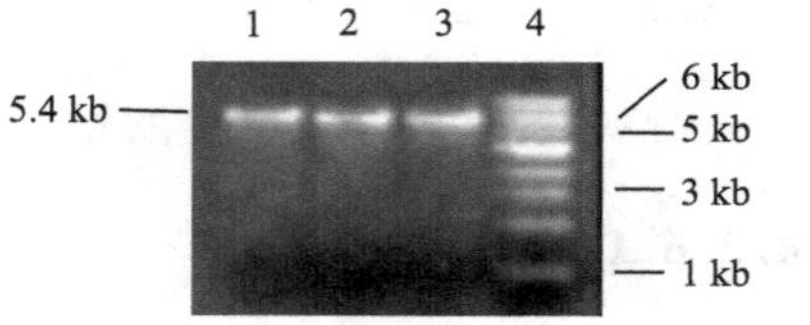

图 8 S2 单酶切电泳图

1～3. 3 个转化子；4. 1000 bp DNA marker；选择第 3 号孔进行测序

Ⅱ4.4.2 S1、S2 及 S3 双酶切鉴定

S1 的双酶切鉴定（图 10），采用 2%的琼脂糖凝胶电泳，每孔加样 12 μl 酶切产物及 3 μl 的 loading buffer。5.4 kb 大小的条带为载体电泳条带，66 bp 的条带为 S1 双酶切电泳条带。选取第 2 号孔进行测序（样品同单酶切第 2 号条带）。

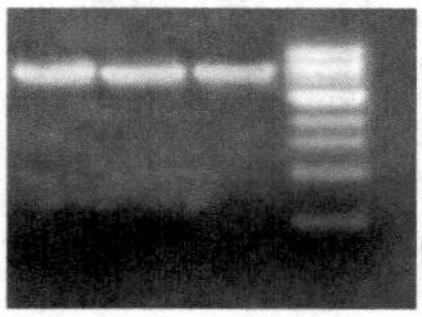

图 9 S3 单酶切电泳图

1～3. 3 个转化子；4. 1000 bp DNA marker；选择第 2 号孔进行测序

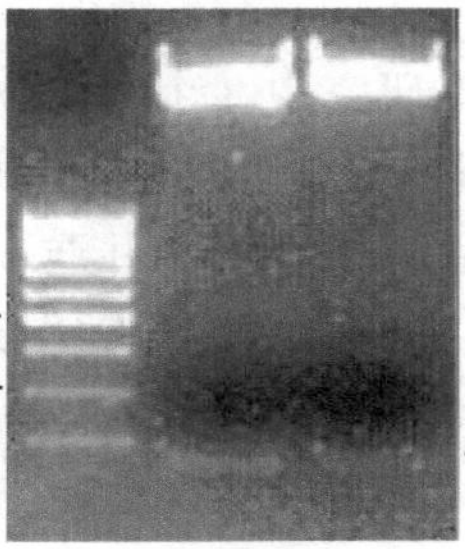

图 10 S1 重组表达质粒双酶切产物电泳图

1. 100 bp DNA marker；2、3. S1 重组质粒

S2、S3 的双酶切鉴定（图 11），采用 2%的琼脂糖凝胶电泳，每孔加样 12 μl 酶切产物及 3 μl 的 loading buffer。5. 4 kb 条带是载体电泳条带，66 bp 条带分别是 S2 及 S3 双酶切后的电泳条带。其中 2～4 号孔样品为 S2，5～7 为 S3。S2 选取第 3 号孔（样品同单酶切的第 3 号孔），S3 选取第 5 号孔（样品同单酶切的第 2 号孔）测序。

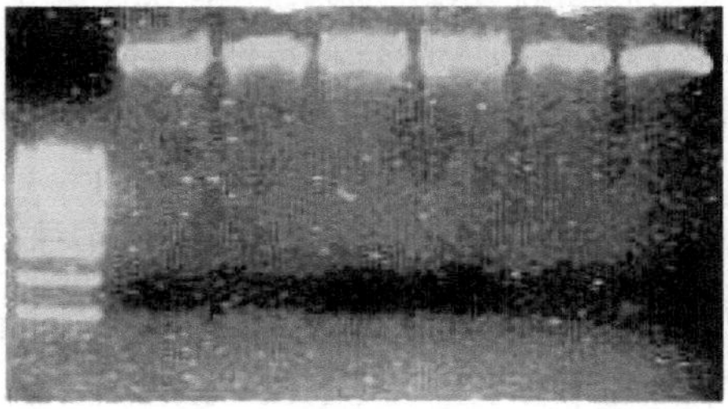

图 11 S2、S3 重组表达质粒双酶切产物电泳图

1. 100 bp DNA marker；2～4. S2 重组质粒；5～7. S3 重组质粒

Ⅱ4. 4. 3 S1、S2 及 S3 测序鉴定

选取单酶切及双酶切阳性转化子在上海博亚生物工程有限公司测序。引物选用 pCDNA3. 1B（－）载体反向引物，即 5′-TAGAAGGCACAGTCGAGG-3′。S1、S2 和 S3 重组质粒测序报告目的基因分别位于第 822～880、第 698～756、第 159～216 位核苷酸之间，大小为 58 bp，均与预计大小相同。测序结果也表明，S1、S2 及 S3 重组质粒序列以及多克隆位点均与预期相符，克隆正确。测序报告略。

Ⅱ4.5 实验发现

在本研究中3个siRNA表达载体的构建分别采用了两种构建方法，其中第一个siRNA表达载体S1的构建技术是人工合成完整的单链DNA，包括前插入序列和后插入序列，并在shRNA两端引入*Eco*RI和*Hin*dIII限制性内切核酸酶位点，以便于克隆到表达载体pU6上。同时在一条单链的前插入序列和后插入序列之间，引入*Xho*I限制性内切核酸酶位点，原始的表达载体pU6并不包含此限制性内切核酸酶位点，这样便于克隆后的单酶切鉴定。此方法设计的单链DNA因为包含有可以互补的和后插入序列，故可自身互补形成shRNA，这种自身互补形成的shRNA不能克隆到表达载体pU6上，使得重组效率十分低下。从理论上来说，自身互补形成shRNA的概率为66%（一条链自身互补率为33%，两条链即为66%），而双链正确互补的概率只为33%。经实验证明，因为有理化和（或）其他干扰因素的存在，实际上双链正确互补的效率远远低于33%，不利于siRNA表达载体的构建。此外，由于单次人工合成的DNA双链过长（S1每条单链的合成长度为79 bp），增大了人工合成过程中出错的概率，以及增加人工合成的成本，不利于大量siRNA表达载体的构建。其次，还需经过双酶切、纯化等步骤处理，增加工作量，使得人工操作过程出错的概率增加。

由于人工合成完整的单链DNA（包括前插入序列和后插入序列）极易自身互补形成shRNA，故我们考虑分段合成，即单独合成正、负链的前插入序列及后插入序列，然后把正链的前插入序列和负链的后插入序列复性互补，正链的后插入序列和负链的前插入序列单独复性互补，再经过双酶切与表达质粒pEGFP-N1连接。但是通过这种方法所获得的两条互补双链过于短小（每条双链均为30 bp左右），导致双酶切效率低下。我们在实验过程中采用12 h的酶切时间，也不能完全有效地进行切割，从而降低了连接效率，增加了筛选阳性克隆的难度。

鉴于S1的构建方法不利于siRNA表达载体的构建，我们首创了一种方便、简洁的siRNA构建方法，siRNA表达载体S2及对照组S3都选用此方法进行构建：根据*Xho*I限制性内切核酸酶的切割位点，把单条shRNA分为两条单链DNA合成，分别引入不完整的*Eco*RI和*Hin*dIII限制性内切核酸酶酶切位点。即B1人工合成单链在其5′端含有5′-AATTC-3′，是限制性内切核酸酶酶切位点*Eco*RI（5′-GAATTC-3′）经酶切后残留于下游的碱基片段，可以和载体pU6经*Eco*RI酶切后残留于上游的碱基片段5′-G-3′相连接；B1人工合成单链的3′端含有5′-C-3′碱基片段，是限制性内切核酸酶酶切位点*Xho*I（5′-CTCGAG-3′）经酶切后残留于上游的碱基片段。B2人工合成单链的5′端则含有5′-TCGAG-3′碱基片段，为限制性内切核酸酶酶切位点*Xho*I经酶切后残留于酶切位点下游的碱基片段，经过连接酶的作用，可以和含有经*Eco*RI酶切后残留于上游的碱基片段5′-C-3′的B1相连接；B2人工合成单链的3′端含有5′-A-3′碱基残端，是限制性内切核酸酶酶切位点 *Hin*dIII 经酶切后残留于上游的碱基片段，其可以和含有 5′-AGCTT-3′碱基残端的 pU6 相连接，此碱基残端是 pU6 的限制性内切核酸酶酶切位点 *Hin*dIII 经酶切后残留于下游的碱基残端。同理，S2 的负链从 5′端到 3′端和正链的方向相反，故其所含有的酶切碱基残端也与正链相反。即 B3 的 5′端含有限制性内切核酸酶酶切位点 *Xho*I 酶切后残留于下游的碱基片段 5′-TC-GAG-3′，其 3′端含有限制性内切核酸酶酶切位点 *Eco*RI 酶切后残留于上游的 5′-G-3′碱基片段。B4 的 5′端含有限制性内切核酸酶酶切位点 *Hin*dIII 经酶切后残留于下游的 5′-AGCTT-3′碱基片段；而 B4 的 3′端则含有 5′-C-3′碱基残端，是限制性内切核酸酶酶切位点 *Xho*I 酶切后残留于上游的碱基片段（图 12）。S3 表达质粒的构建同 S2 的构建方法。此方案最主要的优点是：首先，避免了自身互补形成 shRNA，从而提高 siRNA 的构建效率；其次，所引入的酶切位点为不完整的 *Xho*I 和 *Eco*RI 限制性内切核酸酶酶切位点，无需双酶切即可直接和经 *Xho*I 及 *Eco*RI 双酶切的 pU6 相连接，减少了操作步骤，降低了人工操作过程中可能出现的错误；最后，因每条单链的合成碱基数减少，降低了人工合成过程中可能出现的错配率，使得正确性提高，同时降低了成本，使得 siRNA 载体的构建经济、方便，为大量构建 siRNA 提供了一种全新的模式。

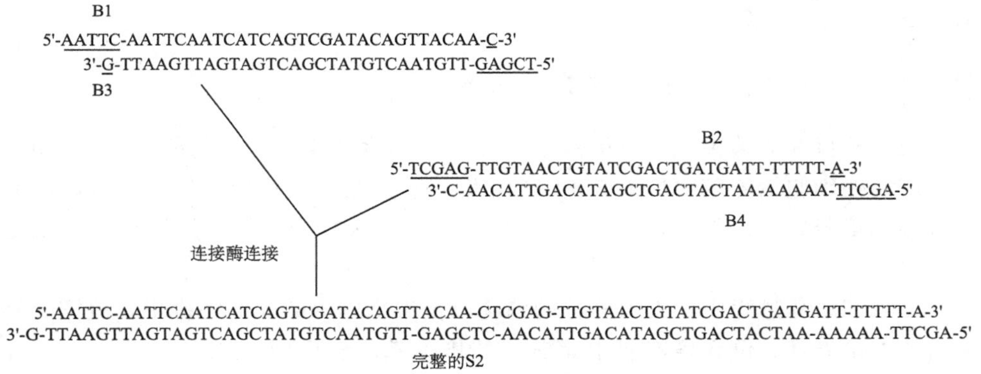

图 12　S2 的构建方法，下画线部分为人工合成各段单链的碱基残端；S3 的构建同 S2

此技术还有利于预试验对 siRNA 的筛选。人工设计并合成的 siRNA 不一定都能产生有效的干扰效果，故我们可以用此技术合成的 siRNA 和靶基因同时转染细胞，并观察其对靶基因的干扰效果。保留有效的 siRNA，舍弃无效的 siRNA，从而大大减少构建 siRNA 表达载体的步骤，提高了试验效率。

Ⅲ　RNAi 抗 HBV 感染的研究

Ⅲ4.1　引言

RNA 干扰（RNA interference，RNAi）是 20 世纪 90 年代末发现的一种真核生物细胞在转录后引发基因沉默的分子机制[2]。诱发 RNAi 的最关键分子是长度为 19～27 个核苷酸的双链 RNA，称为小干扰 RNA（small interfering RNA，siRNA），并由一系列蛋白复合体介导，对与之具有序列同源性的基因在转录、转录后、翻译等水平进行表达调控。siRNA 可以由细胞内源性产生，或者由外源性如病毒感染、转座子侵入或质粒转染表达产生[1,6,7]。在前面第 1～3 章中阐述了 RNAi 的分子机制及作为一种新的抗病毒手段应用于人类抵抗重大病毒性传染病的研究获得了成功。本文在前期的研究工作基础上[1]，探讨了 RNAi 抗 HBV 感染的研究。

Ⅲ4.2　实验材料

见Ⅱ4.2。

Ⅲ4.3　实验方法

Ⅲ4.3.1　BHK-21 细胞的培养及保存

（1）把保存的菌种（液氮中保存）放到 37℃水浴锅中，直到菌液完全融化。

（2）往细胞培养瓶中加入 5 ml 1640 培养基，然后用移液器把完全融解的菌种转移到培养瓶中。放入培养箱（37℃，5%的 CO_2）中，培养至瓶底长满细胞为止。

（3）在培养过程中，因为养分的消耗以及细胞本身的代谢物排出，故需要补充新鲜的培养基。倒弃培养瓶中无养分的培养基，然后用 PBS 液洗涤一遍，弃 PBS 液，加入新鲜的培养基。继续放入培养箱培养。

（4）但培养瓶瓶底长满细胞后，弃除无养分的培养基，用 PBS 液洗涤一遍，然后加入胰酶消化贴壁的细胞 30 s～1 min。再加入新鲜培养基，用移液器吹打，把培养瓶瓶底的细胞完全吹打下来。此含有细胞的培养基可以用来转染，也可以用来保存菌种。

（5）菌种的保存方法：把含有细胞的培养基倒入离心管中，2000 r/min，离心 10 min。弃上清液，保留细胞沉淀。加入 800 μl 新鲜培养基和 200 μl 二甲基亚砜，转移到保种管中。于 4℃预冷却 30 min，然后于－20℃冷却 2 h，再把保种管放置到液氮瓶口 30 min，最后置入液氮瓶中长期保存。

Ⅲ4.3.2 siRNA 表达质粒与报告基因表达载体 pC-EGFP-N1 共转染 BHK-21 细胞

操作主要根据 Invitrogen 公司的 Lipofectamin™ 2000 转染试剂说明书进行。

(1) 将 BHK-21 细胞培养于 96 孔培养板中，直至铺满 90%～95%的孔底面积。

(2) 转染前，吸去 96 板孔里的 DMEM 培养基，加入不含血清和抗生素的新鲜培养基。

(3) DNA/脂质体混合物的制备：取 3 μl（约 600 ng）的 pC-EGFP-N1 和 3 μl（约 300 ng）的 siRNA 表达质粒稀释于 50 μl 无血清无抗生素的 DMEM 培养基中（同时作 pC-EGFP-N1 单质粒转染对照），轻轻混匀⟶取 3 μl [脂质体用量（μl）与质粒用量（μg）比约为 2∶1～3∶1] Lipofectamin™ 2000（脂质体使用之前应轻轻摇匀）稀释于 50 μl 无血清无抗生素的 DMEM 培养基中，轻轻混匀⟶将质粒稀释液和脂质体稀释液置于室温 5 min ⟶静置后，将质粒稀释液和脂质体稀释液混合（总体积约 100 μl），轻轻混匀，置于室温 25 min。

(4) 转染：静置后，往质粒脂质体混合液中加入 50 μl 无血清无抗生素的培养基，使总体积约为 150 μl，轻轻混匀⟶吸去 96 孔细胞培养基，每孔加入 50 μl质粒脂质体混合液，每个样品作 3 个重复孔，前后左右轻轻摇匀⟶（若脂质体对细胞的毒性大，在加入混合液的 4～6 h 后可吸去混合液，然后加入 50 μl 新鲜完全培养基）⟶置于细胞培养箱 37℃、5%CO_2 条件下培养。

Ⅲ4.3.3 荧光显微镜观察

质粒转染 24 h 后，使用 Olympus BH-2 型荧光显微镜观察 BHK-21 细胞中绿色荧光蛋白的表达情况，并使用 Nikon E950 型数码相机在放大 40 倍并曝光 4 s的条件下，记录每孔细胞具有代表性的可见光视野和相应的紫外光视野。

Ⅲ4.3.4 总 RNA 的抽提

(1) 取适量的细胞冻融液，加入 50 μl TRIzol 试剂，25℃环境下放置 5 min。

(2) 加入 10 μl 氯仿，剧烈振荡 15 s，25℃环境下放置 3 min。

(3) 于 4℃下，12 000 r/min 离心 20 min。

(4) 取上层水相，加入等量的异丙醇，混匀后室温放置 15 min。

(5) 于 4℃下，12 000 r/min 离心 20 min 后，用 1 ml 75%的乙醇洗涤沉淀一次。

(6) 弃乙醇，吸尽管壁孔残留液体，室温晾干。

(7) 每管加入 20 μl 无 RNase 水溶解 RNA，65℃水浴 10 min。

(8) 使用 OD_{260}、OD_{280} 吸光度法判断总 RNA 样品的纯度，并进行定量。

Ⅲ4.3.5 反转录生成第一链 cDNA

试验步骤根据说明书操作。

（1）将经过定量的样品稀释到同一浓度。每个样品终浓度为 0.05 μg/μl。

（2）在无菌管中加入以下样品：

总 RNA	10 μl（0.5 μg）
oligo dT23 VN 引物（50 mmol/L）	2 μl
dNTP 混合物（2.5 mmol/L）	4 μl
总体积	16 μl

（3）70℃加热 5 min，短暂离心后置于冰上。

（4）混合以下样品：

步骤 1 的 RNA/引物/dNTP	16 μl
10×RT 反应缓冲液	2 μl
RNase 抑制剂	1 μl
M-MuLV 反转录酶	1 μl
总体积	20 μl

（5）42℃温育 1 h。

（6）95℃ 5 min，使酶失活。

（7）加入 RNaseH 1 μl（2U），37℃作用 20 min 降解 RNA，然后 95℃ 5 min，使酶失活。

（8）用无核酸酶污染的水将反应体系稀释到 50 μl，取 2 μl 进行 PCR 扩增反应。

Ⅲ4.3.6 RT-PCR 扩增 cDNA

（1）根据试剂盒说明进行 RT-PCR 操作。向 PCR 管里分别加入下列试剂：

反转录生成的 cDNA	10 μl
反应缓冲液（dNTP、酶）	18 μl
引物 1	1 μl
引物 2	1 μl
总体积	30 μl

混合均匀后，置于 RT-PCR 扩增仪进行 PCR 反应。反应条件如下：

温度	时间	
94℃	5 min	
94℃	30 s	
50℃	30 s	40 个循环
72℃	30 s	
72℃	10 min	

Ⅲ4.4 实验结果

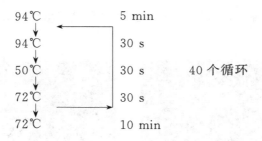

Ⅲ4.4.1 siRNA 干扰靶基因的荧光显微镜图

本实验构建了 3 个 siRNA 表达载体 S1、S2 和 S3，其中 S1、S2 靶向 HBV *C* 基因有基因同源性，S3 是随机设计的对照的非同源 siRNA。我们的研究结果发现 S1 和 S2 可以有效地抑制 HBV *C* 基因的复制与表达，S3 则不能产生抑制效果（图 14、15 和 17）。

从荧光显微照片我们可以很清楚地看到：S1 和 pC-EGFP-N1 共转染组、S2 和 pC-EGFP-N1 共转染组、S1＋S2 和 pC-EGFP-N1 共转染组中绿色荧光蛋白表达量明显少于对照组 1（只转染 pC-EGFP-N1 组）和 2（S3 和 pC-EGFP-N1 共转染组）。如前所述，当 siRNA 诱发 RNAi 时，剪切了目的靶基因——HBV *C* 基因的 mRNA，中止了靶基因的表达，从而中止了报告基因表达载体 pC-EGFP-N1 的正常表达，使得报告基因表达载体中的绿色荧光蛋白表达终止，表明 siRNA表达载体 S1 和 S2 在 BHK-21 细胞中可以有效抑制 HBV *C* 基因的复制与表达。

为了检测 siRNA 对 HBV *C* 基因表达的抑制效率，将 siRNA 表达质粒（96 孔板，100 ng/每孔）以及报告基因表达载体 pC-EGFP-N1（96 孔板，200 ng/每孔）

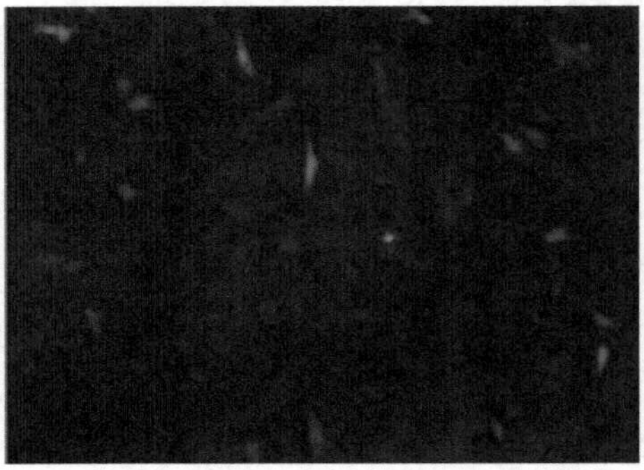

图 13　转染 pC-EGFP-N1 基因组（对照组 1）
放大 40 倍并曝光 4 s

图 14　共转染 pC-EGFP-N1 和 S1 组
放大 40 倍并曝光 4 s

共转染 BHK-21 细胞。转染后 24 h 从多个水平检测绿色荧光蛋白表达情况，结果见图 13～图 17。

图 15　共转染 pC-EGFP-N1 和 S2 组
放大 40 倍并曝光 4 s

图 16　共转染 pC-EGFP-N1、S1 和 S2 组
放大 40 倍并曝光 4 s

图 17　共转染 pC-EGFP-N1 和 S3 组（对照组 2）
放大 40 倍并曝光 4 s

Ⅲ4.4.2　实时荧光定量 PCR 结果

为了证明上述结果的正确性和可靠性，我们通过实时荧光定量 PCR 进一步证实了 S1 和 S2 对 HBV *C* 基因有明显的抑制效果。对照组 1 和 2 的 ct 值分别是 9 和 8.8；S1 干扰组、S2 干扰组及 S1＋S2 共干扰组的 ct 值分别为 20.9、21.1 和 18.4（ct 值越小，说明 PCR 扩增峰值出现得越早，即 cDNA 的起始量越大，表明靶基因 HBV *C* 基因的 mRNA 量越多；反之则表明 HBV *C* 基因的 mRNA 量较少），它们之间函数曲线 ct 值比较差异显著，证实了 S1、S2 能有效干扰 HBV *C* 基因的复制与表达（图 18 和图 19）。

本研究还表明单独使用一种 siRNA（S1 或 S2）与联合使用 S1＋S2 进行干

扰，其干扰效率相似。并没出现预期估计的联合使用两种 siRNA 的干扰效率大于单独使用一种 siRNA 的干扰效率的结果。

本实验结果亦表明了所构建的 siRNA 并不能 100%地抑制 HBV *C* 基因的表达。如果 100%地抑制了 HBV *C* 基因的表达，则不能在荧光显微镜下观测到绿色荧光蛋白的表达，以及在进行实时荧光定量 PCR 时不能扩增得到 *C* 基因的 mRNA。研究结果发现，转染 siRNA 的干扰组依然有少量绿色荧光蛋白的表达（图 14～图 16），同时在进行实时荧光定量 PCR 时亦能扩增出 *C* 基因少量表达的 mRNA（图 18 和图 19）；但是绿色荧光蛋白的表达量明显较对照组少，实时荧光定量 PCR 的扩增峰值出现明显比无干扰的对照组要延迟。这些结果都表明我们所构建的 siRNA 明显地抑制了 HBV *C* 基因的复制与表达。

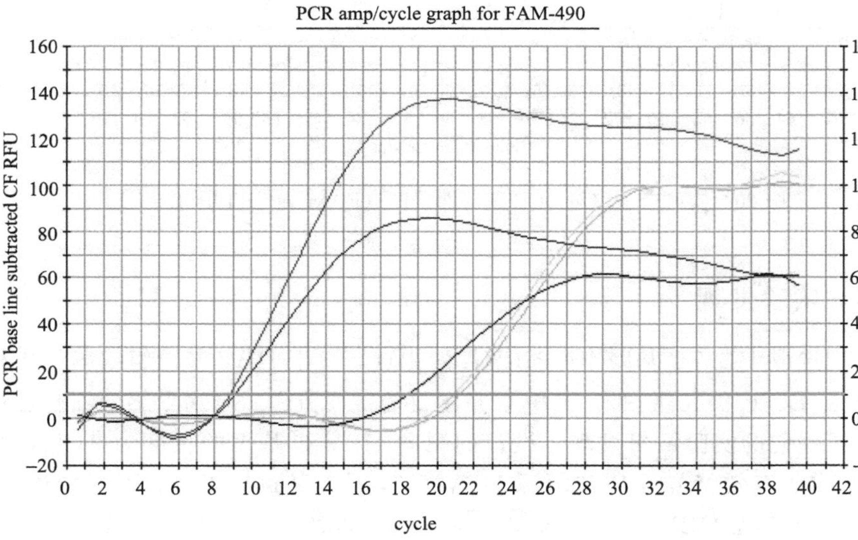

图 18　实时荧光定量 PCR 曲线图（FAM-490 RT-PCR 系统）

PCR quantification spreadsheet data for FAM-490

well	identifier	ct	setpoint
A01		9	
A02		20.9	
A03		21.2	
A04		18.4	
A05		8.8	

图 19　实时荧光定量 PCR 数据（FAM-490 RT-PCR 系统）

A01：单独转染 pC-EGFP-N1 组（对照组 1）；A02：共转染 pC-EGFP-N1 和 S1 组；A03：共转染 pC-EGFP-N1 和 S2 组；A04：共转染 pC-EGFP-N1，S1 和 S2 组；A05：共转染 pC-EGFP-N1 和 S3 组（对照组 2）

实时荧光定量 PCR 融解曲线图（图 20）表明：各样品经 PCR 扩增所得条带大小相同，无其他杂带生成，证实我们扩增得到的产物单一，均为 HBV *C* 基因。

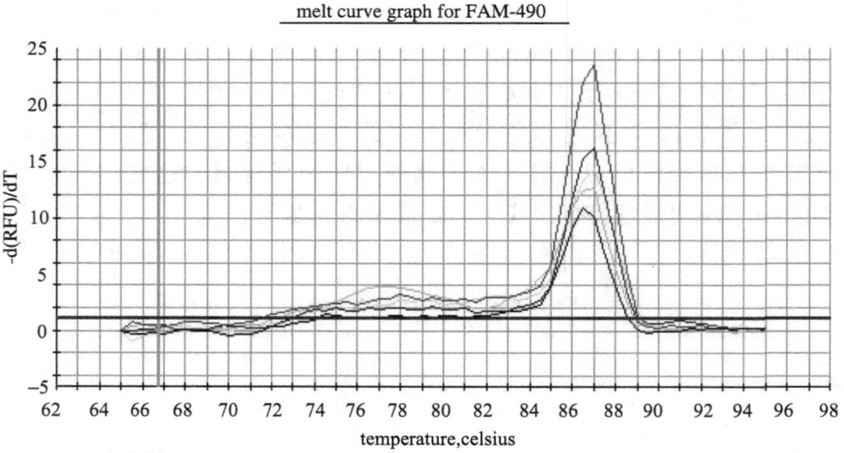

图 20　实时荧光定量 PCR 融解曲线图（FAM-490 RT-PCR 系统）

Ⅲ4.5　实验发现

我们选取 HBV *C* 基因作为 siRNA 的靶点，由于 HBV 基因组编码了 4 种蛋白质（S、C、P 和 X 蛋白），其中 C 是主要的抗原蛋白，与病毒感染细胞过程高度相关。我们的实验结果发现，设计的靶向 HBV *C* 基因的长度为 24 bp，2 个 shRNA 均能有效特异性抑制同源 HBV *C* 基因的复制与表达，而对照组的 S3 shRNA不能干扰 HBV *C* 基因的复制与表达；同时联合使用 shRNA-S1＋S2 对 HBV *C* 基因进行干扰，与单独使用 S1 或 S2 进行干扰无明显区别，这结果与推测有一定的差距。因为 siRNA 的干扰效果一般为 40％～80％，研究表明联合使用 2 个或 2 个以上的 siRNA 进行干扰，效果要优于单独使用一个 siRNA 干扰的效果[9]。然而，本研究结果发现单独使用一种 siRNA 干扰 HBV *C* 基因的表达效果与联合使用 siRNA 产生的干扰效果相似。我们所构建的 *C* 基因表达质粒，是应用 PCR 技术从 HBV 基因组中扩增出来的，所选择的片段为 HBV 基因组中的 C-ORF，此 ORF 内的核苷酸序列能全部表达成蛋白质。我们设计的 siRNA 特异性干扰此 ORF，并且 S1 的干扰位点（位于 *C* 基因内的 15～38 nt）在 S2 的干扰位点（位于 *C* 基因内的 250～273 nt）之前，故我们同时转染 S1 和 S2，当 S1 产生干扰效果后，已经终止了 pC-EGFP-N1 重组质粒的表达，因此推测 S2 的干扰作用并不能按照预期设计产生沉默基因作用。据此，能够解释为什么在我们上述研究中单独使用一个 siRNA 产生的干扰效果与联合使用两种 siRNA 产生的干扰效果没有明显的差异。而对于全基因组不同可读框（ORF）来讲，比如使用 2 个 siRNA 分别干扰 C-ORF 和 S-ORF，与联合使用 S1+S2 干扰 HBV 全基因组相比，我们预计联合使用两个 siRNA 的干扰效果可能比单独使用一个 siRNA 的干扰效果更加有效。

为什么联合使用 2 个或 2 个以上 siRNA 进行多位点干扰比单用一个 siRNA 干扰更具有优势？首先，病毒极易发生突变，如果病毒发生突变的位点正好是干扰位点，那么 siRNA 和靶基因的同源性将发生变化，单用一个 siRNA 也就不能产生预计的干扰效果。而如果联合使用多个 siRNA 进行多位点干扰，则可以减少因靶基因变异导致 siRNA 失效的概率。其次，人工设计合成的siRNA并非一定产生 RNAi 现象，部分 siRNA 虽然具有同源性，但不能诱发靶基因的沉默；故联合使用多 siRNA 进行干扰，可以避免因单一 siRNA 失效导致的全盘失败。已有研究表明，联合使用多 siRNA 的干扰效率要优于单一 siRNA 的干扰效率[10]。因为本实验的特殊性（针对同一可读框不同位点进行干扰），我们推测在 HBV 全基因组中使用多个 siRNA 进行干扰，其效率应优于单一 siRNA 的干扰效率。

自从 1998 年 RNAi 发现[2,11,12]至今短短的几年时间，不仅其分子机制得到了深入的阐释，而且，作为一种新颖的病毒感染防御策略也获得了成功。但是，还有很多工作要做。在 RNAi 分子机制研究方面，三个方向可能成为研究热点：其一，细胞内源性 siRNA 诱导的 RNAi 的发育调控功能；其二，不同物种中 RNAi 机制的异同；其三，RNA 沉默机制的起源与进化。在病毒感染防御策略方面，必须克服以上所述的一系列难题，并最终能够在实体动物水平取得进展。我们期待着该领域有更加激动人心的进展。

参考文献

1. Chen W, Yan W, Du Q, et al. 2004. RNA interference targeting VP1 inhibits foot-and-mouth disease virus replication in BHK-21 cells and suckling mice. J Virol, 78: 6900～6807
2. Fire A, Xu S, Montgomery MK, et al. 1998. Potent and specific genetic interference by double-stranded RNA in *Caenorhabditis elegans*. Nature, 391: 806～811
3. 边中启，华占楼，严维耀等. 2006. 中国云南少数民族地区慢性乙型肝炎患者病毒基因型的鉴定. 中华医学杂志，86 (10): 681～686
4. Cao MM, Ren H, Pan X, et al. 2004. Inhibition of EGFP expression by siRNA in EGFP-stably expression Huh-7 cells. J of Virological Methods, 119: 189～194
5. Galibert F, Mandart E, Fitoussi F, et al. 1979. Nucleotide sequence of the hepatitis B viral genome (subtype ayw) cloned in *E. coli*. Nature, 281: 646～650
6. Baulcombe D. 2004. RNA silencing in plants. Nature, 431: 356～363
7. Geley S, Muller C. 2004. RNAi: ancient mechanism with a promising future. Experimental Gerontology, 39: 985～998

8. Chen WZ, Liu MQ, Jiao Y, et al. 2006. Adenovirus-mediated RNA interference against foot-and-mouth disease virus infection both *in vitro* and *in vivo*. J Virol, 80: 3559～3566
9. Schwarz DS, Hutvagner G, Du T, et al. 2003. Zamore. Asymmetry in the assembly of the RNAi enzyme complex. Cell, 115: 199～208
10. Klein C, Bock CT, Wedemeyer H, et al. 2003. Inhibition of hepatitis B virus replication *in vivo* by nucleoside analogues and siRNA. Gastoenterology, 125: 9～18
11. Montgomery MK, Xu SQ, Fire A. 1998. RNA as a target of double-stranded RNA-mediated genetic interference in *Caenorhabditis elegans*. Proc Natl Acad Sci USA, 95: 15502～15507
12. Hammond SM. 2000. An RNA-directed nuclease mediates post-transcriptional gene silencing in *Drosophila* cells. Nature, 404: 293～296

5　RNAi 抑制 FMDV 在 BHK-21 细胞和乳鼠中的复制与感染

实验技术路线

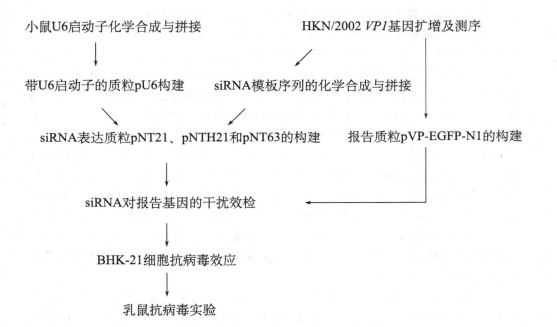

小鼠U6启动子化学合成与拼接　　　　HKN/2002 *VP1*基因扩增及测序

↓

带U6启动子的质粒pU6构建　　siRNA模板序列的化学合成与拼接

↘　↙

siRNA表达质粒pNT21、pNTH21和pNT63的构建　　报告质粒pVP-EGFP-N1的构建

↓

siRNA对报告基因的干扰效检

↓

BHK-21细胞抗病毒效应

↓

乳鼠抗病毒实验

5.1 引言

口蹄疫病毒（foot-and-mouth disease virus，FMDV）是口蹄疫（foot-and-mouth disease，FMD）病原体，属小 RNA 病毒科（Picornaviridae）口蹄疫病毒属（*Aphthovirus*）[1,2]。根据免疫原性不同，FMDV 可分为 O、A、C、SAT I、SAT II、SAT III（即南非 I、II、III 型）及 Asia I（即亚洲 I 型）共 7 个血清型，其中 O 型流行很广，研究较深入。FMDV 的传播有以下几个特点：① 病毒感染剂量低；② 传播媒介广，包括流动人群以及水、食物、空气等；③ FMD 病暴发流行快，通常在与病毒接触后两到三天时间即可暴发流行。

目前，通常采用病毒灭活疫苗注射来控制 FMD，但是，存在因病毒灭活不彻底或疫苗生产车间控制不严密导致病毒扩散和流行的危险[3]。近年来，安全的重组多肽疫苗[4,5]或化学合成多肽疫苗[6]的开发取得了巨大的成功。然而，这些疫苗仍存在一个共同的缺陷，那就是无法在短时间内诱发有效的抗病毒反应，通常，疫苗免疫 7 天后动物才能产生足够的抗体。因此，目前的疫苗无法应对迅速爆发的 FMD 疫情。针对这种形势使得研究开发能够起快速保护作用的所谓“应急疫苗”（emergency vaccine）十分必要。许多病毒免疫学家从事这个领域的研究，基于快速诱发动物先天性免疫反应的高效的 FMD 疫苗开发获得了成功，该疫苗能够在免疫后 4～5 天内保护动物免受病毒感染[7]。值得注意的是，美国梅岛动物研究中心的科学家们采用腺病毒（adenovirus）表达的猪 α 干扰素（IFN-α）能够使动物在腺病毒注射后一天内免受病毒感染[8]。此外，他们还将表达 IFN-α 的腺病毒与表达亚单位疫苗的腺病毒联用，使动物获得了快速且长时间的抗病毒感染能力[9]。

RNAi 是主要的病毒防御机制[10]，其在哺乳动物中也是保守的[11,12]，尽管没有直接的证据表明哺乳动物在病毒感染过程中能自然诱发 RNAi 反应。研究表明，通过人工转染 siRNA 能够有效地诱发 RNAi 抵抗病毒的感染[10,12]。

FMDV 的基因组是单链正义 RNA，长度约为 8500 nt。整个基因组只有一个可读框，编码 4 种结构蛋白（VP1-VP4），其中 VP1 是主要的抗原蛋白，而且，与病毒感染细胞过程高度相关。当病毒接触到易感细胞表面时，该蛋白 G-H 环状结构（G-H loop）中包含的进化上保守的 RGD 三肽将作为配体与易感细胞大量表面受体结合，介导病毒基因组进入细胞[13～15]。

在本项工作中，我们利用以质粒为载体的 RNAi 技术，在易感细胞 BHK-21 细胞和乳鼠动物模型中探讨了靶向 FMDV *VP1* 基因的两个 shRNA 的抗病毒活性。

5.2 实验材料

5.2.1 细胞、动物及病毒毒株

（1）细胞

BHK-21，于 DMEM 培养基（含 10%胎牛血清，每升 200 万单位青霉素和链霉素，pH 7.4）37℃、5% CO_2 条件下培养。

（2）动物

C57BL/6 乳鼠，2～3 日龄，每只重 3～4 g，购于浙江省农业科学院病毒与生物技术研究所。

（3）病毒

两株 O 型 FMDV 毒株：HKN/2002（GenBank 登录号 AY317098）和 CHA/99（GenBank 登录号 AJ318833）；一株伪狂犬病病毒（pseudorabies，PRV）毒株：Ea（GenBank 登录号 AY318876）。

5.2.2 质粒及菌株

（1）质粒

pCDNA3.1B（—）（Invitrogen，Groningen，The Netherlands），由本实验室保存；pEGFP-N1（Clontech，Palo Alto，Calif. USA）；pMD 18-T（TaKaRa，Kyoto，Japan），购自大连宝生物工程有限公司。

（2）菌株

大肠杆菌 TG1 菌株，由复旦大学遗传工程国家重点实验室保存。

5.2.3 主要试剂

（1）生化酶制剂

限制性内切核酸酶：*Nde*I、*Eco*RI、*Xho*I、*Hin*dIII、*Bam*HI；T4 连接酶；T4 多核苷酸激酶（T4 PNK），均购自 BioLabs 公司（New England）。

（2）试剂盒

PCR 试剂盒及一步法 RT-PCR 试剂盒，均购自 Gibco-BRL 公司；柱离心式胶回收试剂盒购自上海华舜生物技术公司；PCR 产物纯化试剂盒（UltraPure™）购自上海赛百盛基因技术有限公司。

（3）总 RNA 抽提试剂

TRIzol 试剂，购自 Gibco-BRL 公司。

（4）BHK-21 细胞转染试剂

Lipofectamin™ 2000，购自 Invitrogen 公司。

(5) LB 培养基

LB 液体培养基（1% 蛋白胨、0.5% 酵母粉、1% NaCl，pH 7.0）；LB 固体培养基（1% 蛋白胨、0.5% 酵母粉、1% NaCl、2% 琼脂糖，pH 7.0）。

(6) 碱裂解法抽提质粒主要溶液

溶液Ⅰ（50 mmol/L 葡萄糖、25 mmol/L Tris-HCl、10 mmol/L EDTA，pH 8.0）

溶液Ⅱ（0.2 mol/L NaOH、1% SDS）

溶液Ⅲ（3 mol/L KAc，用冰乙酸调 pH 4.8）。

5.2.4 主要仪器

PE 公司 9600 型 PCR 仪、奥林巴斯（Olympus）BH-2 荧光显微镜、尼康（Nikon）E950 数码照相机、流式细胞仪。

5.2.5 引物

(1) HKN/2002 *VP1* 基因 PCR 扩增引物

根据 GenBank 公布的 HKN/2002 毒株序列设计，并化学合成扩增 *VP1* 基因的引物如下（画线部分为 *VP1* 基因匹配序列）：

正链引物 P22：5′-CGGAATTCATGACCACCTCTGCGG-3′

负链引物 P23：5′-CGGGATCCCAGAAGCTGTTTTG-3′

(2) 小鼠 U6 启动子基因 PCR 扩增引物

根据 GenBank 公布小鼠 U6 启动子基因序列（登录号 X06980）设计并化学合成引物如下（画线部分为 U6 启动子基因匹配序列）：

正链引物 P1：5′-GGAATTCCATATGGATCCGACGCCGCCA-3′

负链引物 P2：5′-GGCCGGAATTCAAACAAGGCTTTTCTCC-3′

(3) 增强的绿色荧光蛋白（EGFP）基因扩增引物

根据 BD Biosciences Clontech 公司提供的 pEGFP-N1 质粒载体序列信息（GenBank 登录号 U55762）设计并化学合成引物如下：

正链引物 A：5′-GCCACCATGGTGAGCAAG-3′

负链引物 B：5′-CCCGCTTTACTTGTACAGC-3′

5.3 实验方法

5.3.1 FMDV 毒株 HKN/2002 总 RNA 抽提

5.3.1.1 实验耗材准备

玻璃和塑料制品用 0.1%焦碳酸二乙酯（DEPC）（用 MilliQ 水配制）于 37℃

浸泡过夜。然后，玻璃制品于180℃干烤4 h，塑料制品高压（1.034×10^5 Pa）30 min，65℃烘干。

5.3.1.2 总RNA抽提

（1）取适量含病毒的细胞冻融液，加入1 ml TRIzol试剂，置25℃，5 min。
（2）加入0.2 ml氯仿，剧烈振荡15 s，置25℃，3 min。
（3）于4℃以12 000 r/min离心20 min。
（4）取上层水相，加入等量异丙醇，混匀，室温置15 min。
（5）于4℃以12 000 r/min离心20 min后，用1 ml 75%乙醇洗涤沉淀1次。
（6）弃乙醇，吸尽管壁残留液体，室温晾干5 min。
（7）每管加入20 μl无RNase水溶解RNA，−70℃冰箱备用。

5.3.2 HKN/2002 *VP1*基因cDNA的扩增及产物纯化

5.3.2.1 RT-PCR扩增HKN/2002 VP1全长基因

在0.2 ml的PCR专用薄壁管中，依次加入：

MilliQ水	18 μl
2×reaction Mix	25 μl
总RNA	2 μl（0.5 μg）
正链引物P22	2 μl（50 pmol）
负链引物P23	2 μl（50 pmol）
RT/EX *Taq*	1 μl
总体积	50 μl

轻轻混匀反应体系，稍离心后，按下列程序进行RT-PCR：

50℃，30 min ⟶ 94℃，2 min ⟶（94℃，30 s ⟶ 55℃，1 min ⟶ 72℃，1 min）×35个循环 ⟶ 72℃，10 min。

5.3.2.2 RT-PCR产物纯化

见3.3.2.2 PCR产物纯化[37]。

5.3.3 小鼠U6启动子化学合成、拼接与扩增

见3.3.3[37]。

5.3.4 质粒构建

5.3.4.1 pU6

见 3.3.4.1[37]。

5.3.4.2 siRNA 表达载体 pNT21、pNT63 和 pNTH21

1）siRNA 表达模板的设计

siRNA 表达模板的设计参照 Sui 等[16]的工作，采用反向重复结构，中间以 *Xho*I 限制性内切核酸酶识别序列作为链接便于克隆鉴定，重复结构末端加入 5 个胸腺嘧啶（T5）作为 U6 启动子的转录终止信号。该模板克隆到 pU6 载体中，经 U6 启动子转录获得 ssRNA，预期折叠成 shRNA，并在细胞内经 Dicer 酶剪切最终获得有效的目的 siRNA（见 3.3.4.2 中图 3）。

2）siRNA 表达模板的化学合成与拼接

siRNA 表达模板的化学合成策略与 U6 启动子一致，即采取正负链分段合成，并在模板序列的两端分别加上 *Eco*RI 和 *Hin*dIII 限制性内切核酸酶酶切位点，而后磷酸化、双链复性互补、连接。具体步骤略。各个 siRNA 表达模板序列如下（下画实线和下画虚线分别为正向和反向序列）：

（1）NT21

GAA TTC GAG TCT GCG GAC CCC GTG ACT CTC GAG AGT CAC GGG
CTT AAG CTC AGA CGC CTG GGG CAC TGA GAG CTC TCA GTG CCC

GTC CGC AGA CTC TTT TTA AGC TT
CAG GCG TCT GAG AAA AAT TCG AA

靶向 FMDV VP1 的第 16～36 位核苷酸，预计表达长度为 21 bp 的 shRNA。

（2）NT63

GAA TTC GCG GGT GAG TCT GCG GAC CCC GTG ACT ACC ACC GTC
CTT AAG CGC CCA CTC AGA CGC CTG GGG CAC TGA TGG TGG CAG

GAA GAC TAC GGC GGC GAG ACA CAA GTC CTC GAG GAC TTG TGT
CTT CTG ATG CCG CCG CTC TGT GTT CAG GAG CTC CTG AAC ACA

CTC GCC GCC GTA GTC TTC GAC GGT GGT AGT CAC GGG GTC CGC
GAG CGG CGG CAT CAG AAG CTG CCA CCA TCA GTG CCC CAG GCG

AGA CTC ACC CGC TTT TTA AGC TT

TCT GAG TGG GCG AAA AAT TCG AA

靶向 FMDV VP1 的第 10～72 位核苷酸，预计表达长度为 63 bp 的 shRNA。

（3）NTH21

GAA TTC GCA GTA CGG AAC TCC GCT AGG CTC GAG CCT AGC GGA

CTT AAG CGT CAT GCC TTG AGG CGA TCC GAG CTC GGA TCG CCT

GTT CCG TAC TGC TTT TTA AGC TT

CAA GGC ATG ACG AAA AAT TCG AA

该模板序列随机设计，但 GC 含量与 NT21 一致，预计表达长度为 21 bp 的对照 shRNA。

3）pU6 和 siRNA 模板序列双酶切及连接

反应体系参见 3.3.4.1[37]。

5.3.4.3 报告质粒 pVP-EGFP-N1

其构建流程如图 1 所示。质粒载体和目的基因双酶切及连接反应参见 3.3.4.1[37]。

5.3.4.4 pVP1

其构建流程如图 2 所示。质粒载体和目的基因双酶切及连接反应参见 3.3.4.1[37]。

5.3.5 重组质粒的克隆及鉴定

见 3.3.5[37]。

5.3.6 siRNA 表达质粒与 pVP-EGFP-N1 共转染 BHK-21 细胞

见Ⅲ4.3.2[37]。

5.3.7 荧光显微镜观察

见Ⅲ4.3.3[37]。

5.3.8 GFP 表达细胞的计数

收集 96 孔细胞培养板中的各个实验组细胞，每个实验组至少设置 3 个重复孔。将收集的重复孔细胞合并，离心，并用 PBS 缓冲液重悬。采用英国 Becton Dickinson 公司 FACS 440 流式细胞仪。每个样品重复测定 3 次，如果某个数据

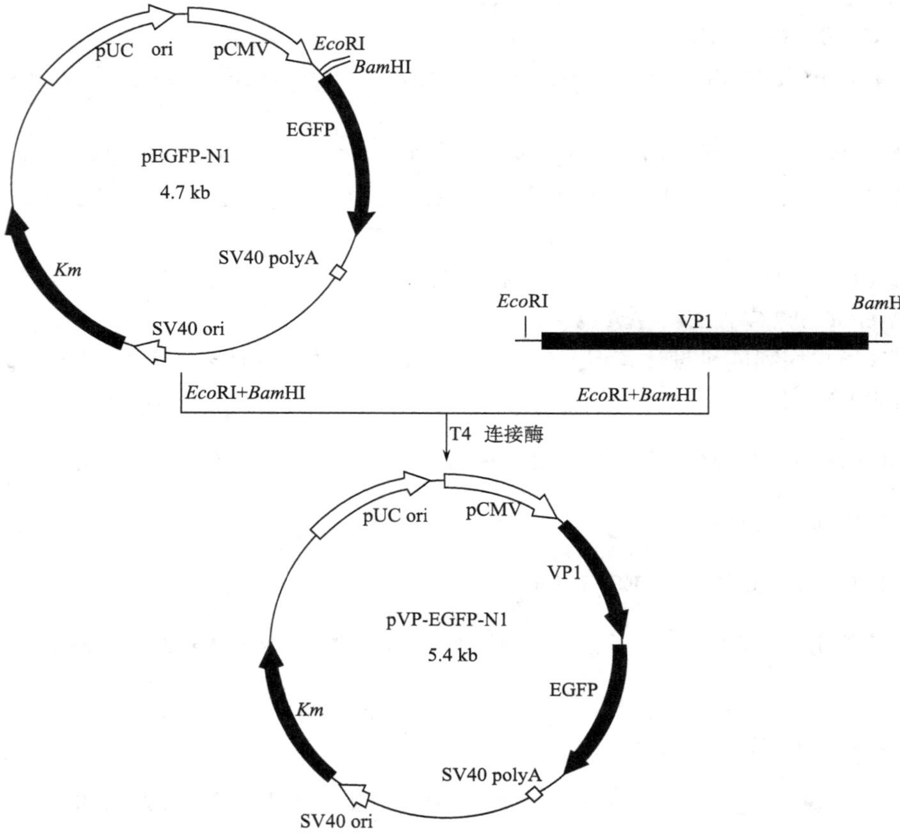

图 1 报告质粒 pVP-EGFP-N1 构建流程图

EGFP，增强型绿色荧光蛋白；SV40 polyA，SV40 聚腺苷酸化信号；*Km*，卡那霉素抗性基因

非正常偏离另两个数据，进行第 4 次测定。

5.3.9 *VP1* 和 *EGFP* 基因表达情况的 RT-PCR 分析

(1) 使用 TRIzol 试剂（Gibco-BRL）抽提 96 孔中每孔细胞的总 RNA，具体步骤参见 5.3.1.2。

(2) 往总 RNA 溶液中加入适量的 DNase RQ1，消化可能残留的 DNA。

(3) 琼脂糖凝胶电泳检测样品抽提情况，使用 OD_{260}、OD_{280} 吸光度法判断总 RNA 样品的纯度，并进行定量。

(4) RT-PCR 反应：体系和条件参见 5.3.2.1。

(5) 琼脂糖凝胶电泳检测扩增的效果及产物特异性。

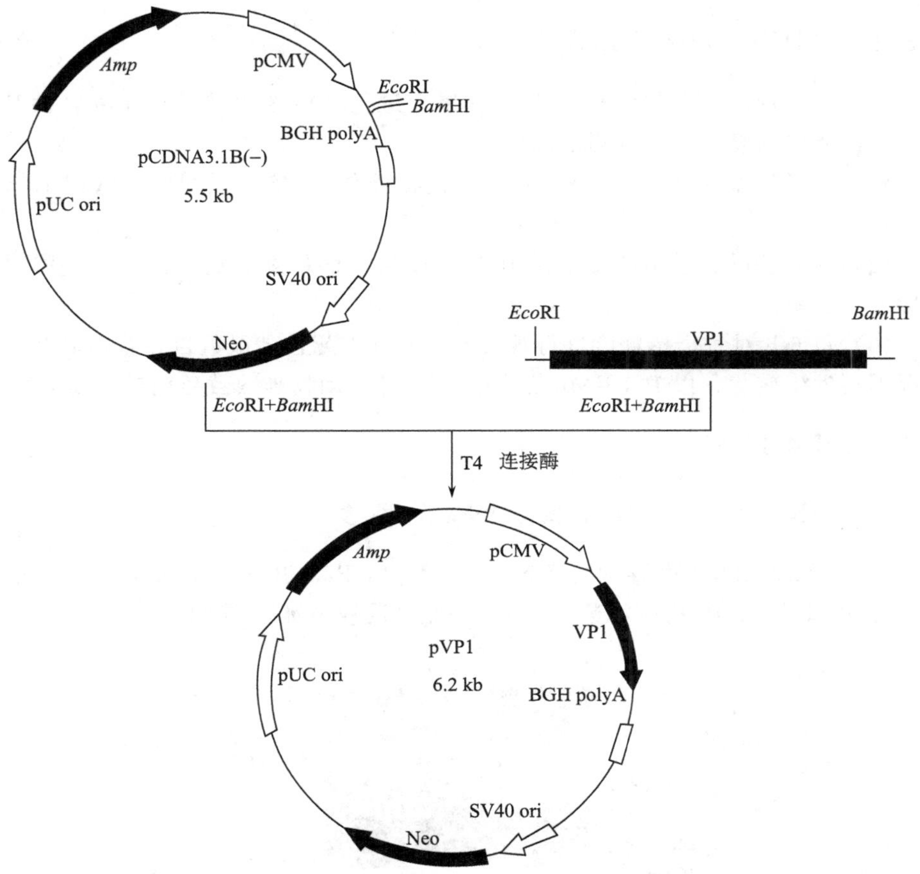

图 2　pVP1 构建流程图

5.3.10　HKN/2002、CHA/99 及 Ea 细胞毒价测定

在测定所有病毒毒株毒价前，均必须在 BHK-21 细胞上进行 3～5 次的传代培养，使其适应在特定的细胞株上的复制。毒价测定操作如下：

（1）在 96 孔板上培养 BHK-21 细胞，直至长满孔底。

（2）以无血清无抗生素的 DMEM 培养基对原始病毒液作 10 倍的系列稀释（如 10^{-3}～10^{-8}）。

（3）吸去细胞孔中的培养基，每孔中加入 100 μl 某一稀释度的病毒液，每一稀释度作 4 个重复孔。置于细胞培养箱 37℃、5%CO_2 条件下培养。

（4）72 h 后，通过倒置显微镜观察并记录每个稀释度细胞发生病理学病变[17]的孔数，以 Reed-Muench 公式[18]计算半数细胞感染剂量（$TCID_{50}$）。

5.3.11 HKN/2002 乳鼠毒价测定

在测定毒价前，必须在 C57BL/6 乳鼠上进行 2 或 3 次的传代培养，使其适应在乳鼠体内的复制。毒价测定操作如下：

(1) 以磷酸盐缓冲液（PBS）对原始病毒液作 10 倍的系列稀释（如 10^{-3}～10^{-8}）。

(2) 每只乳鼠通过颈部皮下注射 100 μl 某一稀释度的病毒液，每一稀释度注射 6 只乳鼠。

(3) 每 6 h 对每个稀释度进行观察，适时计算死亡乳鼠数目，直至乳鼠死亡情况不再发生变化，以 Reed-Muench 公式[18]计算动物半数致死剂量（LD_{50}）。

5.4 实验结果

5.4.1 HKN/2002 *VP1* 基因 cDNA 的扩增

抽提 HKN/2002 病毒的总 RNA，以 P22、P23 引物一步法 RT-PCR 扩增 *VP1* 基因 cDNA。PCR 产物进行 0.8%琼脂糖凝胶电泳（图 3）。

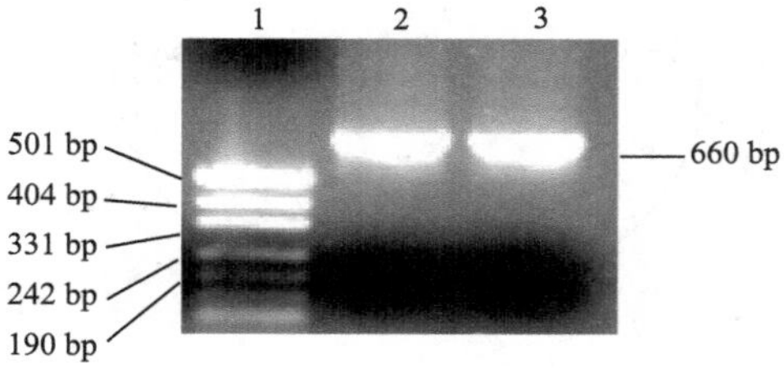

图 3 HKN/2002 *VP1* 基因 RT-PCR 扩增产物电泳图

1. pUC19/*Msp*I DNA marker；2～3. RT-PCR 产物

HKN/2002 病毒 *VP1* 基因全长 639 bp，引物 P22 和 P23 两端分别加上 *Eco*RI 和 *Bam*HI 限制性内切核酸酶识别位点，因此，理论上 PCR 产物大小约为 660 bp。由电泳图谱可见，RT-PCR 产物条带特异，且大小与预期相符。

5.4.2 小鼠 U6 启动子的 PCR 扩增

见 3.4.2[37]。

5.4.3 重组质粒构建

5.4.3.1 pU6

见 3.4.3.1[37]。

4.4.3.2　pNT21、pNTH21 和 pNT63

1）双酶切鉴定

siRNA 表达模板与 pU6 载体连接液转化 TG1 菌株，分别挑取 3 个 pNT21 和 pNTH21 转化子以及 6 个 pNT63 转化子，抽提质粒并进行 *Nde*I 和 *Hin*dIII 双酶切鉴定，酶切产物进行 0.8%琼脂糖凝胶电泳。pNT21 和 pNTH21 酶切电泳图谱见图 4，pNT63 酶切电泳图谱见图 5。

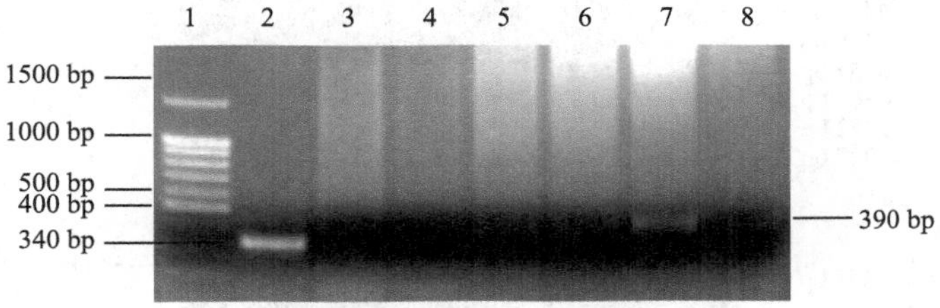

图 4　pNT21 和 pNTH21 转化子 *Nde*I/*Hin*dIII 双酶切产物电泳图谱

1. DNA marker；2. pU6 转化子 PCR 产物（U6 启动子基因）对照；3～5. pNT21 转化子；6～8. pNTH21 转化子

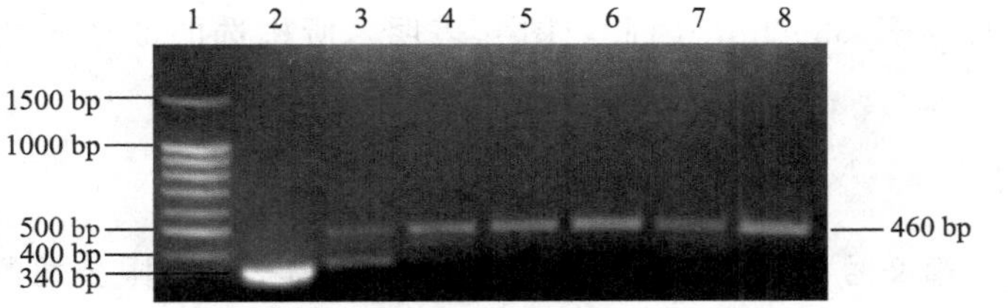

图 5　pNT63 转化子 *Nde*I/*Hin*dIII 双酶切产物电泳图谱

1. DNA marker；2. pU6 转化子 PCR 产物（U6 启动子基因）对照；3～8. pNT63 转化子

阳性转化子以 *Nde*I 和 *Hin*dIII 双酶切获得的小条带理论上包括 U6 启动子序列和 siRNA 表达模板序列，大小应为两者之和。图 4 表明，5 号泳道的 pNT21 转化子酶切小条带大小与预期相符，为阳性，而 3、4 号泳道可能质粒量过少，或发生降解。6、7 号泳道的 pNTH21 转化子亦为阳性。图 5 表明，4～8 号泳道的 pNT63 转化子均为阳性。

2）测序鉴定

选取图 4 的第 5 号泳道 pNT21 转化子、第 7 号泳道 pNTH21 转化子、图 5 的第 8 号泳道转化子送往上海博亚生物工程有限公司测序。引物选用 pCDNA3.1B（—）载体反向引物，即 5′-TAGAAGGCACAGTCGAGG-3′。测序结果表明，siRNA 表达模板序列与预期相符，克隆正确。测序报告略。

5.4.3.3 pVP-EGFP-N1

1）双酶切鉴定

HKN/2002 *VP1* 基因与 pEGFP-N1 载体连接液转化 TG1 菌株，挑取 6 个转化子，分别抽提质粒并进行 *Eco*RI 和 *Bam*HI 双酶切鉴定，酶切产物进行 0.8% 琼脂糖凝胶电泳（图 6）。

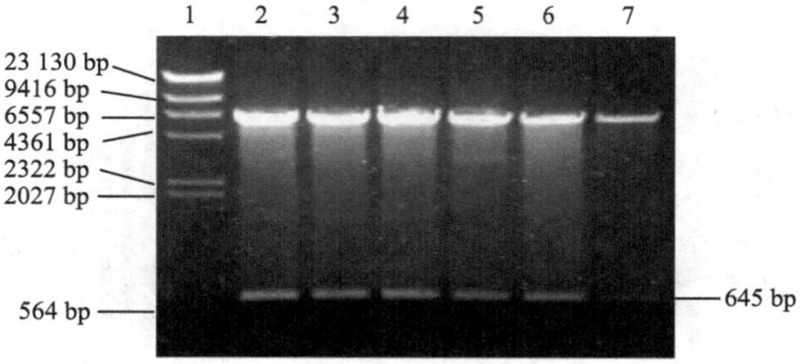

图 6　pVP-EGFP-N1 转化子 *Eco*RI 和 *Bam*HI 双酶切产物电泳图谱

1. λ-DNA/*Hin*dIII marker；2～7. pVP-EGFP-N1 转化子

VP1 基因全长 639 bp，因此，图 6 表明，所挑选的 6 个转化子均为阳性克隆。

2）测序鉴定

挑选图 6 第 2 号泳道转化子送往上海博亚生物工程有限公司测序。引物选用 pEGFP-N1 载体通用正向引物，即 5′-CATGGTCCTGCTGGAGTTCGTG-3′。测序结果表明，*VP1* 基因序列与 GenBank 报道相符，克隆正确。测序报告略。

5.4.3.4 pVP1

1）PCR 鉴定

HKN/2002 *VP1* 基因与 pCDNA3.1B（－）载体连接液转化 TG1 菌株，挑取 6 个转化子，抽提质粒并以 P22、P23 为引物进行 PCR 鉴定，PCR 产物进行 0.8%琼脂糖凝胶电泳（图 7）。

以 P22、P23 为引物扩增的 PCR 产物大小理论上约 660 bp。图 7 显示，第 4 号泳道为阳性克隆，拟进一步鉴定。

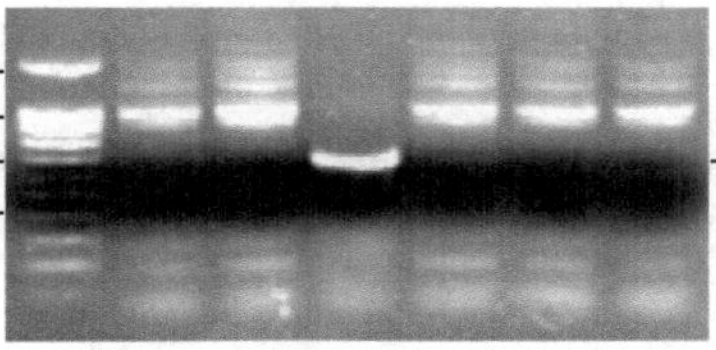

图 7　pVP1 转化子 PCR 产物电泳图谱

1. DNA marker；2～7. pVP1 转化子

2) 单、双酶切鉴定

挑选图 7 中的第 2 和第 4 号泳道转化子进行 *Nde*I 单酶切、*Eco*RI 和 *Bam*HI 双酶切鉴定。酶切产物进行 0.8%琼脂糖凝胶电泳（图 8）。

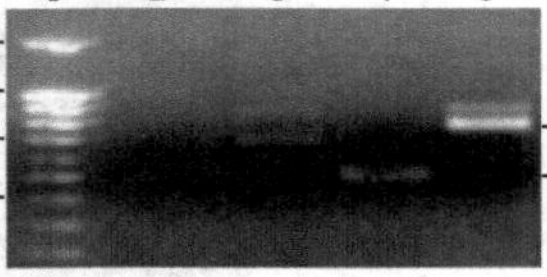

图 8　pVP1 转化子单、双酶切产物电泳图谱

1. DNA marker；2，3. 分别为图 7 第 2 号泳道转化子 *Nde*I 单酶切、*Eco*RI 和 *Bam*HI 双酶切电泳图；4，5. 分别为图 7 第 4 号泳道转化子 *Nde*I 单酶切、*Eco*RI 和 *Bam*HI 双酶切电泳图

图 8 的第 5 号泳道显示一大小约 645 bp 的电泳条带，与双酶切预期结果一致。由于 pCDNA3.1B（一）载体本身含有一个 *Nde*I 识别位点，*VP1* 基因内部亦含有一个 *Nde*I 识别位点，这两个 *Nde*I 识别位点之间的距离理论上约为 500 bp，因此，第 4 号泳道表明，该转化子为阳性克隆。而作为对照的第 2 和第 3 号泳道则为阴性。

3) 测序鉴定

将图 7 的第 4 号泳道转化子送往上海博亚生物工程有限公司测序。引物选用 pCDNA3.1B（一）载体通用正向引物，即 5′-CTAGAGAACCCACTGCTTAC-3′。测序结果表明，*VP1* 基因序列与 GenBank 报道相符，克隆正确。测序报告略。

5.4.4　pNT21、pNT63 在 BHK-21 细胞内有效抑制 VP1-EGFP 融合基因的表达

为了检测 shRNA 对 FMDV *VP1* 基因表达的影响，我们将 siRNA 表达质粒（96 孔板中每孔 100 ng）以及报告质粒 pVP-EGFP-N1（96 孔板中每孔 200 ng）

共转染 BHK-21 细胞。转染后 24 h 从多个水平检测绿色荧光蛋白表达情况，结果见图 9。

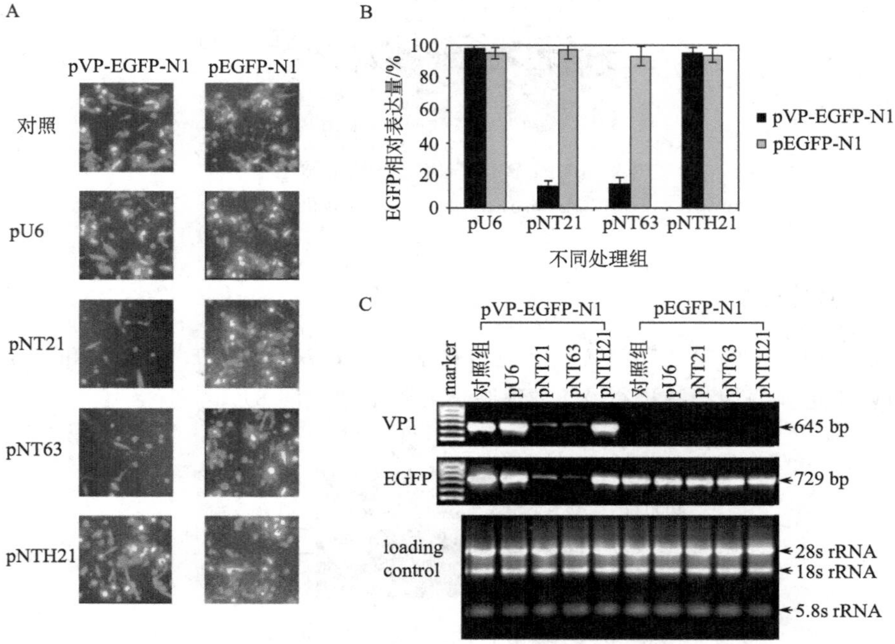

图 9　靶向 FMDV VP1 的 siRNA 表达质粒抑制 VP1-EGFP 融合基因的表达

A. 质粒转染或共转染组细胞荧光显微镜观察照片；B. 流式细胞仪计数绿色荧光蛋白表达细胞数量；C. RT-PCR 检测细胞总 RNA 中 VP1 及 EGFP mRNA 丰度

荧光显微镜观察（图 9A）以及流式细胞仪对绿色荧光蛋白表达细胞计数结果（图 9B）显示，在 pVP-EGFP-N1 转染组，与 pVP-EGFP-N1 单质粒转染相比，pNT21 或 pNT63 的共转染使绿色荧光蛋白表达水平降低 80%～90%，而 pU6 或 pNTH21 的共转染没有显著降低绿色荧光蛋白的表达水平，在 pEGFP-N1 对照质粒转染组，与 pEGFP-N1 单质粒转染相比，不论 siRNA 表达质粒或 pU6 空质粒共转染均不能显著降低报告基因的表达水平。抽提各个转染组细胞总 RNA，并且以 P22、P23 为引物 RT-PCR 检测 *VP1* 基因 mRNA 的丰度，以 A、B 为引物检测 *EGFP* 基因 mRNA 的丰度，结果（图 9C）与显微镜观察和细胞计数结果相吻合。以上结果表明，我们构建的靶向 FMDV VP1 的 siRNA 表达质粒能够有效而且特异地干扰 VP1-EGFP 融合报告基因在 BHK-21 细胞中的表达。

5.4.5　pNT21、pNT63 显著抑制 FMDV 在 BHK-21 细胞中的复制

由于对 FMDV 感染的高度敏感性，BHK-21 细胞被广泛用于该病毒的扩增和检测。为了研究我们设计的 siRNA 能否有效地抑制 FMDV 的感染，我们对

BHK-21 细胞进行瞬时转染 siRNA 表达质粒，96 孔板每孔细胞每个质粒的转染量为 100 ng。24 h 后分别以 100 $TCID_{50}$ HKN/2002 或 CHA/99 或 Ea 感染上述被转染的细胞，1 h 后弃去病毒液加新鲜培养基，然后通过倒置显微镜观察细胞的抗病毒感染能力（图 10）。

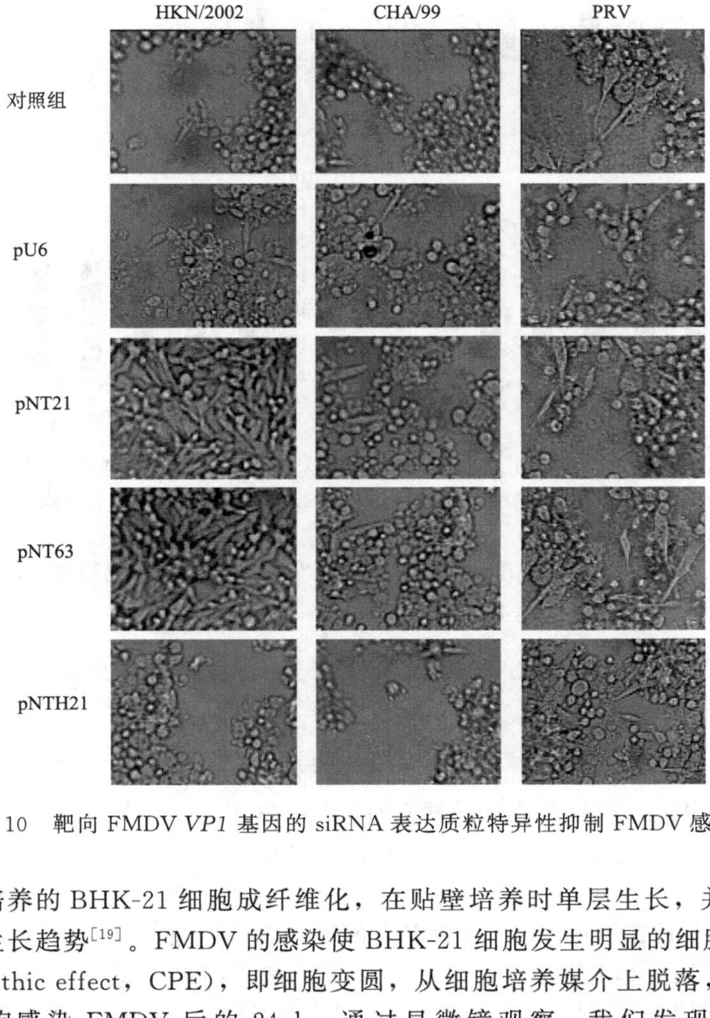

图 10　靶向 FMDV *VP1* 基因的 siRNA 表达质粒特异性抑制 FMDV 感染

体外培养的 BHK-21 细胞成纤维化，在贴壁培养时单层生长，并且具有显著的平行生长趋势[19]。FMDV 的感染使 BHK-21 细胞发生明显的细胞病理学效应（cytopathic effect，CPE），即细胞变圆，从细胞培养媒介上脱落，并最终裂解[17]。细胞感染 FMDV 后的 24 h，通过显微镜观察，我们发现 pNT21 和 pNT63 均能显著抑制 HKN/2002 对 BHK-21 细胞的感染，抑制效应是高度特异的，因为 pNT21 和 pNT63 不能显著抑制 Ea，甚至是同为 O 型 FMDV 的毒株 CHA/99 的感染。

为了进一步证实以上观察到的抑制效应，我们在病毒感染之后的不同时间点对细胞培养液采样，并测定病毒效价。结果见图 11。

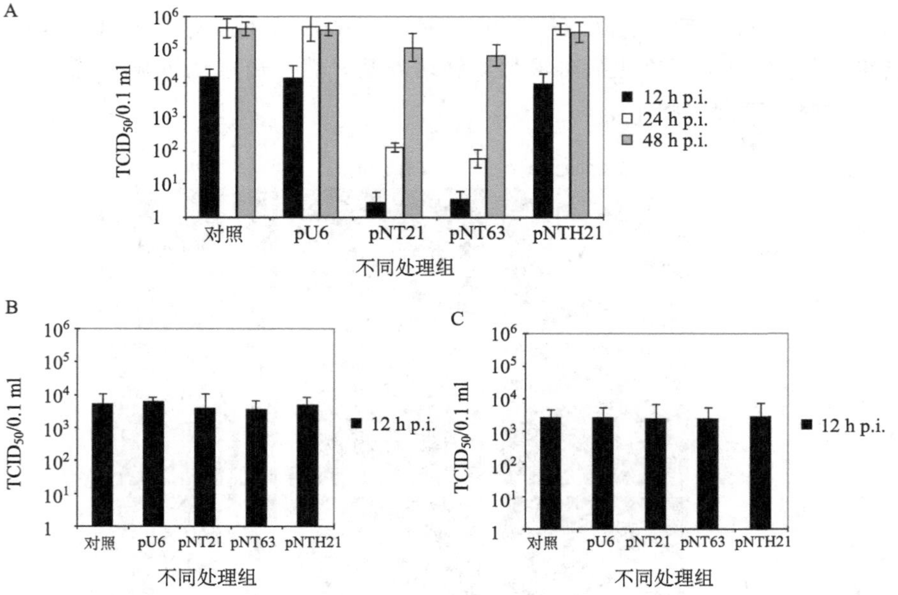

图 11　pNT21 和 pNT63 的转染显著降低 FMDV 病毒效价

A. HKN/2002 实验组；B. CHA/99 实验组；C. Ea 实验组；p. i. 感染后

结果显示，pNT21 和 pNT63 对 HKN/2002 的抑制效应持续约 48 h，且两者的抗病毒能力没有显著差异（图 11A）。

5.4.6　pNT21、pNT63 颈部皮下注射显著抑制乳鼠感染 FMDV 后的致死效应

以每只乳鼠每个质粒 100 μg 的剂量颈部皮下注射乳鼠，0～6 h 后以 20 或 100 LD_{50} 的 HKN/2002 病毒剂量同样通过颈部皮下注射攻击乳鼠，每隔 4 h 观察动物死亡情况，连续观察 5 天（通常认为此时结果已经稳定）。结果如图 12 所示。

首先，我们在质粒注射 6 h 后以小剂量的 20 LD_{50} 病毒攻击乳鼠，对照组动物在病毒攻击后 36 h 内全部死亡，而 pNT21 和 pNT63 组约有 80％动物最终获得保护（图 12B）；pNT21 质粒注射 6 h 以大剂量的 100 LD_{50} 病毒攻击的情况下，约 20％的动物获得了保护（图 12D）。此外，为了评估质粒的注射能否更加快速地发挥抗病毒效应，我们在质粒注射后立刻用以上两个剂量的病毒攻击乳鼠，结果显示，在面对 20 LD_{50} 病毒攻击的情况下仍然有约 30％pNT21 实验组的动物获得保护（图 12A）。尽管 pNT21 的注射没能使动物逃脱 100 LD_{50} 病毒攻击，但是，病毒抑制效应也是显著的，因为动物的死亡时间普遍被延迟了约 24 h（图 12C）。

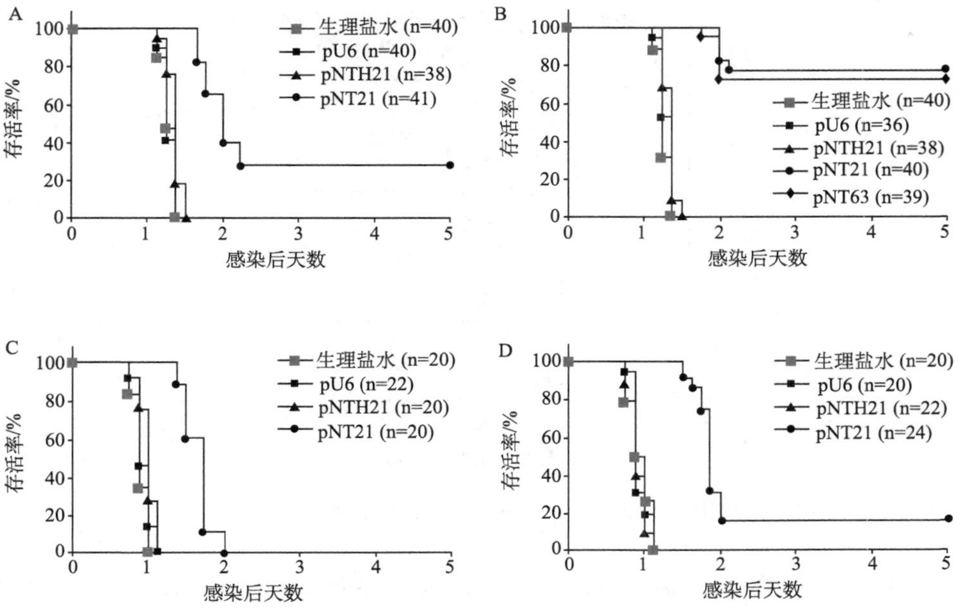

图 12　pNT21 和 pNT63 的注射显著降低乳鼠的死亡率

A. 质粒注射同时以 20 LD_{50}病毒攻击；B. 质粒注射 6 h 后以 20 LD_{50}病毒攻击；C. 质粒注射同时以 100 LD_{50}病毒攻击；D. 质粒注射 6 h 后以 100 LD_{50}病毒攻击；括号内数字表示该实验组使用的动物量

5.4.7　pNT21 与 pVP1 联合注射显著提高乳鼠的保护率

Voinnet 等[20]发现，在植物中导入与转基因同源的无启动子 DNA 序列能够诱发对转基因表达的系统化的特异性抑制。这个发现让我们想象通过转基因方法使动物提前获得有关病毒基因信息，期望它能够协助病毒特异性的 siRNA 抵抗真正病毒的感染。因此，我们构建了能表达 FMDV *VP1* 基因 mRNA 的质粒 pVP1，并与 pNT21 联合注射乳鼠，每个质粒每只乳鼠用量为 50 μg，6 h 后以 20 LD_{50}病毒攻击，结果如图 13 所示。

实验结果表明，当 pNT21 单质粒注射组 30％的动物获得保护的情况下，pNT21 与 pVP1 联合注射组超过 80％的动物获得保护。

5.5　实验发现

我们的实验结果发现，靶向 FMDV *VP1* 基因的 siRNA 能够有效特异地抑制病毒在易感细胞 BHK-21 和乳鼠中的复制与感染。在植物中，RNAi 是主要的病毒防御机制[21]，而且在病毒（特别是 RNA 病毒）感染植物细胞过程中能自然诱发 RNAi 抑制病毒的复制。在哺乳动物细胞中，人们最初认为 dsRNA，特别

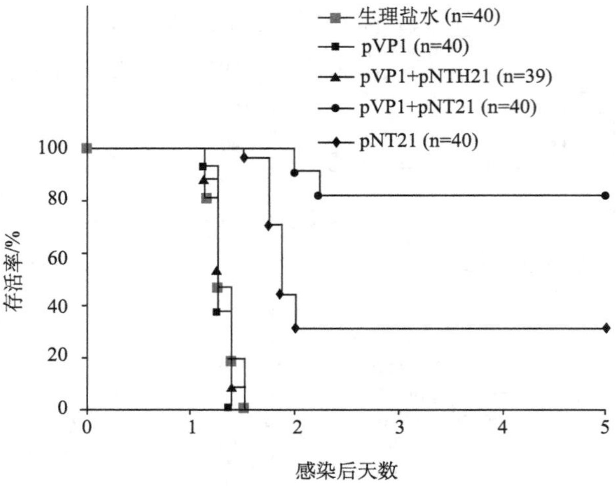

图 13　pVP1 与 pNT21 联合注射显著增强了动物对病毒的抵抗力

是长的（大于 35 bp）病毒源性的 dsRNA[22] 不能有效诱发 RNAi[23]，因为 dsRNA是哺乳动物细胞干扰素反应的主要诱导因子[24,25]。随后的研究证明，RNAi 分子机制在哺乳动物细胞中是保守的[26]，而且，在某些实例[27,28] 中长 dsRNA 不会诱导蛋白激酶 R（protein kinase R，PKR）的磷酸化，这暗示可能不会诱导干扰素反应，因为 PKR 的磷酸化作用是干扰素反应的信号。同时 dsRNA 被证明能够被加工成有效的 siRNA。令人惊讶的是，实验表明，人工导入 siRNA 能够在哺乳动物细胞内诱导强有力的抗病毒反应，例如抗 HIV[29,30]、HBV[31,32] 等。因此，在哺乳动物细胞中，尽管 siRNA 可能在不同的水平参与到多种分子机制中去，但是，科学家们相信它的主要功能是通过降解同源 mRNA 在转录后水平来调控基因的表达。本文设计的靶向 FMDV *VP1* 基因的长 21 bp 和 63 bp 的两个 shRNA 均能有效地抑制同源病毒 HKN/2002 的复制，而且抑制效应是高度特异的，因为它们不能干扰对病毒 PRV 的复制，甚至对同为 O 型 FMDV 非同源的毒株 CHA/99 都不起作用，尽管在 CHA/99 和 HKN/2002 的 *VP1* 基因 siRNA 干扰靶点之间仅存在 2 bp（NT21 siRNA）或 11 bp（NT63 siRNA）的核苷酸突变。因此，我们进一步的工作将设计靶向 FMDV 基因组保守区的siRNA，试图诱导对同型不同毒株甚至是不同型不同毒株之间的交叉抑制效应。

发展快速有效的 FMDV 抑制策略必须面临一个主要的挑战，即病毒快速和急性的感染导致来不及产生足够的抗体等病毒抑制因子。传统的所谓“应急疫苗”通过诱发非特异性的免疫反应可以在免疫后 4～5 天内使动物能够有效抵抗病毒感染[7,33]。但是，FMDV 的感染通常使动物在 2～3 天内发生严重的疾病，因此，目前的疫苗不足以应对快速的疾病暴发。RNAi 反应具有快速而且特异等优点，可能弥补传统抗病毒策略的不足。我们的结果发现，siRNA 表达质粒的注射能够在 24 h 内有效地诱导免疫反应使乳鼠应对病毒的攻击（图 12B，D），甚至在面对突发的病毒感染 siRNA 表达质粒注射的抗病毒效应也同样显著（图 12A，C）。

尽管 RNAi 作为一种病毒防御策略在哺乳动物细胞水平取得了一定的成功，但是，在哺乳动物个体水平仍鲜见报道，主要原因是难以在哺乳动物个体水平取得类似于细胞水平的 RNAi 抑制效果，因此，如何提高动物个体水平 RNAi 的抗病毒能力是一大挑战。为此，我们设想通过转基因方法使动物提前获得有关病毒的基因信息，期望它能够协助病毒特异性的 siRNA 抵抗真正病毒的感染。我们的实验结果发现，表达 FMDV *VP1* 基因 mRNA 的质粒 pVP1 与 siRNA 表达质粒 pNT21 联用能够显著提高乳鼠的抗病毒感染能力（图 13），动物抵抗力的增强不是由 pVP1 抗病毒效应与 pNT21 抗病毒效应的叠加，也不是由质粒量本身的增加所导致的，因为 pVP1 单质粒注射组和 pVP1/pNTH21 联合注射组均没有显著的抗病毒效应。在植物或昆虫细胞中，RNA 依赖性的 RNA 聚合酶（RdRP）能够以 mRNA 为模板合成 dsRNA，随后通过 Dicer 酶的加工使 siRNA 获得扩增，进而提高 RNAi 效率[34,35]。但上述机制无法解释我们的实验现象，因为在哺乳动物细胞中不存在 RdRP 的活性，有一种假设认为实验动物本身感染的其他病原体能够提供 RdRP 参与以上过程，这种假设显然需要进一步的证明。Song 等[36]的实验结果显示，病毒 mRNA 的存在能够使 siRNA 的效果维持更长的时间，这暗示靶 mRNA 是否存在可能决定了 siRNA 在细胞内是否被降解。有趣的是，我们的实验结果发现与 Song 等[36]的结果相吻合。进化生物学家们认为，生命起源于 RNA 世界，即“RNA 世界起源假说”。他们还认为，如果是这样的话很可能在生命早期就进化出了一种核酸水平的免疫机制（nucleic acid-based immune system），类似于高等脊椎动物的蛋白质水平免疫机制（protein-based immune system）。如果以上假设是真的，那么尽管早期的核酸水平的免疫机制在脊椎动物中被更加高级的蛋白质水平的免疫机制所取代，但是，核酸水平的免疫机制仍然可能存在并且有效。随着 RNAi 分子机制的发现及其在真菌、植物和昆虫细胞中扮演天然的病毒防御策略的角色，RNAi 可能就是早期进化的一套核酸水平免疫机制。因此，基于我们[37]和 Song 等的实验结果，类比脊椎动物的蛋白质免疫记忆模式，我们提出一个假设认为，病毒 mRNA 与同源 siRNA 的共同存在可能建立起了一套初级的核酸水平的免疫记忆，使细胞面临病毒侵染的时候 siRNA 能更加有效地诱发 RNAi 反应。关于这个假设需要进一步实验证明。但是，无论如何我们的发现可能促进 RNAi 在动物个体水平病毒防御中的应用。

要想在哺乳动物中更加有效地运用 RNAi 技术抵抗病毒的感染，必须克服很多困难。首先，在一个细胞内诱发的 RNAi 反应必须能够快速有效地扩散到其他细胞或组织，形成系统化效应（systemic effect）。已经证明，在秀丽新小杆线虫一个部位产生的 RNAi 反应能够扩散到许多不同的组织，包括生殖腺[23]，而且发现，一个跨膜蛋白 SID-1 与系统化效应有关[38]。更加令人兴奋的是，SID-1 同源蛋白也存在于人类和小鼠细胞中[38]，这暗示着 RNAi 系统化效应在哺乳动物个体中存在的可能性。其次，RNAi 的运用还必须克服病毒的逃逸（viral escape）问题，因为病毒可能通过编码 RNAi 抑制蛋白或基因组变异使 RNAi 失效。有三个办法被认为可以应对这一问题，其一：寻找病毒基因组的保守区域设计有效的 siRNA；其二，采用多个 siRNA 联用，降低因单个 siRNA 失效而全盘崩溃的风险；其三，设计 siRNA 抑制与病毒感染复制有关的易感细胞蛋白因子的表达。第三个需要解决的难题是如何将 siRNA 或 siRNA 表达质粒有效特异地注射到动物的某些组织器官。我们的工作采用质粒直接皮下注射乳鼠的手段，其有效性部分可能是因为 2～3 日龄乳鼠发育尚未完全，某些组织器官幼嫩使质粒 DNA 的扩散吸收更加有效，该方法在发育成熟的动物中是否适用有待进一步评估。目前的研究表明，采用具有高效细胞感染能力的病毒作为 siRNA 表达载体可能是一个更好的选择[39～41]。

无论如何，RNAi 技术的发展为人类抵抗病毒感染提供了一种全新的防御策略，尽管目前还不成熟，有必要通过更加深入细致的研究对该技术进行评估。

参考文献

1. Sobrino F，Saiz M，Jimenez-Clavero MA，et al. 2001. Foot-and-mouth disease virus：a long known virus，but a current threat. Vet Res，32：1～30
2. Pereira HG. 1981. Foot-and-mouth disease//Gibbs EPJ. Virus diseases of food animals. Calif，San Diego：Academic Press：333～363
3. King AMQ，Underwood BO，Mc Cahon D，et al. 1981. Biochemical identification of viruses causing the 1981 outbreaks of foot-and-mouth disease in the UK. Nature，293：479～480
4. Huang H，Yang Z，Xu Q，et al. 1999. Recombinant fusion protein and DNA vaccines against footand-mouth disease virus infection in guinea pigs and swine. Viral Immunol，12：1～8
5. Li G，Chen W，Yan W，et al. 2004. Comparison of immune responses against foot-and-mouth disease virus induced by fusion proteins using the swine IgG heavy chain constant region or h-galactosidase as a carrier of immunogenic epitopes. Virology，328：274～281
6. Wang CY，Chang TY，Walfield AM，et al. 2002. Effective synthetic peptide vaccine for foot-and-mouth disease in swine. Vaccine，20：2603～2610
7. Barnett PV，Carabin H. 2002. A review of emergency foot-and-mouth disease (FMD) vaccines. Vaccine，20：1505～1514
8. Chinsangaram J，Moras MP，Koster M，et al. 2003. Novel viral disease control strategy：adenovirus expressing alpha interferon rapidly protects swine from foot-and-mouth disease. J Virol，77：1621～1625
9. Moraes MP，Chinsangaram J，Brvm MCS，et al. 2003. Immediate protection of swine from foot-and-mouth disease：a combination of adenoviruses expressing interferon alpha and a foot-and-mouth disease virus subunit vaccine. Vaccine，22：268～279

10. Gitlin L, Andino R. 2003. Nucleic acid-based immune system: the antiviral potential of mammalian RNA silencing. J Virol, 77: 7159～7165

11. Chen W, Liu M, Cheng Q, et al. 2005. RNA silencing: a remarkable parallel to protein-based immune systems in vertebrates? FEBS Lett, 579: 2267～2272

12. Ding SW, Li H, Lu R, et al. 2004. RNA silencing: a conserved antiviral immunity of plants and animals. Virus Res, 102: 109～115

13. Plow EF, Pierschbacher MD, Ruoslahti E, et al. 1985. The effect of Arg-Gly-Asp containing peptides on fibrinogen and von Willebrand factor binding to platelets. Proc Natl Acad Sci USA, 82: 8057～8061

14. Pytela R, Pierschbacher MD, Ruoslahti E, et al. 1985. Identification and isolation of a 140 kDa cell surface glycoprotein with properties expected of a fibronectin receptor. Cell, 40: 191～198

15. Smith JW, Uestal DJ, Irwin SV, et al. 1990. Purification and functional characterization of integrin αvβ5: an adhesion receptor for vitronectin. J Biol Chem, 265: 11008～11013

16. Sui G, Soohoo C, Affar EB, et al. 2002. A DNA vector-based RNAi technology to suppress gene expression in mammalian cells. Proc Natl Acad Sci USA, 99: 5515～5520

17. Dumbell KR, Jarrett JO, Mautner V, et al. 1989. Picornaviridae//Porterfield JS. Andrewes' viruses of vertebrates, 5th ed. Cambridge: Cambridge University Press: 120～145

18. Reed LJ, Muench HA. 1938. A simple method of estimating fifty percent end points. Am J Hyg, 27: 493～497

19. Macpherson I, Stoker M. 1962. Polyoma transformation of hamster cell clones-an investigation of genetic factors affecting cell competence. Virology, 16: 147～151

20. Voinnet O, Vain P, Angell S, et al. 1998. Systemic spread of sequence-specific transgene RNA degradation in plants is initiated by localized introduction of ectopic promoterless DNA. Cell, 95: 177～187

21. Vance V, Vaucheret H. 2001. RNA silencing in plants-defense and counter-defense. Science, 292: 2277～2280

22. Cullen BR. 2002. RNA interference: antiviral defense and genetic tool. Nat Immunol, 3: 597～599

23. Fire, A. 1999. RNA-triggered gene silencing. Trends Genet, 15: 358～363

24. Leib DA, Machalek MA, Williams BRG, et al. 2000. Specific phenotypic restoration of an attenuated virus by knockout of a host resistance gene. Proc Natl Acad Sci USA, 97: 6097～6101

25. Stark GR, Kerr IM, Williams BRG, et al. 1998. How cells respond to interferons. Annu Rev Biochem, 67: 227～264

26. Elbashir SM, Harborth J, Lendeckel W, et al. 2001. Duplexes of 21-nucleotide RNAs mediate RNA interference in cultured mammalian cells. Nature, 411: 494～498

27. Billy E, Brondani V, Zhang H, et al. 2001. Specific interference with gene expression induced by long, double-stranded RNA in mouse embryonal teratocarcinoma cell lines. Proc Natl Acad Sci USA, 98: 14428～14433

28. Ui-Tei K, Zenno S, Miyata Y, et al. 2000. Sensitive assay of RNA interference in *Drosophila* and *Chinese hamster* cultured cells using firefly luciferase gene as target. FEBS Lett, 479: 79～82

29. Lee NS, Dohjima T, Bauer G, et al. 2002. Expression of small interfering RNAs targeted against HIV-1 rev transcripts in human cells. Nat Biotechnol, 20: 500～505

30. Novina CD, Murray MF, Dykxhoorn DM, et al. 2002. siRNA-directed inhibition of HIV-1 infection. Nat Med, 8: 681～686

31. Shlomai A, Shaul Y. 2003. Inhibition of hepatitis B virus expression and replication by RNA interference. Hepatology, 37: 764～770

32. Song E, Lee SK, Wang J, et al. 2003. RNA interference targeting Fas protects mice from ful minant hepatitis. Nat Med, 9: 347～351
33. Rigden RC, Carrasco CP, Barnett PV, et al. 2003. Innate immune responses following emergency vaccination against foot-and-mouth disease virus in pigs. Vaccine, 21: 1466～1477
34. Ketting RF, Fischer SEJ, Bernstein E, et al. 2001. Dicer functions in RNA interference and in synthesis of small RNA involved in developmental timing in *C. elegans*. Genes Dev, 15: 2654～2659
35. Lipardi C, Wei Q, Paterson BM, et al. 2001. RNAi as random degradative PCR: siRNA primers convert mRNA into dsRNAs that are degraded to generate new siRNAs. Cell, 107: 297～307
36. Song E, Lee SK, Dykxhoorn DM, et al. 2003. Sustained small interfering RNA-mediated human immunodeficiency virus type 1 inhibition in primary macrophages. J Virol, 77: 7174～7181
37. Chen W, Yan W, Du Q, et al. 2004. RNA interference targeting VP1 inhibits foot-and-mouth disease virus replication in BHK-21 cells and suckling mice. J Virol, 78: 6900～6907
38. Winston WM, Molodowitch C, Hunter CP, et al. 2002. Systemic RNAi in *C. elegans* requires the putative transmembrane protein SID-1. Science, 295: 2456～2459
39. Barton GM, Medzhitov R. 2002. Retroviral delivery of small interfering RNA into primary cells. Proc Natl Acad Sci USA, 99: 14943～14945
40. Devroe E, Silver PA. 2002. Retrovirus-delivered siRNA. BMC Biotechnol, 2: 15
41. Xia H, Mao Q, Paulson HL, et al. 2002. siRNA-mediated gene silencing *in vitro* and *in vivo*. Nat Biotechnol, 16: 16

6 靶向FMDV基因组保守区的siRNA对异源毒株感染的交叉抑制

实验技术路线

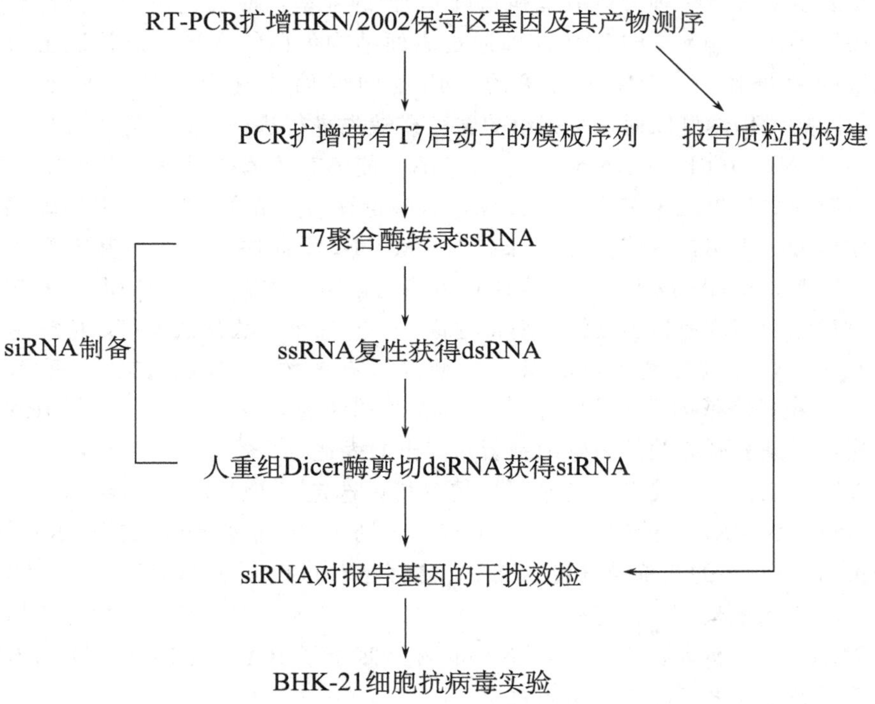

6.1 引言

RNAi是真菌、植物和昆虫细胞主要的病毒防御机制。近年来的研究证明，RNAi分子机制十分保守地存在于哺乳动物细胞中，而且，人工导入siRNA或dsRNA同样能够有效地诱导RNAi反应并抑制病毒的复制。我们前期的工作表明，质粒载体表达的shRNA能够有效地抑制同源FMDV毒株在BHK-21细胞中的增殖，但是对异源毒株的感染没有显著的交叉抑制效应[1]。

像其他的RNA病毒一样，FMDV具有很高的遗传多态性。迄今为止，血清学分析发现了多达7种的血清型和超过60种的亚型，而且，每个亚型都有许多基因组变异的毒株[2]。FMDV能够通过表面结构蛋白的变异逃避传统蛋白质免疫系统的免疫监视。RNAi技术的运用也同样面临这个问题，即使是面对siRNA，病毒仍然可以通过基因组的突变或缺失进行逃逸。Das等[3]发现，靶向HIV病毒*Nef*基因的siRNA（Nef-siRNA）能够有效地抑制病毒的复制。但是，在一段时间之后出现了多个变异毒株，这些毒株对原先的siRNA不再敏感。基因组序列分析表明，这些变异毒株在Nef-siRNA靶向序列发生碱基突变或序列缺失。因此，RNAi技术作为病毒防御策略的运用必须解决一个问题，那就是如何应对病毒的高度遗传多变性和病毒逃逸[4]。有三个办法被认为可以应对这一问题：其一，寻找病毒基因组的保守区域设计有效的siRNA；其二，采用多个siRNA联用，降低因单个siRNA失效而全盘崩溃的风险；其三，设计siRNA抑制与病毒感染复制有关的易感细胞蛋白因子的表达。

在这个工作中，我们经过序列比较分析，选定了FMDV基因组的五个保守基因区域作为siRNA的靶点。这5个基因分别是：5′非编码区（5′NCR）、病毒结构蛋白1A、小的共价结合蛋白3AB、聚合酶3D以及3′非编码区（3′NCR）。采用T7聚合酶体外转录这5个基因的dsRNA，并用人重组Dicer酶剪切加工获得siRNA。我们的实验发现，siRNA的转染赋予了BHK-21细胞对同型不同毒株和不同型毒株之间的交叉抑制效应。

6.2 实验材料

6.2.1 细胞及病毒毒株

（1）细胞

BHK-21，培养条件参见Ⅱ4.2。

（2）病毒

两株O型FMDV毒株：HKN/2002和CHA/99；一株伪狂犬病病毒毒株：Ea（GenBank登录号AY318876）；一株Asia Ⅰ型FMDV毒株：YNBS/58（GenBank登录号AY390432）。

6.2.2 质粒及菌株

见 5.2.2。

6.2.3 主要试剂

（1）生化酶制剂

见 5.2.3。

（2）试剂盒

实时荧光定量 PCR 试剂盒（TaKaRa，Kyoto，Japan）购自大连宝生物工程有限公司；siRNA 制备试剂盒（产品编号 T510001）购自美国 Gene Therapy Systems 公司；其他试剂盒见 5.2.3。

（3）其他试剂参见 5.2.3。

6.2.4 主要仪器

见 5.2.4。

6.2.5 引物

1）HKN/2002 五个保守区基因 PCR 引物

根据 GenBank 公布的 HKN/2002 毒株序列设计，并化学合成扩增五个保守区基因的引物如下（实线部分为基因匹配序列）。为了方便克隆，在正负链引物分别加入了 *Eco*RI 和 *Bam*HI 限制性内切核酸酶识别序列（虚线部分）。

（1）5′NCR

正链引物 PF1：5′-GGAATTCATGTTTGCCCGTTTTCATGAG-3′

负链引物 PR1：5′-CGGGATCCCCTCTAGACCTGGAAAGA-3′

（2）VP4

正链引物 PF2-2：5′-GGAATTCATGGGGCAATCCAGCCCG-3′

负链引物 PR2-1：5′-CGGGATCCGTGTGAGTAGATGTAGTGT-3′

（3）VPg

正链引物 PF3：5′-GGAATTCATGAGGCTGCCACAACAGGAG-3′

负链引物 PR3：5′-CGGGATCCTTCACTTTCAAAGCGACA-3′

（4）POL

正链引物 PF4：5′-GGAATTCATGCCAGCCGACAAAAGCGAC-3′

负链引物 PR4：5′-CGGGATCCACGGAGATCAACTTCTC-3′

（5）3′NCR

正链引物 PF5：5′- GGAATTCATGTCCCTCAGATGCCACTATTG-3′

负链引物 PR5：5′- CGGGATCCATTAAGGAAGCGGGAAAAG-3′

2) HKN/2002 五个保守区基因带有 T7 启动子的 PCR 引物

这些引物是分别在上述五对引物的两端加上 T7 启动子序列设计而成（实线部分为基因匹配序列，虚线部分为 T7 启动子序列）。

（1）5′NCR

正链引物 PFA：

5′-GCGTAATACGACTCACTATAGGGAGA TTTGCCCGTTTTCATGAGAA-3′

负链引物 PRA：

5′-GCGTAATACGACTCACTATAGGGAGA CCTCTAGACCTGGAAAGACC-3′

（2）VP4

正链引物 PFB：

5′-GCGTAATACGACTCACTATAGGGAGA GGGCAATCCAGCCCGACCAC-3′

负链引物 PRB：

5′-GCGTAATACGACTCACTATAGGGAGA GTGTGAGTAGATGTAGTGTC -3′

（3）VPg

正链引物 PFC：

5′-GCGTAATACGACTCACTATAGGGAGA AGGCTGCCACAACAGGAGGG-3′

负链引物 PRC：

5′-GCGTAATACGACTCACTATAGGGAGAT TCACTTTCAAAGCGACAGG-3′

（4）POL

正链引物 PFD：

5′-GCGTAATACGACTCACTATAGGGAGA CCAGCTGACAAAAGCGACAA-3′

负链引物 PRD：

5′-GCGTAATACGACTCACTATAGGGAGA ACGGAGATCAACTTCTCCTG-3′

（5）3′NCR

正链引物 PFE：

5′-GCGTAATACGACTCACTATAGGGAGA TCCCTCAGATGCCACTATTG -3′

负链引物 PRE：

5′-GCGTAATACGACTCACTATAGGGAGA ATTAAGGAAGCGGGAAAAGC -3′

6.3 实验方法

关于总 RNA 抽提、PCR、RT-PCR、酶切、连接、质粒克隆、质粒抽提、质粒鉴定、DNA 转染等分子生物学基本操作，以及病毒毒价测定等病毒学方法请参见 5.3，这里不再详细叙述。

6.3.1 报告质粒 p5NCR-EGFP、pVP4-EGFP、pVPg-EGFP、pPOL-EGFP 和 p3NCR-EGFP 的构建

构建流程如图 1 所示。

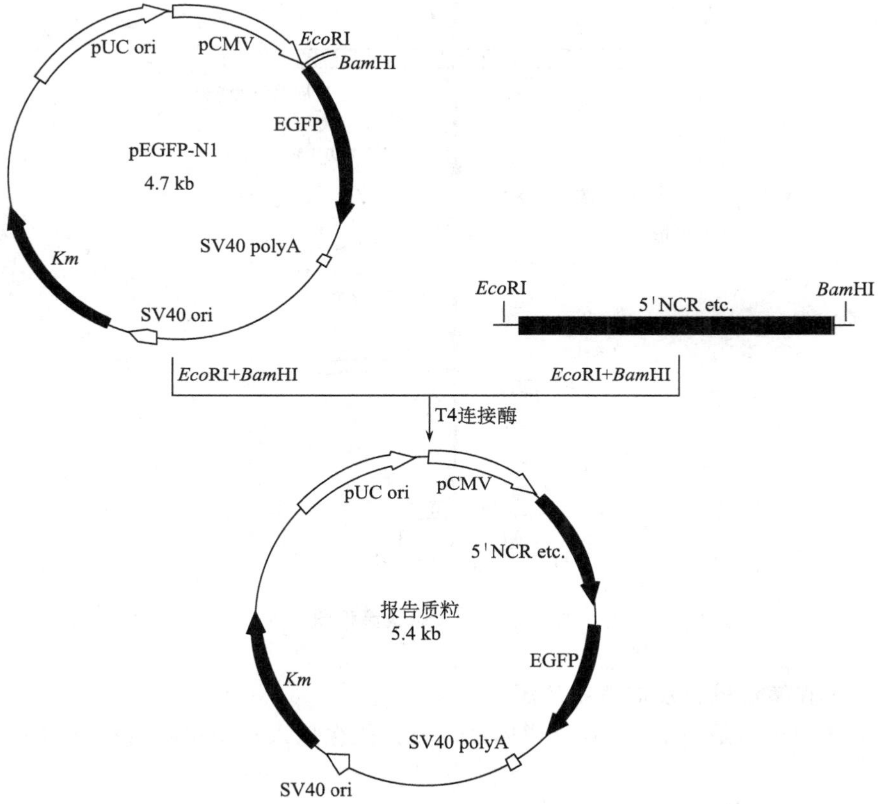

图 1　报告质粒构建流程示意图

6.3.2 siRNA 制备

siRNA 制备根据试剂盒说明书操作，流程如图 2 所示。

6.3.2.1 dsRNA 制备

（1）融化冰冻的试剂

把 T7 Enzyme Mix 置于冰上。振荡 T7 反应缓冲液和 NTP Mix 直到完全融解。融解之后，把 NTP Mix 置于冰上，将 T7 反应缓冲液置于室温。

要点　所有试剂使用前应稍微离心以避免由管边缘沾染引起的损失或污染。

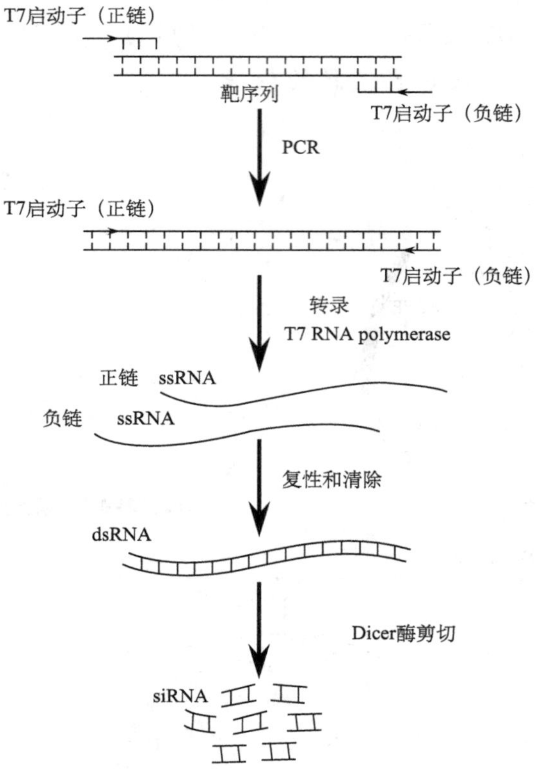

图 2 siRNA 制备流程图

（2）在室温进行反应体系的添加

下面列出的是一个 20 μl 反应体系，成分依次加入，使用时可根据需要进行调节。

MilliQ 水	6 μl
NTP Mix	8 μl
10×T7 反应缓冲液	2 μl
T7 模板 DNA	2 μl（约 1 μg）
T7 Enzyme Mix	2 μl
总体积	20 μl

要点 在冰上装配时 T7 反应缓冲液中的亚精胺会与模板 DNA 共沉淀，故应在室温添加反应体系，且需先加入水与 NTP Mix，再加缓冲液。

（3）轻弹或缓缓上下颠倒管子混匀，稍稍离心使反应物聚集在管底，37℃温浴 2～4 h。

要点 第一次转录时，推荐温浴时间为 2～4 h。为求能达到最大产量，可建立一个反应，于不同时间取样检测，确定最佳温浴时间。

（4）除去模板 DNA：每 20 μl T7 反应体系加入 1 μl Dnase，37℃温浴 15 min。

（5）用 2×凝胶 loading buffer，1%琼脂糖凝胶（TAE 配制）电泳检测 dsRNA 纯度。

注解 dsRNA 与同等长度的 dsDNA 泳动速率相当，而 ssRNA 比同等长度的 dsDNA 泳动稍快，电泳时可能会见到一些比目的片段稍慢的条带，这可能是由 RNA 二级结构引起的，不影响实验进展。

6.3.2.2 dsRNA 的纯化

dsRNA 不经纯化即可用于 Dicer 酶，但纯化过的 dsRNA 会获得更好的实验结果。

（1）加入 30 μl RNase 与 30 μl LiCl 沉淀反应混合物中的 dsRNA，完全混匀，于－20℃冻存至少 30 min。

（2）4℃，15 000 r/min 离心 15 min，小心地移去上清，用 1 ml 70%乙醇洗涤沉淀一次并离心，小心吸去 70%乙醇，自然干燥。

（3）用 RNase 或 TE 溶解 dsRNA，保存于－20℃或－70℃。

要点 LiCl 沉淀小于 300 bp 的 RNA 片段效率较低，并且 RNA 的浓度不应低于 0.1 μg/μl，如果 RNA 得率较低，LiCl 沉淀前不要加水以免 RNA 被稀释。

6.3.2.3 dsRNA 的定量

紫外吸收法定量：测定 OD_{260} 是 RNA 定量最简单的方法，但游离核酸或模板 DNA 的存在会使 OD_{260} 发生偏差，因此，RNA 样品的纯度直接影响定量的准确性。一般情况下，初始样品 1∶500 的稀释液吸收值在分光光度计线性区内，以此稀释度测定较为准确。

对于 dsRNA，1 OD_{260} 相当于 40 μg/ml，故 RNA 产量（μg/ml）应为：OD_{260}×稀释倍数×40。

6.3.2.4 人重组 Dicer 酶剪切获得 siRNA

（1）用时将 Dicer 反应缓冲液置于室温，以 10 μl 反应体系为例各成分添加依次如下：

MilliQ 水	1.5 μl
dsRNA	1 μl（约 1 μg）
ATP（10 mmol/L）	1 μl
$MgCl_2$（50 mmol/L）	0.5 μl
Dicer 反应缓冲液	4 μl
Dicer 酶	2 μl（1 U）
总体积	10 μl

要点 不要用过量的重组 Dicer 酶，否则 siRNA 产量会因降解反应而减少。1 μg dsRNA 可产生约 0.5 μg siRNA。

(2) 37℃温浴过夜（12～18 h），加 2 μl Dicer 中止液中止反应。

(3) 3%琼脂糖或 15%聚丙烯酰胺电泳检测反应效率及 siRNA 产量。

6.3.2.5 siRNA 的纯化

用 RNA 纯化柱 1 除去盐和游离核酸

(1) 将干胶加入旋转柱底部，轻敲。

(2) 加入 650 μl hydrate buffer，轻敲除去气泡，室温水化 5～15 min。水化完成后，可在冰箱 4℃贮存 3 天。

(3) 750 *g* 旋转柱子 4 min，除去多余的空隙液体，对柱子放入离心机的方位做记号。

(4) 丢弃洗管，立刻将样品加到柱顶中心（20～100 μl），注意不要碰到柱壁或搅动凝胶。

(5) 将纯化柱套上样品收集柱，放回离心机，保持原有方位。

(6) 750 *g* 旋转柱子 3 min，样品进入收集管。

用 RNA 纯化柱 2 除去未被剪切的 dsRNA

(1) 将样品槽插入到一个收集管中。

(2) 加 10 μl 去核酸酶水到样品槽（不要碰到膜），盖上管盖。

(3) 500 *g* 离心 2 min，倾去收集管中的去核酸酶水。

(4) 加入 RNA 样品到样品槽中（不要碰到膜），盖上管盖。

(5) 500 *g* 离心 15 min。

要点 离心不能超过 15 min。

(6) 取出收集管，siRNA 在收集管中于－20℃冻存。

6.4 实验结果

6.4.1 FMDV 基因组保守区序列选定

我们以 HKN/2002 的 5′*NCR*、*VP4*、*VPg*、*POL*、3′*NCR* 基因序列为原始序列，在美国国家生物技术信息中心网站（www.ncbi.nlm.nih.gov）的基因数据库中比对分析这些序列与异源毒株序列的同源性。最终选定的 5′*NCR*、*VP4*、*VPg*、*POL*、3′*NCR* 基因序列在 HKN/2002 全基因组中的位置分别为 500～648、1652～1821、5798～5934、7694～7878、8012～8102 nt。这些序列在 O、A、Asia I、C 型 FMDV 间的同源性为 85%～98%。尤其是在 HKN/2002 和 CHA/99 之间，它们的同源性很高，分别为 95%（5′*NCR*）、94%（*VP4*）、97%（*VPg*）、98%（*POL*）、91%（3′*NCR*）。O 型的 HKN/2002 和 Asia I 型的

YNBS/58 毒株间，5′*NCR*、*POL*、3′*NCR* 的序列同源性分别为 93%、97%、91%，但未发现 *VP4* 和 *VPg* 的序列在这两个不同型的毒株间存在同源性。

6.4.2 RT-PCR 扩增 HKN/2002 基因组保守区基因

抽提 HKN/2002 病毒的总 RNA，分别以 PF1/PR1、PF3/PR3、PF4/PR4 为引物一步法 RT-PCR 扩增 5′*NCR*、*VPg*、*POL* 基因 cDNA，PCR 产物 0.8% 琼脂糖凝胶电泳图谱见图 3。以 PF2-2/PR2-1 扩增 *VP*4 基因 cDNA，产物电泳图谱见图 4。以 PF5/PR5 扩增 3′*NCR* 基因 cDNA，产物电泳图谱见图 5。

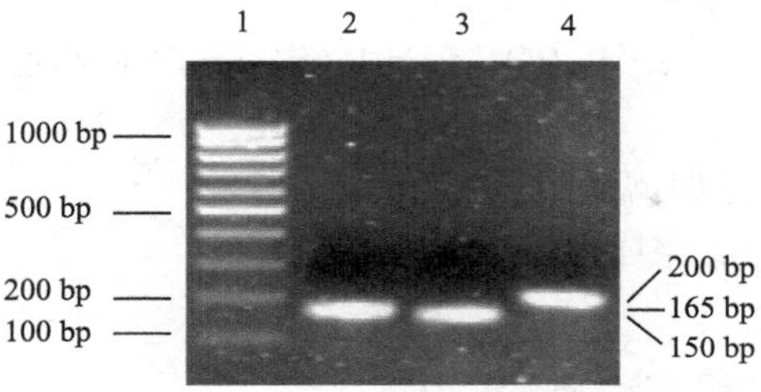

图 3　5′*NCR*、*VPg*、*POL* 基因 PCR 扩增产物电泳图谱

1. DNA marker；2～4. 分别为 5′NCR、VPg、POL 产物条带

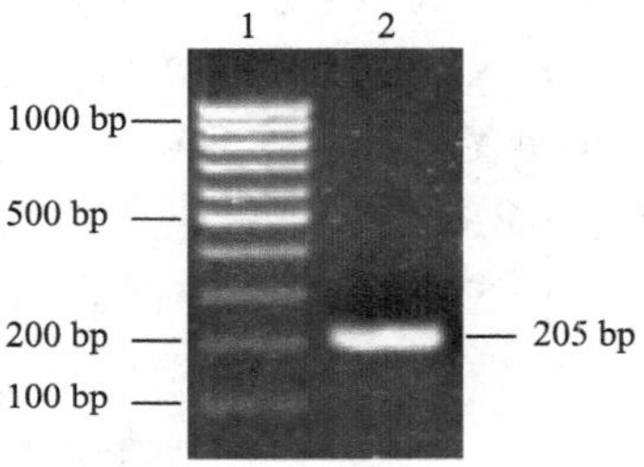

图 4　*VP4* 基因 PCR 扩增产物电泳图谱

1. DNA marker；2. *VP4*

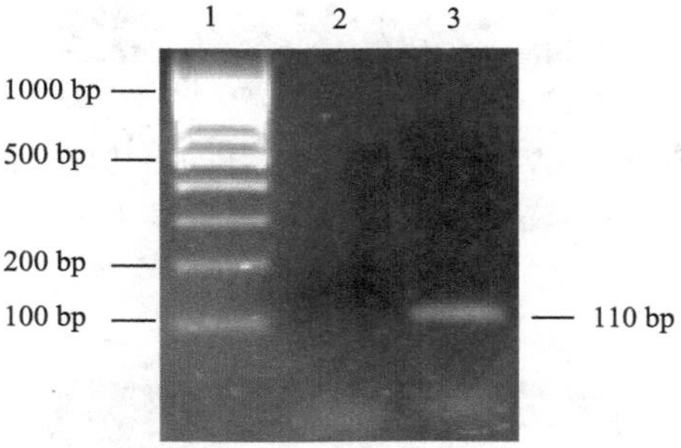

图 5　3′*NCR* 基因 PCR 扩增产物电泳图谱

1. DNA marker；2. 对照组；3. 3′*NCR*

HKN/2002 病毒 5′*NCR*、*VP4*、*VPg*、*POL*、3′*NCR* 基因 cDNA 以上述引物扩增其产物理论大小分别约为 165 bp、205 bp、150 bp、200 bp、110 bp。由电泳图谱可见，RT-PCR 产物条带特异，且大小与预期相符。

6.4.3 报告质粒 p5NCR-EGFP、pVP4-EGFP、pVPg-EGFP、pPOL-EGFP 和 p3NCR-EGFP 的构建

5′*NCR*、*VP*4、*VPg*、*POL*、3′*NCR* 的 *Eco*RI/*Bam*HI 双酶切产物与 pEGFP-N1 的 *Eco*RI/*Bam*HI 双酶切产物连接，并转化 TG1 菌株。分别挑取转化子进行鉴定。

6.4.3.1 PCR 鉴定

以 PF1/PR1 系列引物对报告质粒转化子进行 PCR 鉴定。

5 个 p5NCR-EGFP、2 个 pVPg-EGFP 和 2 个 pPOL-EGFP 转化子 PCR 产物电泳图谱见图 6。

4 个 pVP4-EGFP 转化子 PCR 产物电泳图谱见图 7。

4 个 p3NCR-EGFP 转化子 PCR 产物电泳图谱见图 8。

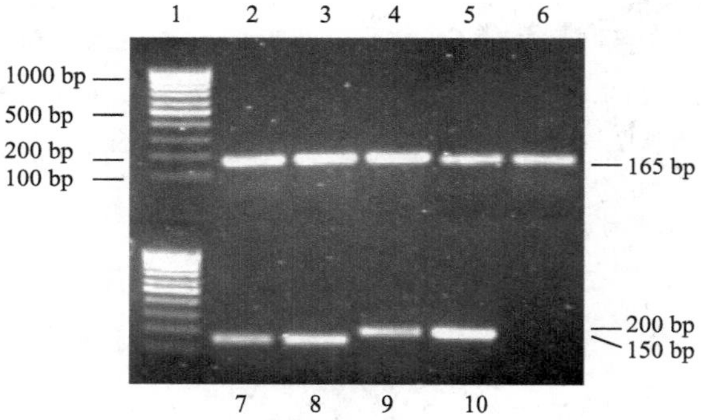

图 6　p5NCR-EGFP、pVPg-EGFP、pPOL-EGFP 转化子 PCR 产物电泳图

1. DNA marker；2～6. p5NCR-EGFP；7～8. pVPg-EGFP；9～10. pPOL-EGFP

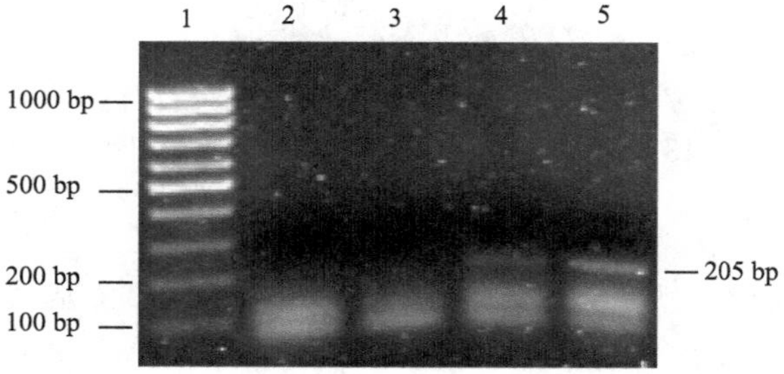

图 7　pVP4-EGFP 转化子 PCR 产物电泳图

1. DNA marker；2～5. pVP4-EGFP

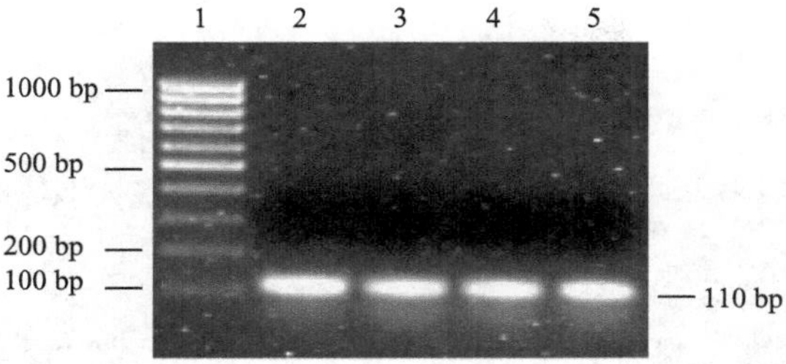

图 8　p3NCR-EGFP 转化子 PCR 产物电泳图

1. DNA marker；2～5. p3NCR-EGFP

转化子 PCR 产物电泳图谱表明，图 6 中所有泳道转化子均为阳性；图 7 中第 4、5 号泳道转化子为阳性，尽管 PCR 效率较低、特异性不高以及引物二聚体现象严重；图 8 中所有泳道转化子均为阳性。拟进一步鉴定。

6.4.3.2　双酶切鉴定

分别取图 6 的第 2 和 3（p5NCR-EGFP）、7 和 8（pVPg-EGFP）、9 和 10（pPOL-EGFP）号泳道转化子，图 7 的第 4 和 5（pVP4-EGFP）号泳道转化子，图 8 的第 2 和 3 号泳道转化子进行 *Eco*RI/*Bam*HI 双酶切鉴定。酶切产物电泳图谱分别见图 9～图 11。

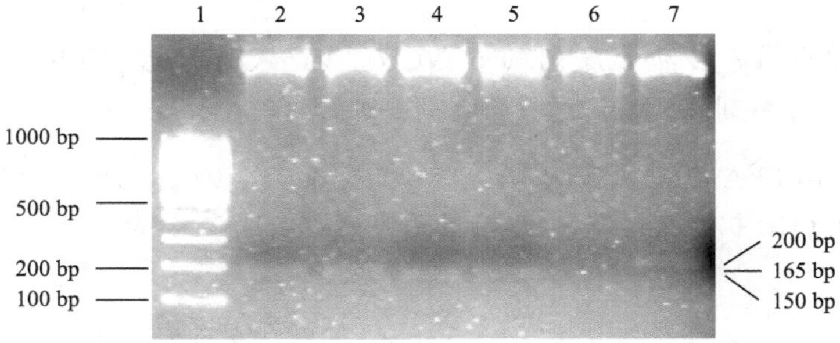

图 9　p5NCR-EGFP、pVPg-EGFP、pPOL-EGFP 转化子双酶切产物电泳图谱

1. DNA marker；2～3. p5NCR-EGFP（相对于图 6 的第 2 和 3 号泳道转化子）；4～5. pVPg-EGFP（相对于图 6 的第 7 和 8 号泳道转化子）；6～7. pPOL-EGFP（相对于图 6 的第 9 和 10 号泳道转化子）

转化子双酶切产物电泳图表明，图 9 中除了 6 号外其他泳道转化子均为阳性；图 10 中所有泳道转化子均为阳性；图 11 中第 3 号泳道转化子为阳性。拟进一步测序鉴定。

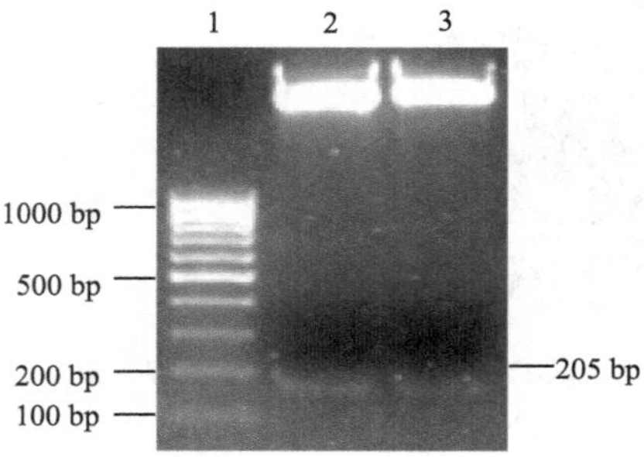

图 10 pVP4-EGFP 转化子
双酶切产物电泳图谱
1. DNA marker；2～3. pVP4-EGFP
（相对于图 8 的第 4 和 5 号泳道转化子）

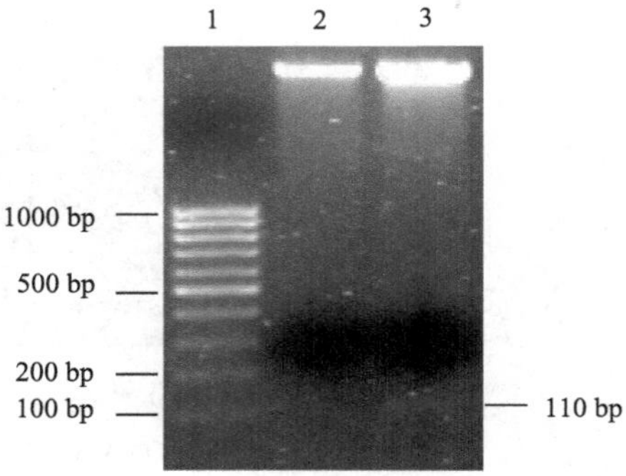

图 11 p3NCR-EGFP 转化子
双酶切产物电泳图谱
1. DNA marker；2～3. p3NCR-EGFP
（相对于图 9 的第 2 和 3 号泳道转化子）

6.4.3.3 测序鉴定

挑选阳性转化子在上海博亚生物工程有限公司测序。引物选用 pEGFP-N1 载体通用正向引物，即 5′-CATGGTCCTGCTGGAGTTCGTG-3′。测序结果表明，5′*NCR*、*VP4*、*VPg*、*POL*、3′*NCR* 基因序列与 GenBank 报道相符，克隆正确。测序报告略。

6.4.4 带有 T7 启动子序列的 5′*NCR*、*VP4*、*VPg*、*POL*、3′*NCR* 基因序列 PCR 扩增

我们采用 PFA/PRA 系列引物以 5′*NCR*、*VP4*、*VPg*、*POL*、3′*NCR* 基因序列为模板 PCR 扩增获得带有 T7 启动子序列的 dsRNA 转录模板。PCR 产物电泳图见图 12。

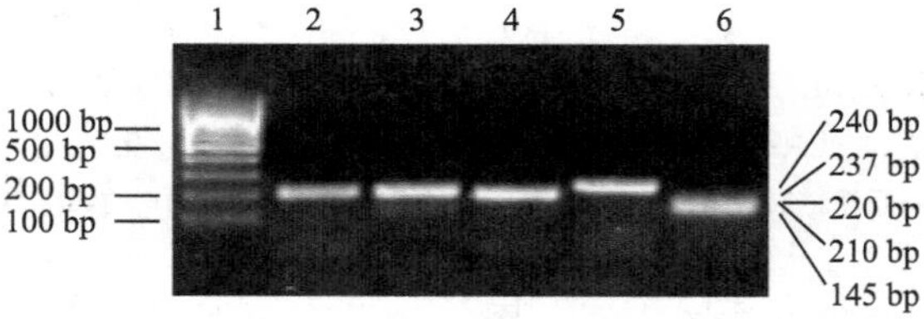

图 12 PCR 产物电泳图谱
1. DNA marker；2～6. 分别是 5′*NCR*、*VP4*、*VPg*、*POL*、3′*NCR* 产物

HKN/2002 病毒 5′*NCR*、*VP4*、*VPg*、*POL*、3′*NCR* 基因 cDNA 以上述引物扩增其产物理论大小分别约为 220 bp、237 bp、210 bp、240 bp、145 bp。由

电泳图谱可见，PCR 产物条带特异，且大小与预期相符。

6.4.5 dsRNA 的转录及 siRNA 的制备

以带有 T7 启动子的 5′*NCR*、*VP4*、*VPg*、*POL*、3′*NCR* 基因 PCR 产物（图 12）为模板，经 T7 聚合酶反应转录获得相应的 dsRNA，dsRNA 产物由 Dicer 酶剪切最终获得 siRNA。dsRNA 及其 siRNA 产物电泳图谱见图 13。

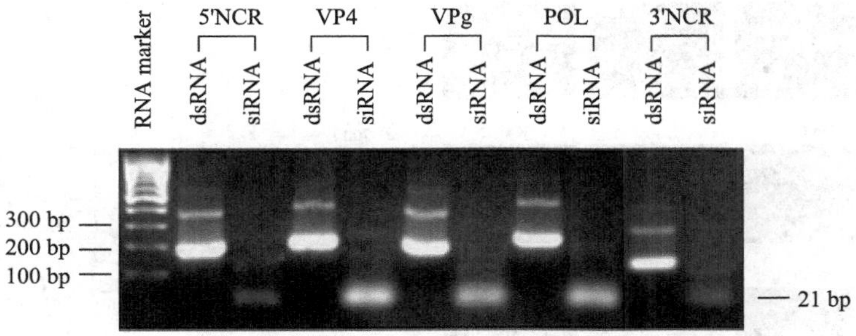

图 13　dsRNA 转录产物及其经 Dicer 酶剪切获得的 siRNA 电泳图谱

图 13 表明，转录获得的预期的 dsRNA 产物量较大（dsRNA 泳道的高亮度条带），另有中等亮度条带的转录产物疑为目的 dsRNA 的二聚体，因为 T7 聚合酶启动的转录反应常常获得目的产物的多聚体，根据 siRNA 制备试剂盒说明，该多聚体不影响 Dicer 酶的剪切。Dicer 酶剪切反应产物经纯化获得较纯的 siRNA（siRNA 泳道）。

6.4.6 siRNA 在 BHK-21 内有效抑制 EGFP 融合基因的表达

为了检测 siRNA 对 FMDV 保守区基因表达的影响，我们将 siRNA（96 孔板，100 ng/孔）以及报告质粒（96 孔板，200 ng/孔）共转染 BHK-21 细胞。转染后 24 h 从多个水平检测绿色荧光蛋白表达情况，结果见图 14。

荧光显微镜观察（图 14A）以及流式细胞仪对绿色荧光蛋白表达细胞计数结果（图 14B）显示，与报告质粒单质粒转染相比，siRNA 的共转染使绿色荧光蛋白表达水平降低约 90%，而对照 siRNA 的共转染没有显著降低绿色荧光蛋白的表达水平。抽提各个转染组细胞总 RNA，并且以 PF1/PR1 系列引物实时荧光定量 PCR 检测各保守区基因 mRNA 的丰度，结果（图 14C，表 1）与显微镜观察和细胞计数结果相吻合。以上结果表明，我们设计制备的靶向 FMDV 基因组保守区的 siRNA 能够有效特异地干扰保守区基因与 EGFP 融合报告基因在 BHK-21 细胞中的复制与表达。

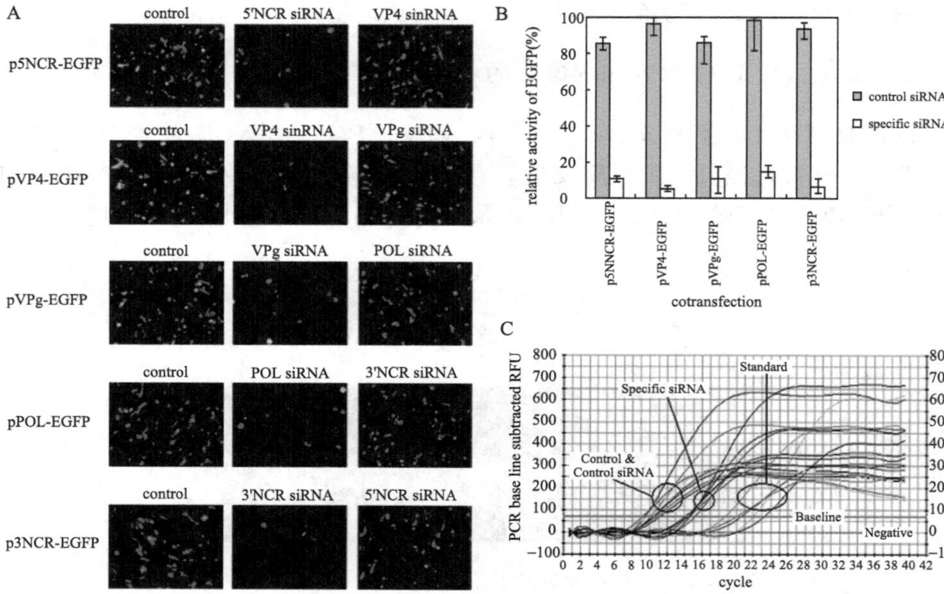

图 14　siRNA 在 BHK-21 细胞内抑制保守区基因与 EGFP 融合报告基因的表达

A. 各转染组细胞荧光显微镜观察照片；B. 流式细胞仪计数绿色荧光蛋白表达细胞数量；

C. 实时荧光定量 PCR 检测细胞总 RNA 中 FMDV 保守区基因 mRNA 丰度

表 1　实时荧光定量 PCR 检测两次重复实验的临界循环值

实验组	第一次	第二次	平均值
p5NCR-EGFP	9.13	10.08	9.61
pVP4-EGFP	8.27	9.11	8.69
pVPg-EGFP	10.21	9.59	9.90
pPOL-EGFP	9.98	10.74	10.36
p3NCR-EGFP	8.92	10.43	9.68
p5NCR-EGFP + 5′NCR siRNA	13.56	14.62	14.09
pVP4-EGFP + VP4 siRNA	13.39	14.38	13.89
pVPg-EGFP + VPg siRNA	13.88	14.12	14.00
pPOL-EGFP + POL siRNA	13.48	14.43	13.96
p3NCR-EGFP + 3′NCR siRNA	15.65	15.20	15.43
p5NCR-EGFP + VP4 siRNA	9.06	9.43	9.25
pVP4-EGFP + VPg siRNA	8.57	9.18	8.88
pVPg-EGFP + POL siRNA	9.57	9.31	9.44
pPOL-EGFP + 3′NCR siRNA	11.11	11.14	11.13
p3NCR-EGFP + 5′NCR siRNA	9.54	10.32	9.93

6.4.7　siRNA 在 BHK-21 细胞中抑制同源和异源毒株的感染

为了研究我们设计的 siRNA 能否有效地抑制 FMDV 不同毒株的感染，我们使用 siRNA 对 BHK-21 细胞进行瞬时转染。96 孔板每孔细胞每种 siRNA 转染量为 100 ng，5 h 后分别以 100 TCID50 HKN/2002 或 CHA/99 或 YNBS/58 或 Ea 感染上述被转染的细胞，1 h 后弃去病毒液加新鲜培养基，然后通过倒置显微镜观察细胞 CPE，并在不同时间取样检测培养液中的病毒滴度。结果见图 15。

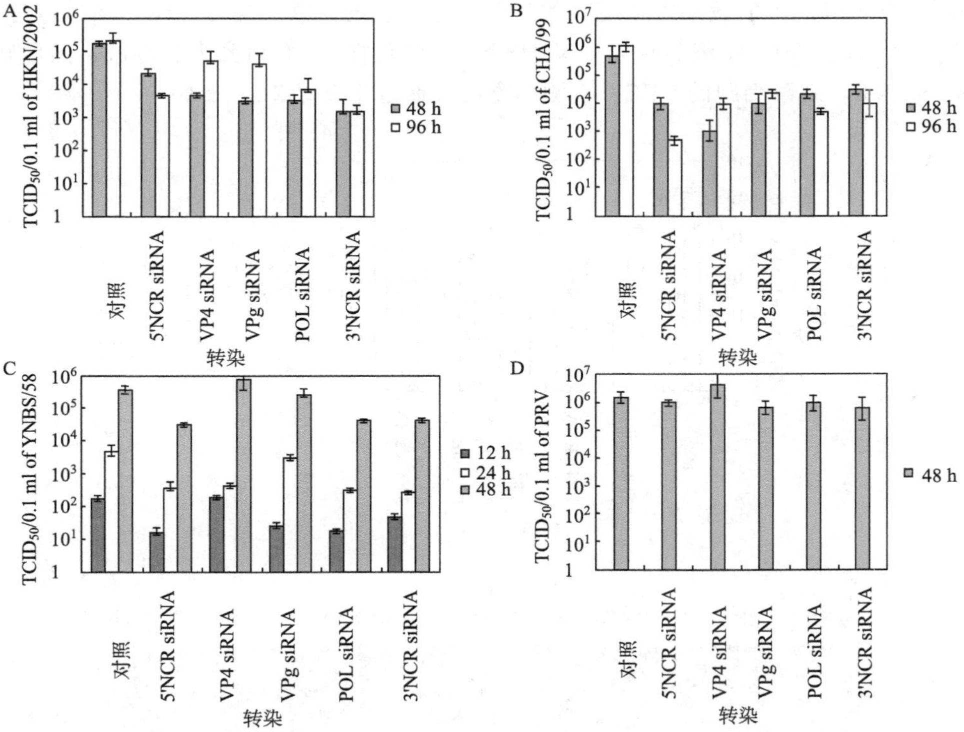

图 15　siRNA 在 BHK-21 细胞中抑制同源和异源 FMDV 毒株的感染

结果表明，5 种 siRNA 均能显著抑制同源毒株 HKN/2002 的感染，在病毒感染后的 48 h 抑制水平约为 50～100 倍（图 15A）；siRNA 同样能够在 O 型 CHA/99 异源毒株感染后的 48 h 维持 15～1000 倍的抑制水平（图 15B）；siRNA 对同为 O 型毒株的感染效应持续约 6 天。有趣的是，5′*NCR*、*POL*、3′*NCR* 三种 siRNA 对 Asia I 型的 YBSN/58 毒株表现出了显著的抑制，在感染后 12 h、24 h、48 h 检测到了约 10 倍水平的抑制效应（图 15C），但该抑制效应持续时间很短，在感染后的 60 h 已经检测不到。对对照 PRV 毒株 Ea 的感染缺乏显著的抑制（图 15D），表明这些 siRNA 诱导的 RNAi 效应具有 FMDV 特异性。我们的实验结果证明，靶向 FMDV 基因组保守区的 siRNA 能够诱导对异源毒株复制的交叉抑制。

6.4.8 FMDV 的预感染提高 siRNA 的干扰效率

我们之前的工作[1]表明，表达 VP1 mRNA 的 pVP1 质粒与 VP1 siRNA 表达质粒联用能够提高 RNAi 对乳鼠的保护率。为了进一步验证“病毒 mRNA 的存在能够使 siRNA 的效果维持更长的时间”这一假设，以及探讨 siRNA 的治疗潜力，我们让 BHK-21 细胞预先感染 HKN/2002 毒株，1 h 后弃去病毒液，然后转染 siRNA，观察细胞的 CPE，检测病毒的复制水平。结果见图 16。

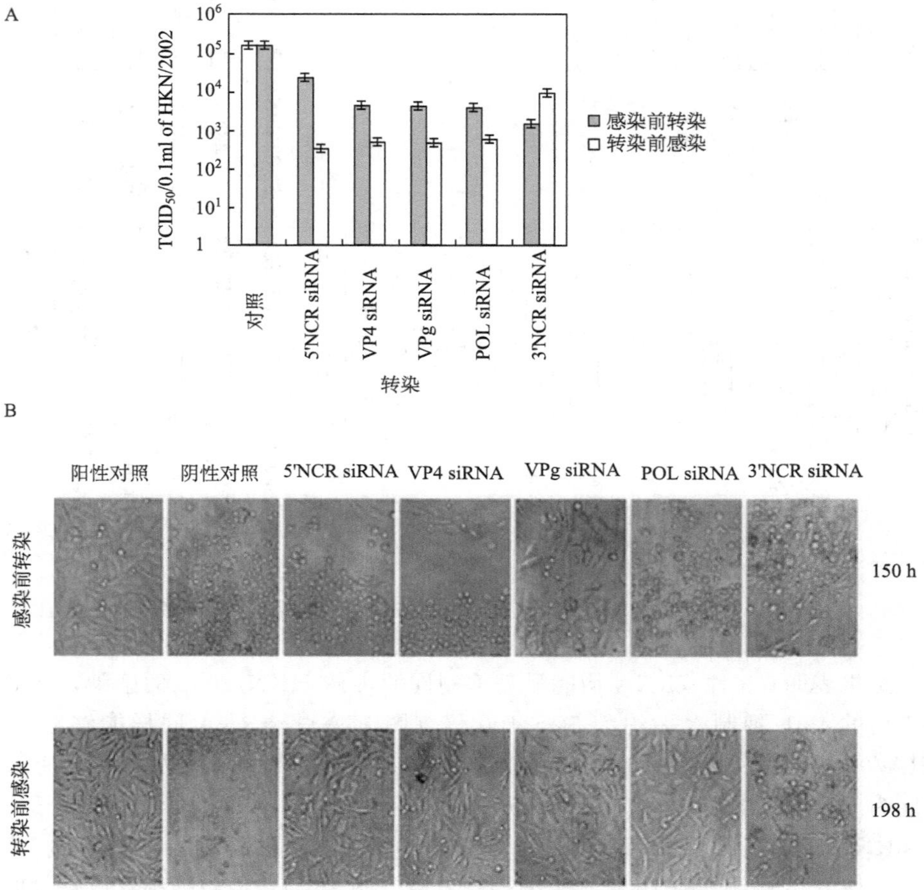

图 16 FMDV 的预感染提高 RNAi 的效率

A. 细胞上清液毒价测定；B. 各个实验组细胞 CPE 的显微观察

结果表明，相比预转染 siRNA 再感染 FMDV 的情况，在预感染病毒再转染 siRNA 的细胞内，4 种 siRNA（除了 3′*NCR* siRNA）能够更加有效地抑制病毒的复制（图 16）。而且，在预感染的情况下，RNAi 效应持续更长的时间，预转染 siRNA 再感染 FMDV 的细胞在感染后 150 h 均发生了显著的 CPE，而预感染病毒再转染 siRNA 的细胞对病毒感染的抑制效应至少持续了 198 h。

6.5 实验发现

我们选取 5′*NCR*、*VP4*、*VPg*、*POL* 和 3′*NCR* 5 个基因作为 siRNA 的靶点，原因除了这些基因具有保守性外，还因为它们在病毒复制周期中均扮演了重要角色。从其他小 RNA 病毒的相关研究发现，在病毒 RNA 复制过程中，3′NCR介导了病毒 RNA 与细胞蛋白或病毒蛋白之间的互作[5,6]。5′NCR 所形成的广泛的二级结构被认为与病毒基因的翻译起始相关联[7]。由于 5′NCR 和 3′NCR 在病毒复制过程中的重要性使其成为抗病毒研究的主要对象之一[8]。由于 RdRP、VPg、RNA 复制模板以及其他病毒或细胞因子间的互作调控了病毒 RNA 的复制[9~11]，因此，RdRP 和 VPg 成了抗病毒制剂开发的另外两个重要靶点。VP4 是一个结构蛋白，位于病毒颗粒内部，它与病毒颗粒的成熟过程有关[12]。

我们的实验结果发现，不同的 siRNA 对同一个病毒毒株具有不同的干扰效应，而同一个 siRNA 对不同的病毒毒株的抑制效应也不尽相同，这与前人的实验结果[13~15]相吻合。目前，对 siRNA 干扰效率的影响因素仍然缺少认识，在这一方面科研人员作过多个假设：其一，mRNA 所结合的蛋白因子可能形成一个所谓的位置效应（positional effect）[16]；其二，mRNA 的高级结构可能影响其与 siRNA 的接近[17]；其三，siRNA 在细胞内可能受到 5′磷酸化反应的影响[18]。在我们的结果中，不可思议的是，根据 HKN/2002 设计的某些 siRNA 对同型异源毒株 CHA/99 的抑制效应似乎比对同源毒株 HKN/2002 更强烈（图 15A，B），例如，5′NCR siRNA 在病毒感染后 96 h 对 CHA/99 的抑制超过 1000 倍，而对 HKN/2002 的抑制未达到 100 倍。仅仅 3′NCR siRNA 如我们所估计的那样，对同源毒株表现出了较强的抑制效应。对这种现象的解释，除了上述的三个假设之外，我们认为，5′*NCR*、*VP4*、*VPg*、*POL* 4 个基因序列比 3′*NCR* 在 HKN/2002 和 CHA/99 之间存在更高的同源性是导致该现象产生的可能原因，因为有证据表明，siRNA 双链之间可以允许某些碱基不匹配，而且这样的不匹配存在甚至使 siRNA 有更高的基因沉默效应[19,20]，这同时暗示 siRNA 与靶mRNA之间的某些不匹配也可能导致 RNAi 效应的提高。但是我们这种假设需要深入的探讨。

Song 等[21]的研究发现，病毒 mRNA 的存在能够使 siRNA 的效果维持更长的时间。我们还发现，已经感染病毒的细胞转染某些 siRNA（除了 3′NCR siRNA）后比预转染 siRNA 再感染病毒的细胞具有更强烈的抵抗力（图 16）。早期研究人员提出一种推测，即靶 mRNA 的存在使 siRNA 具有更长的半衰期[22,23]。其他可能的解释是，病毒的预感染可能自然诱发了 RNAi 反应[24]，这样，当体外的 siRNA 转染进入细胞后使 RNAi 反应更快、更有效，也持续更长时间。我们首次提出：病毒的预感染可能建立起了一套初级的核酸水平的免疫记忆，之后转染 siRNA 使细胞更加有效地诱发 RNAi 反应，提高 siRNA 抑制病毒的复制与感染效率。

我们的结果发现，靶向病毒基因组保守区设计 siRNA 是克服病毒遗传多态性的可行方法之一，特别地，我们的工作使 RNAi 技术在 FMDV 中的应用又向前迈出了一大步。接下来的工作我们期望在动物水平对 RNAi 的有效性和实用性进行评估。

参考文献

1. Chen W, Yan W, Du Q, et al. 2004. RNA interference targeting VP1 inhibits foot-and-mouth disease virus replication in BHK-21 cells and suckling mice. J Virol, 78: 6900～6907
2. Sobrino F, Saiz M, Jimenez-Clavero MA, et al. 2001. Foot-and-mouth disease virus: a long known virus, but a current threat. Vet Res, 32: 1～30
3. Das AT. 2004. Human immunodeficiency virus type 1 escapes from RNA interference-mediated inhibition. J Virol, 78: 2601～2605
4. Gitlin L, Andino R. 2003. Nucleic acid-based immune system: the antiviral potential of mammalian RNA silencing. J Virol, 77: 7159～7165
5. Todd S, Semler BL. 1996. Structure-infectivity analysis of the human rhinovirus genomic RNA 3V noncoding region. Nucleic Acids Res, 24: 2133～ 2142
6. Todd S, Nguyen JH, Semler BL, et al. 1995. RNA-protein interactions directed by the 3V end of human rhinovirus genomic RNA. J Virol, 69: 3605～3614
7. Pilipenko EV, Blinov VM, Chernov BK, et al. 1989. Conservation of secondary structure elements of the 5V untranslated region of cardio and aphthovirus RNAs. Nucleic Acids Res, 17: 5701～ 5711
8. Bigeriego P, Rosas MF, Zamora E, et al. 1999. Heterotypic inhibition of foot-and-mouth disease virus infection by combinations of RNA transcripts corresponding to the 5V and 3V regions. Antiviral Res, 44: 133～141
9. Barton DJ, Black EP, Flanegan JB, et al. 1995. Complete replication of poliovirus in vitro: preinitiation RNA replication complexes require soluble cellular factors for the synthesis of VPg-linked RNA. J Virol, 69: 5516～5527
10. Lama J, Paul AV, Harris KS, et al. 1994. Properties of purified recombinant poliovirus protein 3AB as substrate for viral proteinases and as a cofactor for RNA polymerase 3Dpol. J Biol Chem, 269: 66～70
11. Paul AV, Van Boom JH, Filippov D, et al. 1998. Protein-primed RNA synthesis by purified poliovirus RNA polymerase. Nature, 393: 280～284
12. Bachrach HL. 1968. Foot-and-mouth disease virus. Annu Rev Microbiol, 22: 201～224
13. Bohula EA, Salisbury AJ, Sohail M, et al. 2003. The efficacy of small interfering RNAs targeted to the type 1 insulin-like growth factor receptor (IGF1R) is influenced by secondary structure in the IGF1R transcript. J Biol Chem, 278: 15991～15997
14. Harborth J, Elbashir SM, Bechert K, et al. 2001. Identification of essential genes in cultured mammalian cells using small interfering RNAs. J Cell Sci, 114: 4557～4565
15. Vickers TA, Koo S, Bennett CF, et al. 2003. Efficient reduction of target RNAs by small interfering

RNA and RNase H-dependent antisense agents-A comparative analysis. J Biol Chem, 278: 7108～7118
16. Holen T, Amarzguioui M, Wiiger MT, et al. 2002. Positional effects of short interfering RNAs targeting the human coagulation trigger tissue factor. Nucleic Acids Res, 30: 1757～1766
17. Luo KQ, Chang DC. 2004. The gene-silencing efficiency of siRNA is strongly dependent on the local structure of mRNA at the targeted region. Biochem Biophys Res Commun, 318: 303～310
18. Nykanen A, Haley B, Zamore PD, et al. 2001. ATP requirements and small interfering RNA structure in the RNA interference pathway. Cell, 107: 309～321
19. Hohjoh H. 2004. Enhancement of RNAi activity by improved siRNA duplexes. FEBS Lett, 557: 193～198
20. Yu J, De Ruiter SL, Turner DL, et al. 2002. RNA interference by expression of short-interfering RNAs and hairpin RNAs in mammalian cells. Proc Natl Acad Sci USA, 99: 6047～6052
21. Song E, Lee SK, Dykxhoorn DM, et al. 2003. Sustained small interfering RNA-mediated human immunodeficiency virus type 1 inhibition in primary macrophages. J Virol, 77: 7174～7181
22. Platerk RH. 2002. RNA silencing: the genomes immune system. Science, 296: 1263～1265
23. Tuschl T. 2002. Expanding small RNA interference. Nat Biotechnol, 20: 446～448
24. Ding S, Li H, Lu R, et al. 2004. RNA silencing: a conserved antiviral immunity of plants and animals. Virus Res, 102: 109～115

7　siRNA 抑制 FMDV 在 IBRS-2 细胞和动物体内的复制与感染

实验技术路线

FMDV *3D*基因以及*E.coli LacZ*基因片段PCR扩增

↓

siRNA表达质粒pNT21、pPOL、pLacZ的构建

↓

腺病毒穿梭质粒pCMV-NT21、pCMV-POL、pCMV-LacZ的构建

↓

重组腺病毒质粒pAd5-NT21、pAd5-POL、pAd5-LacZ的构建

↓

重组腺病毒培养及扩增

↓

IBRS-2细胞水平抗病毒能力检测

↓

豚鼠水平抗病毒能力检测

↓

家猪抗病毒能力检测

7.1 引言

一门新生物技术的发展及其应用是一个漫长而且渐进的过程，RNAi 技术作为病毒感染防御策略也是如此。我们和世界上其他研究人员对 RNAi 技术能否作为抗FMDV 有效的策略进行了一系列的探索。研究结果令人兴奋，但同时也必面临一系列的挑战和疑问。

首先，我们[1]在世界上率先发表了研究报道，发现采用质粒载体表达靶向 FMDV *1D* 基因的 shRNA 能够有效地抑制同源病毒在 BHK-21 细胞中的复制。而且，将 shRNA 表达质粒颈部皮下注射乳鼠，6 h 后动物能够有效抵抗一定剂量病毒的攻击。让人感到不可思议的是，我们构建了一个能够表达 *1D* 基因 mRNA 的质粒 pVP1，并将其和 siRNA 表达质粒联合注射乳鼠，能够显著提高动物对病毒的抵抗力。我们的研究论文发表之后，美国梅岛动物研究中心的 Grubman 教授针对我们的工作在英国的免疫学动态杂志（*Trends in Immunology*）上发表了专门的评论性文章[2]，他认为，RNAi 技术尽管在细胞水平是有效的，但是若要将该技术成功运用在模式动物或易感动物个体水平必须做到以下几点：寻找有效的 siRNA 表达和传递系统、让 RNAi 效应系统化、克服病毒逃逸、鉴定病毒抑制因子，以及避免 siRNA 的副反应。他们也相信，作为一种新颖的病毒免疫策略，RNAi 技术在 FMDV 中的可行性值得深入研究。我们的论文和 Grubman 教授的评论刚发表不久，英国的两位同行 Bayry 和 Tough[3]也在英国的免疫学动态杂志上发表评论，他们对 RNAi 技术在 FMDV 中的应用持悲观的态度，他们的理由是 FMD 的高度复杂性和 RNAi 技术的不成熟。前者包括：①自然界中拥有超过 33 种的 FMDV 易感动物；②FMDV 具有高度变异性；③FMDV 传播媒介极广。后者包括：①RNAi 分子机制在众多 FMDV 易感动物中的保守性未知；②RNAi 效应持续时间过短，难以确定免疫时间；③RNAi 的处理可能无法完全清除病毒并致使病毒在动物体内潜伏。基于以上理由，他们认为 RNAi 技术在该领域的应用潜力十分有限。

正当争论进行的时候，研究有了新的进展。我们[4]和其他两个实验室（包括 Grubman 教授的实验室）[5,6]几乎同时报道了类似的实验结果，发现靶向 FMDV 基因组保守区的 siRNA 能够使细胞对同型不同毒株和不同型的毒株起交叉抑制作用。而且，我们还发现采用体外转录 dsRNA，然后通过人重组 Dicer 酶获得的鸡尾酒 siRNA 转染细胞，可以使抗病毒效应持续超过 6 天[4]。事实上在更早的时候，Kahana 等[7]以色列研究人员通过生物信息学的方法分析了 FMDV 全基因组，找到了至少有连续 22 个碱基在所有 FMDV 基因组中 100%同源的三个位点，他们化学合成了靶向这三个位点的 siRNA。结果发现，这三个 siRNA 均能有效抑制病毒的复制，而且有趣的是，三个 siRNA 联用能够完全抑制病毒对细胞的感染。

目前的研究结果暗示，Bayry 和 Tough[3] 提到的几个挑战，特别是病毒高度变异性和 RNAi 无法完全清除病毒这两个难题能够被克服。因此，我们[8] 也与 Bayry 和 Tough 在同期发表了评论性文章，我们认为，不宜对 RNAi 的可行性过早下定论，特别地应该在易感动物上进行有效的评估。因此，我们在这个工作中，以复制缺陷型人重组腺病毒 Ad5 为载体表达 siRNA，并检测了该重组腺病毒在细胞、豚鼠及家猪等三个水平的抗病毒感染潜力。

7.2 实验材料

7.2.1 细胞、动物及病毒毒株

（1）细胞

IBRS-2，于 DMEM 培养基（含 10%胎牛血清，每升 200 万单位青霉素和链霉素，pH 7.4）37℃、5%CO_2 条件下培养。

（2）动物

豚鼠，每只重 250～300 g，内蒙古金宇集团生物制药厂自行饲养；长白猪，2～3 月龄，每头重 40～50 kg，购于内蒙古察素齐养猪厂。

（3）病毒

见 5.2.1。

7.2.2 质粒及菌株

（1）质粒

腺病毒穿梭质粒载体 pAdTrack-CMV 以及腺病毒质粒载体 pAdEasy-1（Stratagene，La Jolla，CA）由复旦大学遗传工程国家重点实验室构建；其他质粒参见 5.2.2。

（2）菌株

E. coli TG1 菌株、*E. coli* BJ5183 菌株，由复旦大学遗传工程国家重点实验室保存。

7.2.3 主要试剂

（1）生化酶制剂

限制性内切核酸酶：*Sal*I、*Xba*I、*Pme*I、*Pac*I，均购自 BioLabs 公司；其他酶制剂参见 5.2.3。

（2）试剂盒

FMDV 非结构蛋白抗体单抗阻断 ELISA 试剂盒，购于北京世纪元亨有限公司；其他试剂盒参见 5.2.3。

（3）其他试剂参见 5.2.3。

7.2.4 主要仪器

ELISA 板读数：450 nm 波长酶标仪，由复旦大学遗传工程重点实验室 211 工程仪器室提供。

其他仪器见 5.2.4。

7.2.5 引物

7.2.5.1 HKN/2002 *3D* 基因 RT-PCR 扩增引物

根据 GenBank 公布的 HKN/2002 毒株序列设计，并化学合成扩增 *3D* 基因的引物如下（下画线部分为基因匹配序列）：

正链引物 P53：5′-GGAATTCGAGGCTATCCTCTCCTTTGC-3′

负链引物 P54：5′-CCGCTCGAGACGGAGATCAACTTC-3′

正链引物 P55：5′-CCCAAGCTTAAAAAGAGGCTATCCTCTCC-3′

7.2.5.2 *E. coli LacZ* 基因 RT-PCR 扩增引物（下画线部分为基因匹配序列）

正链引物 P56：5′-GGAATTCGAGTGTGATCATCTGGTCG-3′

负链引物 P57：5′-CCGCTCGAGCGACAGATTTGATCC-3′

正链引物 P58：5′-CCCAAGCTTAAAAAGAGTGTGATCATCTGG-3′

7.3 实验方法

关于总 RNA 抽提、PCR、RT-PCR、酶切、连接、质粒克隆、质粒抽提、质粒鉴定、DNA 转染等分子生物学基本操作，以及病毒毒价测定等病毒学方法请参见 5.3，这里不再详细叙述。

7.3.1 siRNA 表达质粒构建

7.3.1.1 pNT21

该质粒的构建请见 5.3.4.2。

7.3.1.2 pPOL 和 pLacZ

1）POL siRNA 和 LacZ siRNA 表达模板的设计及其拼接

POL siRNA 和 LacZ siRNA 表达模板的设计参见 5.3.4.2。但是其合成及其拼接采取与 5.3.4.2 中所述的 siRNA 表达模板不同的方法。在这里，我们通过 RT-PCR 或 PCR 方法分别获得正向和反向表达模板序列，然后通过正反向序列的连接获得具有反向重复结构的 siRNA 表达模板。构建方式如图 1 所示（以

POL siRNA 表达模板为例）。

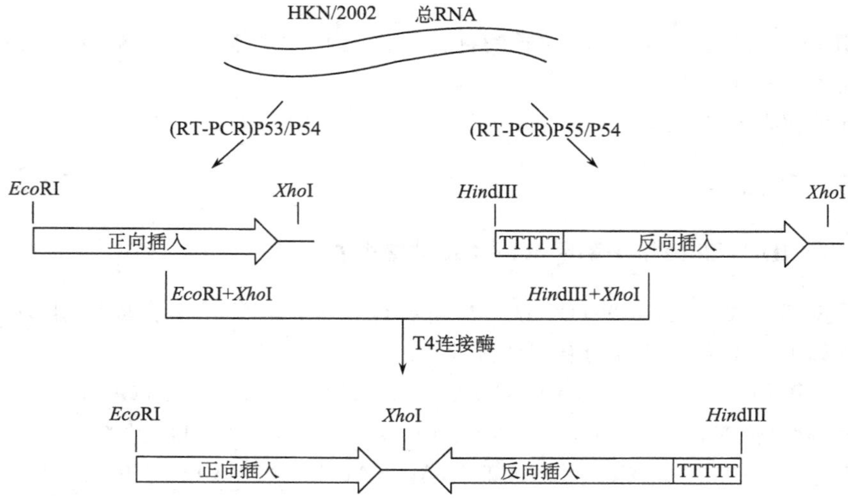

图 1　POL siRNA 表达模板的合成及其拼接

LacZ siRNA 表达模板的合成与 POL siRNA 表达模板基本一致，有所不同的是：正向和反向模板序列分别通过引物 P56/P57 和 P58/P57 以 pWR590（复旦大学遗传工程国家重点实验室构建的含有 *E. coli LacZ* 基因的质粒）为模板 PCR 扩增获得。

2）pPOL 和 pLacZ 质粒克隆

siRNA 表达模板与 pU6 质粒的连接克隆请见 3. 3. 3[1]。

因此理论上，pNT21 和 pPOL 能够在 U6 启动子的调控下转录获得分别靶向 FMDV *1D* 和 *3D* 基因的 shRNA（图 2A）。

7. 3. 2　腺病毒穿梭质粒的构建

腺病毒穿梭质粒的构建过程如图 2B 所示。以 *Sal*I/*Xba*I 双酶切分别获取 pNT21、pPOL、pLacZ 中含有 siRNA 表达模板的基因片段，并将其克隆到腺病毒穿梭质粒载体 pAdTrack-CMV 中，分别获得重组腺病毒穿梭质粒 pCMV-NT21、pCMV-POL、pCMV-LacZ。由于 pAdTrack-CMV 载体在 *Sal*I/*Xba*I 克隆位点上游含有 CMV 启动子，因此，理论上 siRNA 表达模板的转录受到 U6 启动子和 CMV 启动子双调控，可能获得两种类型的 shRNA（图 2B），我们预测，这两类 shRNA 均能够被 Dicer 酶识别剪切获得具有功能性的与我们预期相一致的 siRNA。质粒 pNT21、pPOL、pLacZ 的 *Sal*I/*Xba*I 双酶切基因片段与 pAdTrack-CMV 载体的具体克隆步骤见 3. 3. 5[1]。

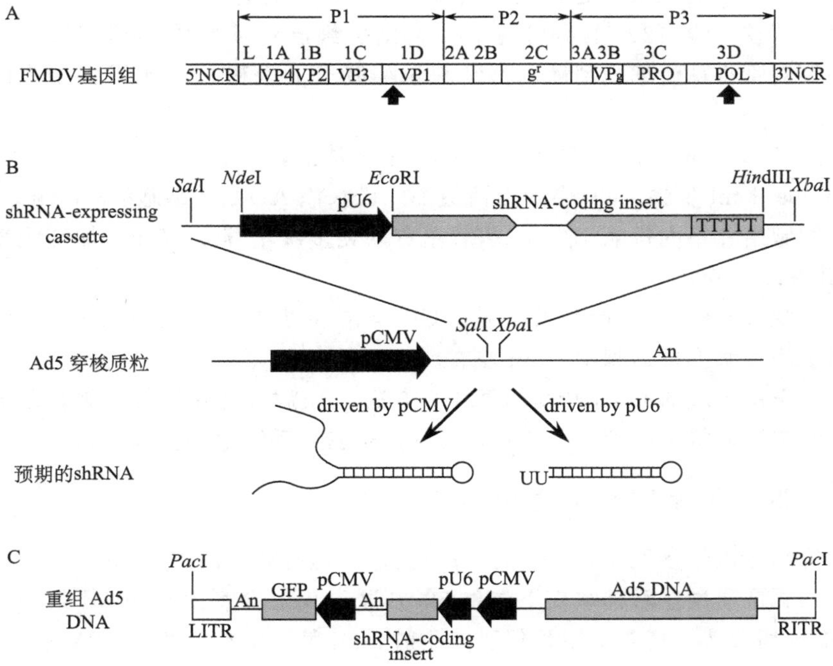

图 2　FMDV 基因组结构、腺病毒穿梭质粒构建、重组腺病毒 DNA 结构示意图

7.3.3　重组腺病毒 DNA 的克隆

重组腺病毒 DNA 的克隆过程参考 He 等[9]的工作，下面仅作简述。

（1）重组腺病毒穿梭质粒 pCMV-NT21、pCMV-POL、pCMV-LacZ 以 *Pme*I 酶切使其线性化。

（2）通过电转化方法将线性化的穿梭质粒 DNA 与腺病毒质粒载体 pAdEasy-1 共转化 BJ5183 菌株（穿梭质粒与腺病毒质粒在这一过程发生重组），转化菌液涂布于含有 Km 选择性 LB 平板。

（3）挑选转化子，抽提质粒进行酶切鉴定。

7.3.4　重组腺病毒的培养、扩增及其纯化浓缩

重组腺病毒的制备过程参考 He 等[9]的工作，下面仅作简要的阐述。

（1）取阳性克隆质粒经 *Pac*I 酶切线性化（图 2C），DNA 纯化后以脂质体 Lipofectamine reagent 2000 转染人胚胎肾成纤维细胞 AD-293，转染后细胞培养液只留少量（通常 25 cm^2 细胞培养瓶留 4 ml 培养液）。

（2）荧光显微镜观 GFP 表达情况及细胞 CPE。通常在转染后 10 天内细胞出

现 CPE，第一次转染有时也可能不出现 CPE，可同样进行下面操作。

（3）若在步骤（2）中不出现 CPE，倒去细胞培养瓶中的培养液，只留少量。用移液管将贴壁细胞刮散，将细胞悬浮液于干冰和 37℃水浴锅中来回冻融三次。

（4）1500 r/min 于 4℃离心 10 min，取上清液，分装备用。

（5）取 1 ml 步骤（4）中的上清液加入已长满 AD-293 细胞的 25 cm^2 培养瓶中，于细胞培养箱内每隔 15 min 前后左右摇晃多次培养 1～2 h，加细胞培养液至 4 ml 继续培养。

（6）观察 GFP 表达情况以及细胞 CPE，重复步骤(2)～(5)三次，这时，通常重组腺病毒滴度可达到 10^9 pfu 左右。

（7）采用传统的 CsCl 密度梯度离心方法[10]或病毒纯化试剂盒纯化浓缩腺病毒，其终浓度通常可达到 10^{11}左右，可满足细胞或动物水平实验要求。

7.3.5 豚鼠和猪 FMDV 毒价测定

毒价测定操作参见 5.3.11 乳鼠毒价测定。但有如下两点不同：

（1）豚鼠通过左后脚掌皮下注射 50 μl 联合皮上穿刺涂布 50 μl 某一稀释度的 FMDV 病毒液；猪是采用颈部肌肉注射 2 ml 某一稀释度的 FMDV 病毒液。

（2）豚鼠的任何一个脚掌出现病毒性水泡即被定义为发病；猪的嘴部或任何一只腿的任何一个脚趾出现病毒性水泡或病毒性溃烂即被定义为发病。

7.3.6 固相阻断 ELISA

根据北京世纪元亨有限公司生产的 FMDV 非结构蛋白抗体单抗阻断 ELISA 试剂盒使用说明书进行。简述如下：

（1）使用前所有试剂恢复至室温，并轻轻旋转或振荡混匀。

（2）取出 FMDV 抗原反应板，在记录表上记录阳性对照、阴性对照和样品的位置。

（3）分别在相应孔中加入阳性对照和阴性对照血清原液（试剂盒提供，不用稀释）、稀释好的待检血清各 100 μl，每个样品做 3 个重复孔。充分混匀后，贴上封板膜，置 37℃温育 60 min。

（4）小心揭去封板膜，弃去各孔中的液体、拍净。每孔加满洗涤液，静置约 30 s，重复洗涤 5 次，最后在吸水纸上拍净。

（5）每孔加入酶结合物液 100 μl，贴上封板膜，置 37℃温育 30 min。

（6）重复步骤（4）。

（7）每孔加入 50 μl 底物液 A，再加入 50 μl 底物液 B，轻轻振匀，置 37℃避光显色 10 min。

（8）每孔加入终止液 50 μl，轻轻振匀，置酶标仪 450 nm 波长处测定各

孔 OD_{450}。

ELISA 阻断率（Inh%）计算：

阻断率＝（阴性对照孔 OD_{450} 均值－阳性对照孔 OD_{450} 均值）/阴性对照孔 OD_{450} 均值×100%

实验结果必须同时符合两个条件方为有效：

其一：阴性对照 OD_{450} 平均值－阳性对照 OD_{450} 平均值≥0.6

其二：阳性对照阻断率均≥55%

实验结果判定：

（1）被检血清 Inh%≥30%，判为抗体阳性。

（2）被检血清 20%≤Inh%＜30%，判为抗体可疑。

（3）被检血清＜20%，判为抗体阴性。

注意事项：

（1）设置样品重复孔，以减少操作误差。

（2）待检血清样品较多时，应使用 8 或 12 通道微量移液器，从稀释板转移到反应板中，以便缩短加样时间。

（3）洗涤时各孔均需加满洗涤液，防止因洗涤不充分造成非特异性显色。

（4）封板膜只限使用一次，避免交叉污染。

（5）结果判定必须以酶标仪读数为准，且终止反应后应在 10 min 内测定 OD 值。

（6）所有样品、洗涤液、各种废弃物均应灭活处理。

（7）底物 B 液中含有 TMB 成分，对强光和氧化剂敏感，应尽量避光。

（8）终止液为 2 mol/L H_2SO_4，应避免与眼、皮肤接触。

7.4 实验结果

7.4.1 POL siRNA 和 LacZ siRNA 表达模板序列的 PCR 扩增

分别以 P53/P54 和 P55/P54 为引物扩增 POL siRNA 正向和反向模板序列；分别以 P56/P57 和 P58/P57 为引物扩增 LacZ siRNA 正向和反向模板序列。PCR 产物以 0.8%琼脂糖凝胶电泳，电泳图谱见图 3。

由于 POL siRNA 靶向 FMDV HKN/2002 基因组第 1225～1280 位核苷酸，因此，加上扩增引物两端限制性内切核酸酶识别序列，PCR 产物理论上约为 75 bp。LacZ siRNA 靶向 *E. coli LacZ* 基因第 1353～1435 位核苷酸，因此，加上引物两端限制性内切核酸酶识别序列，PCR 产物理论长度约为 100 bp。由图 3 可知，PCR 产物大小与预期相符，PCR 反应效率高，产物条带特异。

7.4.2 siRNA 表达质粒 pPOL 和 pLacZ 的构建

将 POL siRNA 和 LacZ siRNA 正反向模板序列分别以限制性内切核酸酶

*Eco*RI/*Xho*I 或 *Xho*I/*Hin*dIII 双酶切，并与 pU6 质粒载体的 *Eco*RI/*Hin*dIII 双酶切产物连接，转化 TG1 菌株。转化子 pPOL 和 pLacZ 以 *Eco*RI/*Hin*dIII 双酶切，产物电泳图谱如图 4。

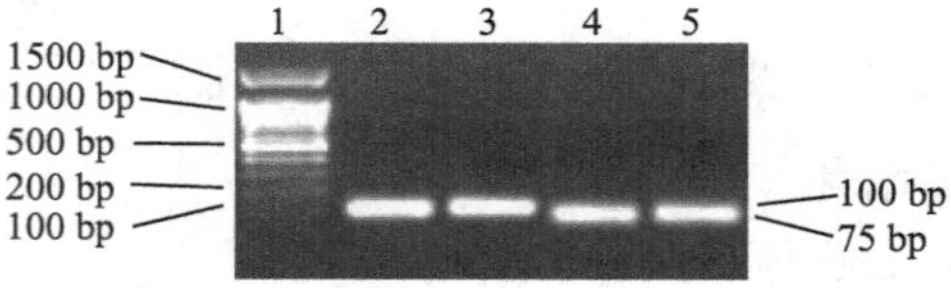

图 3　siRNA 表达模板序列 PCR 扩增产物电泳图谱

1. DNA marker；2、3. 分别为 LacZ siRNA 正反向模板序列；4、5. 分别为 POL siRNA 正反向模板序列

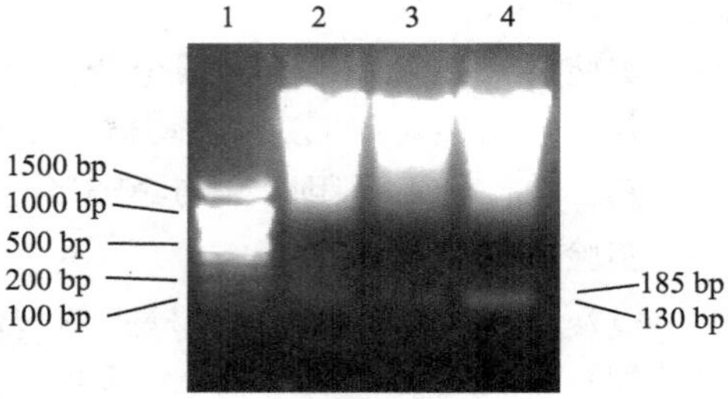

图 4　转化子 pPOL 和 pLacZ 以 *Eco*RI/*Hin*dIII 双酶切产物电泳图谱

1. DNA marker；2、3. pLacZ 转化子；4. pPOL 转化子

理论上，POL siRNA 和 LacZ siRNA 全模板序列加上两端限制性内切核酸酶识别位点总长度分别约为 185 bp 和 130 bp。图 4 显示，双酶切获得的小条带大小与预期相符。

分别挑取图 4 的第 2 号泳道的 pLacZ 转化子和第 4 号泳道的 pPOL 转化子送上海博亚生物工程有限公司测序。引物选用 pCDNA3.1B（—）载体反向引物，即 5′-TAGAAGGCACAGTCGAGG-3′。测序结果表明，siRNA 表达模板序列与预期相符，克隆正确。测序报告略。

7.4.3　重组腺病毒穿梭质粒的构建

将 pNT21、pPOL 和 pLacZ 分别以限制性内切核酸酶 *Sal*I/*Xba*I 双酶切，并与腺病毒穿梭质粒载体 pAdTrack-CMV 的 *Sal*I/*Xba*I 双酶切产物连接，转化 TG1 感受态细胞。转化子 pCMV-NT21、pCMV-POL 和 pCMV-LacZ 以 *Sal*I/*Xba*I 双酶切鉴定，双酶切产物电泳图谱见图 5。

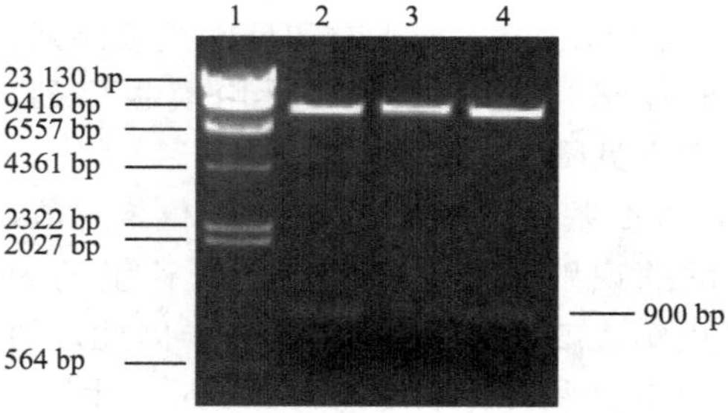

图 5　转化子 pCMV-POL 和 pCMV-LacZ 以 *Sal*I/*Xba*I 双酶切产物电泳图谱

1. λ-DNA/*Hin*dIII marker；2. pCMV-LacZ 转化子；3. pCMV-POL 转化子；4. pCMV-NT21 转化子

由于 pNT21、pPOL 和 pLacZ 质粒上含有 siRNA 表达模板的 *Sal*I/*Xba*I 限制性内切核酸酶识别位点之间这一部分序列长度约为 900 bp，即转

化子 pCMV-NT21、pCMV-POL 和 pCMV-LacZ 以 *Sal*I/*Xba*I 双酶切产物小条带大小应约为 900 bp。图 5 表明，挑选克隆均为阳性。

由于 pCMV-NT21、pCMV-POL 和 pCMV-LacZ 的克隆过程中，直接采用 pNT21、pPOL 和 pLacZ 的酶切片段与 pAdTrack-CMV 载体相连，一般认为这一过程不易导致 siRNA 表达模板及 U6 启动子序列发生突变。因此，pCMV-NT21、pCMV-POL 和 pCMV-LacZ 转化子未作测序鉴定。

7.4.4 重组腺病毒质粒的构建

7.4.4.1 琼脂糖凝胶电泳鉴定

将图 5 中的转化子分别以 *Pme*I 线性化，并与 pAdEasy-1 共转化 BJ5183 菌株。转化子抽提质粒，首先通过电泳条带大小判断转化子是否为阳性的可能，质粒电泳图谱分别见图 6、图 7 和图 8。

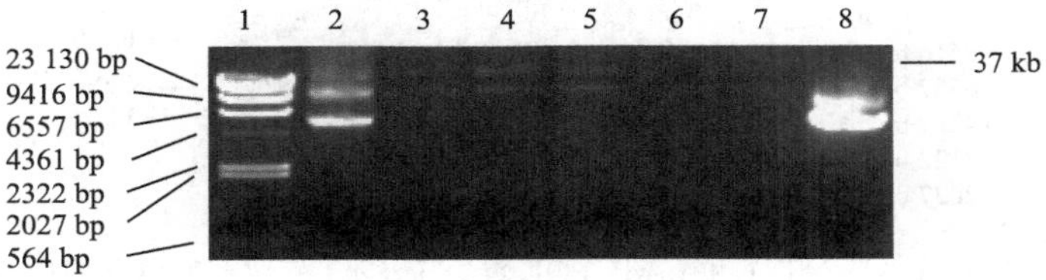

图 6 pAd5-NT21 转化子质粒电泳图谱

1. λ-DNA/*Hin*dIII marker；2～7. pAd5-NT21 转化子；8. pAdTrack-CMV 质粒对照

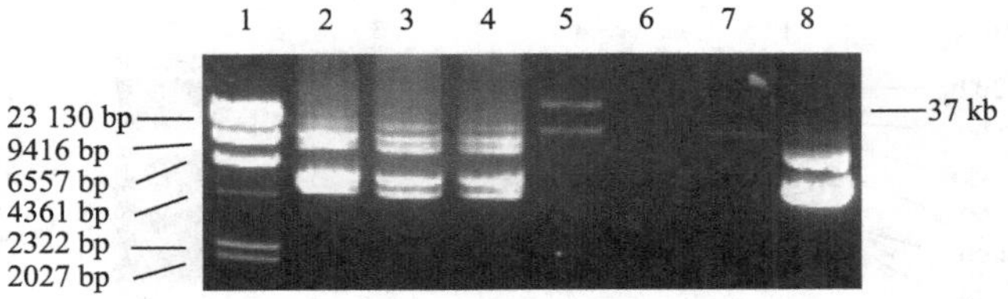

图 7 pAd5-POL 转化子质粒电泳图谱

1. λ-DNA/*Hin*dIII marker；2～7. pAd5-POL 转化子；8. pAdTrack-CMV 质粒对照

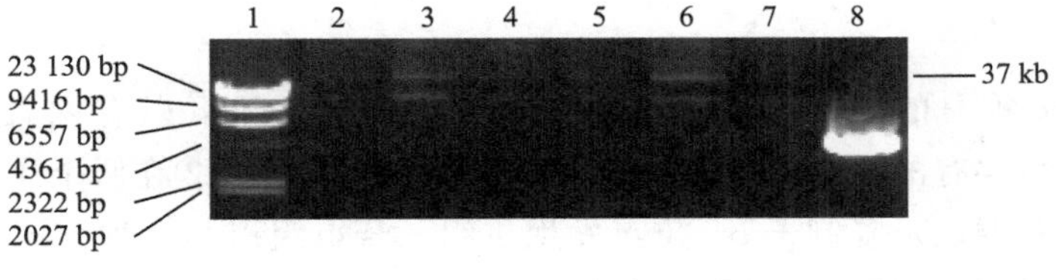

图 8 pAd5-LacZ 转化子质粒电泳图谱

1. λ-DNA/*Hin*dIII marker；2～7. pAd5-LacZ 转化子；8. pAdTrack-CMV 质粒对照

通常，根据质粒线性条带的大小可以粗略判断该质粒的大小。质粒pAdEasy-1 大小约 33 kb，与穿梭质粒发生重组后的重组子大小约为 37 kb。若未发生重组，pAdEasy-1 转化子本身缺乏 Km 抗性，无法在 Km 选择性培养基上生长。转化子可能为重组穿梭质粒 pCMV-NT21、pCMV-POL 和 pCMV-LacZ 本身，但是从质粒大小极易作出判断（例如图 6 第 2 泳道转化子）。因此，电泳图谱显示，图 6 中 3～7 号泳道重组子可能为阳性；图 7 的第 5 和 7 号泳道重组子可能为阳性；图 8 的 2～7 号泳道重组子可能为阳性。拟进一步鉴定。

7.4.4.2 酶切鉴定

将图 6 的第 4 和 5 号泳道 pAd5-NT21 重组子，图 7 的第 5 和 7 号泳道 pAd5-POL 重组子，图 8 第 3～7 号 pAd5-LacZ 重组子以 *Pac*I 酶切鉴定。酶切产物电泳图谱见图 9 和图 10。

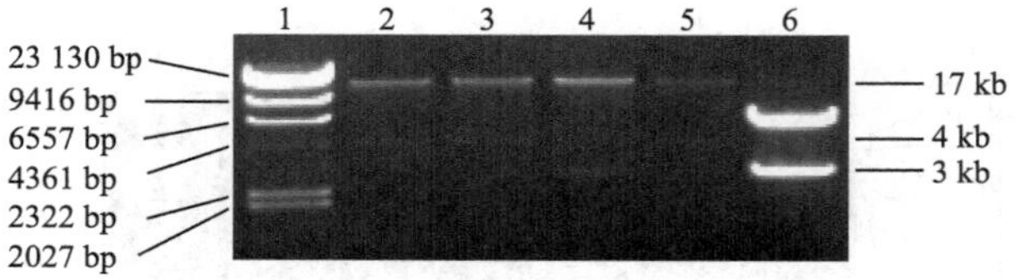

图 9 pAd5-NT21 和 pAd5-POL 重组子 *Pac*I 酶切产物电泳图谱

1. λ-DNA/*Hind*III marker；2、3. 相对于图 7 的第 4 和 5 号泳道 pAd5-NT21 重组子；4、5. 相对于图 7 的第 5 和 7 号泳道 pAd5-POL 重组子；6. pAdTrack-CMV 对照

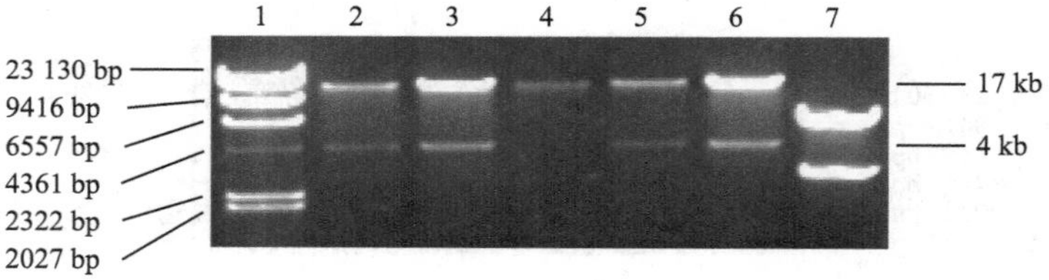

图 10 pAd5-LacZ 重组子 *Pac*I 酶切产物电泳图谱

1. λ-DNA/*Hind*III marker；2～6. 相对于图 8 的第 3-7 号 pAd5-LacZ 重组子；7. pAdTrack-CMV 对照

根据 He 等[9] 的工作，pAdEasy-1 与穿梭质粒之间可以有两种重组方式：①在两个质粒共有的两个重组位点左臂和右臂发生重组；②在两个质粒的其中一个重组位点右臂以及复制子 ori 位点发生重组。若重组以第一种方式进行，则产生的重组子经 *Pac*I 酶切可获得一个大小约 3 kb 的含有 *Km* 基因的小片段，如图 9 的第 4 泳道重组子。若重组以第二种方式进行，则产生的重组子经 *Pac*I 酶切获得一大小约为 4 kb 的含有 *Km* 基因的小片段，如图 9 和图 10 的绝大多数转化

子。因此，除了图 10 的第 4 号泳道（相对于图 8 的第 5 号泳道 pAd5-LacZ 重组子），图 9 和图 10 的其余泳道重组子均为阳性。

在这里有必要指出的是，He 等[9]在他们的工作中，重组子经 *Pac*I 酶切获得的大片段大小约为 34 kb，但是，在我们的工作中获得的却是约 17 kb 的大片段。以 He 等[9]的工作作为判断依据，我们开始怀疑我们在工作中获得的重组子均为阴性，但是，在筛选过的约上百个克隆中均没发现 *Pac*I 酶切能获得 34 kb 大片段的重组子，而且，其他同样使用该腺病毒构建系统的同事也遇到类似的情况。有趣的是，我们使用图 9 和图 10 中的大部分克隆进行后续的腺病毒培养，却成功地获得了与我们预期一致的重组腺病毒。因此，我们认为，我们使用的腺病毒构建系统可能发生了碱基突变，形成了一个新的 *Pac*I 识别位点，并且该位点恰恰位于原先两个 *Pac*I 位点中间，这使得 *Pac*I 的酶切获得两条大小均约为 17 kb 的大片段。

7.4.5 重组腺病毒的培养

将图 6 第 4 号 pAd5-NT21 重组子、图 7 第 5 号 pAd5-POL 重组子、图 8 第 3 号 pAd5-LacZ 重组子质粒以 *Pac*I 线性化，然后转染 AD-293 细胞。在第一次转染过程中仅获得少量 GFP 表达细胞，且没发生 CPE。10 天后将细胞冻融裂解，离心取上清液再次感染新鲜培养的 AD-293 细胞，很快在感染的第二天就观察到了病毒扩增现象以及 CPE。以腺病毒 Ad5-NT21 的培养为例，拍摄到的 GFP 表达细胞照片见图 11。

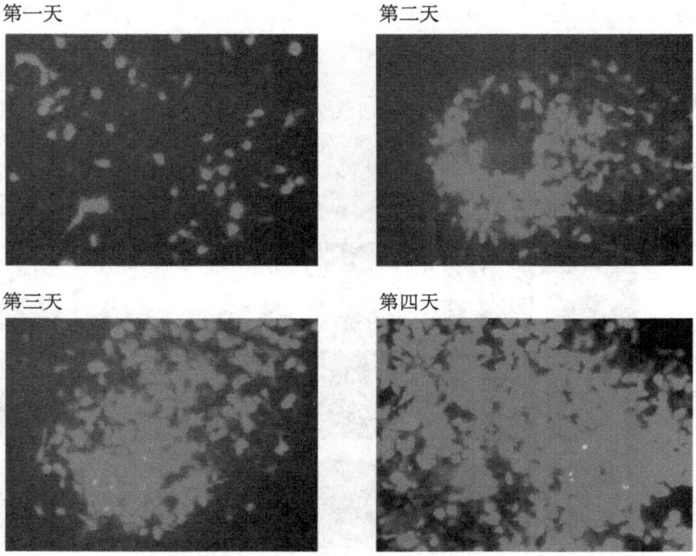

图 11 重组腺病毒增殖的 GFP 示踪

HEK 293 细胞中的 Ad5

当约 50%的细胞发生 CPE 时，反复冻融细胞离心获取上清病毒液，取少量再次感染新鲜培养的细胞，如此反复 3～4 次，可获得约 10^8～10^9 pfu/ml 滴度的病毒。经 CsCl 密度梯度离心法纯化浓缩后获得约 10^{11} pfu/ml 滴度的病毒。该纯度和浓度的重组腺病毒适合于细胞动物水平的实验。

7.4.6 Ad5-NT21 和 Ad5-POL 完全保护 IBRS-2 细胞不受 FMDV 感染

为了检测重组腺病毒的抗 FMDV 活性，我们在 96 孔细胞培养板中培养 IBRS-2 细胞，每孔细胞感染 1、5 或 10 MOI 剂量的 Ad5-NT21、Ad5-POL、或 Ad5-LacZ 重组腺病毒，24 h 后，细胞分别感染 100 $TCID_{50}$剂量的 FMDV HKN/2002、CHA/99 或 PRV Ea，然后观察 GFP 表达情况以及 CPE。

正常的 IBRS-2 细胞在形态学上是成纤维化的，采用培养瓶培养时单层生长，而且临近细胞之间有规律性平行排列的趋势。当细胞感染 FMDV 时，导致明显的 CPE，即细胞变圆、飘起，并最终裂解。

我们的结果显示，对照组细胞在感染 HKN/2002 后 24 h 左右发生了明显的 CPE，相比之下，感染 5 或 10 MOI 剂量的 Ad5-NT21 或 Ad5-POL 实验组在任何时间段均没有显著的 CPE，而感染 1 MOI 剂量的 Ad5-NT21 或 Ad5-POL 实验组，抗 HKN/2002 效应持续约 3 天。与预期一致的是，感染 Ad5-POL 的细胞能够有效抵抗异源毒株 CHA/99 的感染，只是相比抗 HKN/2002 需要稍大剂量的 Ad5-POL。Ad5-NT21 和 Ad5-POL 的抗病毒效应是特异性的，因为对照重组腺病毒 Ad5-LacZ 没有显著的抗病毒效应，而且 Ad5-NT21 和 Ad5-POL 无法显著抑制对照病毒 PRV 的感染。我们在病毒感染后的 72 h 记录了细胞 GFP 表达及其 CPE，照片见图 12。

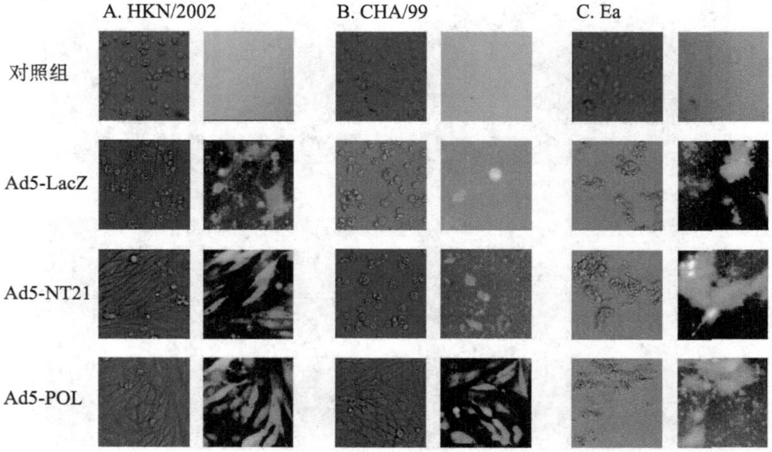

图 12 Ad5-NT21 和 Ad5-POL 有效保护 IBRS-2 细胞抵抗 FMDV 的感染

除了细胞形态学观察，我们还收集了感染 5 MOI 重组腺病毒实验组不同时间的细胞上清液，并检测了病毒滴度。结果参见图 13。

图 13 显示，细胞上清液病毒滴度测定结果与细胞形态学观察结果相符。在 48 h，Ad5-NT21 和 Ad5-POL 实验组细胞上清液中 HKN/2002 病毒滴度为零（图 13A），而 Ad5-POL 实验组亦几乎检测不到异源毒株 CHA/99 的复制（图 13B）。这说明，在这几个实验组中，重组腺病毒完全抑制了 FMDV 在细胞内的复制。

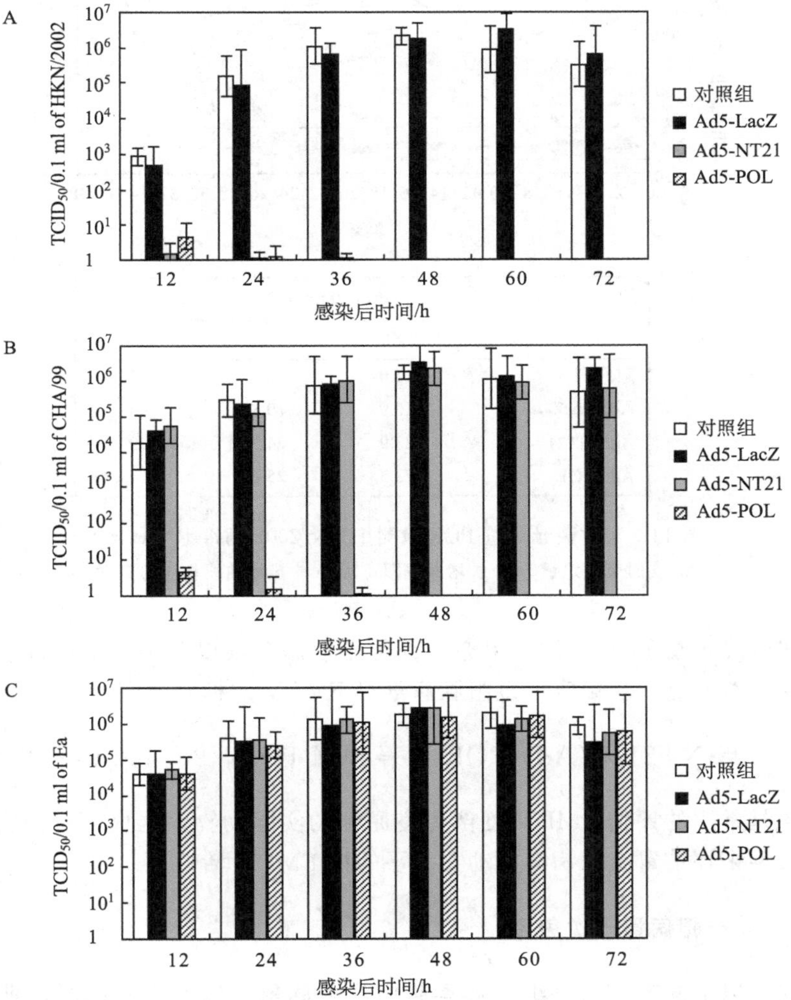

图 13　不同实验组不同时间细胞上清液病毒滴度测定

更进一步地，我们在不同时间抽提了感染 5 MOI 重组腺病毒各个实验组细胞的总 RNA，并通过实时荧光定量 PCR 检测了 HKN/2002 病毒 RNA 的丰度。结果见图 14。

A

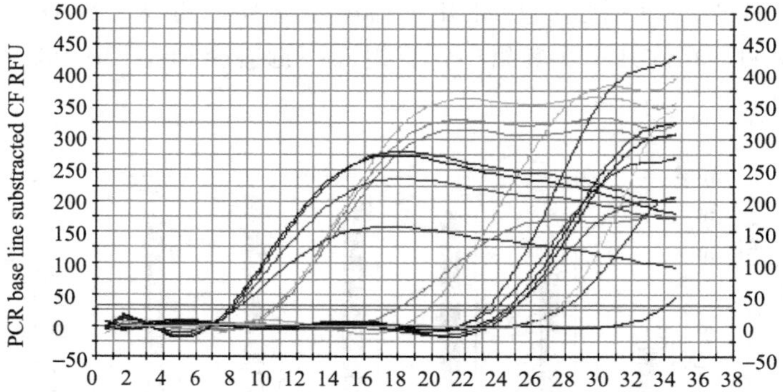

B

组	cycle threshold(ct)for h.p.c.		
	12 h	24 h	36 h
对照组	11.0	8.7	8.2
Ad5-LacZ	10.9	10.8	8.4
Ad5-NT21	23.9	24.7	34.2
Ad5-POL	23.5	25.1	27.7

图 14　实时荧光定量 PCR 检测 HKN/2002 病毒 RNA 丰度

A. 实时荧光定量 PCR 扩增曲线图；B. A 中扩增曲线相应的 ct 值

实时荧光定量 PCR 检测结果亦与细胞学形态观察以及细胞上清液病毒滴度测定结果相符，进一步证实了重组腺病毒对 FMDV 的抑制效应。

7.4.7　Ad5-NT21 和 Ad5-POL 显著抑制 HKN/2002 在豚鼠中的复制

豚鼠是常用的评估 FMDV 疫苗免疫原性的实验动物，这里，我们尝试使用该动物模型来评估重组腺病毒在动物水平的抗 FMDV 活性。

7.4.7.1　单一腺病毒一次免疫

首先，以不同剂量的重组腺病毒肌肉注射豚鼠，然后在不同时间使用不同 HKN/2002 进行攻击，观察豚鼠发病概率以及症状的轻重。实验结果如表 1 所示。

表 1　Ad5-NT21 或 Ad5-POL 单次免疫使豚鼠增强对 FMDV 的抵抗力

group	treatment (PFU)	challenge (ID_{50}/d. p. t.)	No. protected/No. challenged for d. p. c.							P 值[a]
			1	2	3	4	5	6	14	
PBS		50/1	3/5	0/5	?	?	?	?	?	AC
Ad5-LacZ	107	50/1	5/5	1/5	1/5	0/5	?	?	?	0.0591
Ad5-NT21	107	50/1	4/5	4/5	2/5	1/5	?	2/5[b]	?	0.0326
Ad5-POL	107	50/1	5/5	5/5	3/5	2/5	3/5[b]	?	?	0.001 49
Ad5-LacZ	106	50/1	3/5	2/5	0/5	?	?	?	?	0.333
Ad5-NT21	106	50/1	4/5	4/5	1/5	?	?	?	?	0.0326
Ad5-POL	106	50/1	4/5	4/5	3/5	?	?	?	?	0.0326
Ad5-LacZ	107	50/3	5/5	0/5	?	?	?	?	?	0.134
Ad5-NT21	107	50/3	5/5	2/5	?	?	?	?	?	0.0571
Ad5-POL	107	50/3	5/5	2/5	?	3/5[b]	?	?	?	0.0316
PBS		200/1	3/5	0/5	?	?	?	?	?	AC
Ad5-LacZ	107	200/1	4/5	2/5	0/5	?	?	?	?	0.173
Ad5-POL	107	200/1	5/5	4/5	1/5	?	?	?	?	0.0116

d. p. t. , days post treatment; d. p. c. , days post challenge; ?, the score is the same as the day before; AC, as controls; a. Statistical analysis by the log-rank test; b. One animal recovered from the infection.

表 1 显示，所有 PBS 对照组动物在攻毒后 48 h 之内全部发病，在脚掌表面产生显著的病毒性水泡。PBS 对照组，Ad5-LacZ 的注射没有给实验动物带来显著的抗 FMDV 活性，仅个别动物发病时间延迟。然而，注射了 Ad5-NT21 或 Ad5-POL 的动物表现出了对 FMDV 感染明显的抵抗力，例如注射 10^6 pfu 剂量 Ad5-POL 且 24 h 后 50 ID_{50} HKN/2002 攻击的实验组，3/5 的动物受到了完全的保护，没有发生任何病毒性水泡及发烧等症状。感染 200 ID_{50} HKN/2002 实验组，所有注射 PBS 或 Ad5-LacZ 的动物在 FMDV 感染 24 h 后均出现了发烧症状（体温超过 40℃）。此时，所有注射 Ad5-POL 的动物没有异常现象。尽管某些 Ad5-NT21 或 Ad5-POL 注射的动物感染 FMDV 后明显发生了病毒性水泡，但短时间内消失。这些实验结果说明，尽管 Ad5-NT21 和 Ad5-POL 没能 100％保护实验动物，但是，它们显著提高了动物对 FMDV 的抵抗力。

7.4.7.2　两个腺病毒联合一次或两次免疫

Kahana 等[11]的工作表明，相比单个 siRNA，3 个 siRNA 的混合转染可以 100％抑制病毒在细胞水平的复制。他们的工作使我们有兴趣去评估重组腺病毒两次免疫或混合免疫的抗 FMDV 效应。我们每个重组腺病毒采用 0.5×10^7 pfu 剂量两次免疫或混合免疫豚鼠，第一次免疫 24 h 后用 50 ID_{50}的 FMDV 攻击，实验结果参见表 2。

表 2　重组腺病毒两次或混合免疫与单次免疫相比未能提高动物的抵抗力

group	treatment	challenge (d. p. t.)	No. protected/No. challenged for d. p. c.							P 值[a]
			1	2	3	4	5	6	14	
PBS	single	1	4/5	0/5	?	?	?	?	?	AC
Ad5-LacZ	single	1	5/5	1/5	1/5	0/5	?	?	?	0.180
Ad5-NT21/Ad5-POL	single	1	5/5	4/5	3/5	2/5	3/5[b]	?	?	0.007 78
Ad5-NT21/Ad5-POL	single	0	5/5	3/5	3/5	2/5	?	?	?	0.0411
Ad5-LacZ	twice	0[c]	5/5	2/5	0/5	?	?	?	?	0.0926
Ad5-NT21/Ad5-POL	twice	0[c]	5/5	3/5	2/5	2/5	?	?	?	0.0411

d. p. t., days post treatment; d. p. c., days post challenge; ?, the score is the same as the day before; AC, as controls; a. Statistical analysis by the log-rank test; b. One animal recovered from the infection; c. Animals were immediately challenged after the second inoculation.

由表 2 可以看出，与表 1 中的单次免疫结果相比，对免疫方式简单地进行改进并不能提高豚鼠对 FMDV 的抵抗力。但是令人十分惊讶的是，Ad5-NT21 和 Ad5-POL 混合一次免疫后立即用 FMDV 攻击，动物显著地增强对攻击病毒的抵抗力，2/5 的动物最终受到了保护。这说明，腺病毒介导的 RNAi 能在动物水平迅速抑制病毒的复制。

7.4.8　Ad5-NT21 和 Ad5-POL 联合免疫显著增强家猪对 FMDV 的抵抗力

以豚鼠的初步结果为参考，我们设计了这部分实验在重要的 FMDV 易感动物家猪上进一步评估腺病毒介导的 RNAi 的有效性。

7.4.8.1　腺病毒联合二次免疫

每头动物同时注射两种重组腺病毒 Ad5-NT21 和 Ad5-POL 各 1×10^9 pfu 剂量，24 h 后以相同剂量再次免疫，然后即刻以 100 ID_{50} HKN/2002 猪毒（家猪上传 3 次，而后在乳鼠中传代保存）攻击，观察动物发病比例及症状。我们对动物发病症状的计数方法采用美国梅岛动物研究中心计数方法[12]，即猪的 16 个小蹄加上鼻镜总共计为 17 个单位，攻毒后通过计数发生病毒性水泡或病毒性溃烂的单位数目多少来表示症状的严重程度。结果如图 15 所示。

结果表明，所有 PBS 对照动物在攻毒后 7 天全部发病，而且在 3～6 天产生了发烧症状，其中动物＃0-0 在第 4 天产生症状，症状在 24 h 后严重加深（图 16A）。与 PBS 对照组相比，Ad5-LacZ 对照组动物没有明显的抗病毒能力，只是＃35-2 在第 8 天才发病，比其他动物发病稍稍延迟了一些（图 16B）。然而，Ad5-NT21 和 Ad5-POL 联合免疫使动物对 FMDV 产生了明显的抵抗力，＃39-1 没有发生任何疾病症状，最终受到了保护，而＃39-2 和＃39-5 尽管发生了疾病，

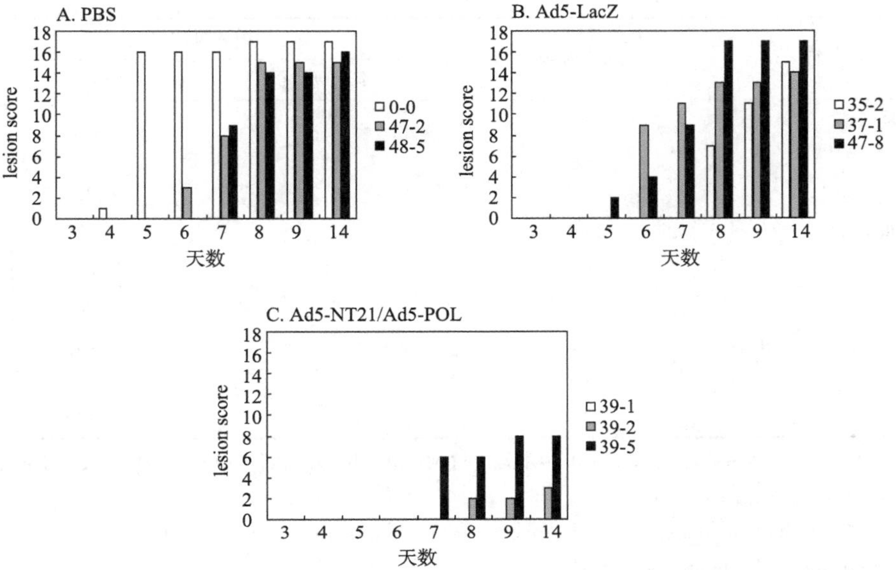

图 15　Ad5-NT21 和 Ad5-POL 联合一次免疫显著抑制病毒在家猪体内的复制

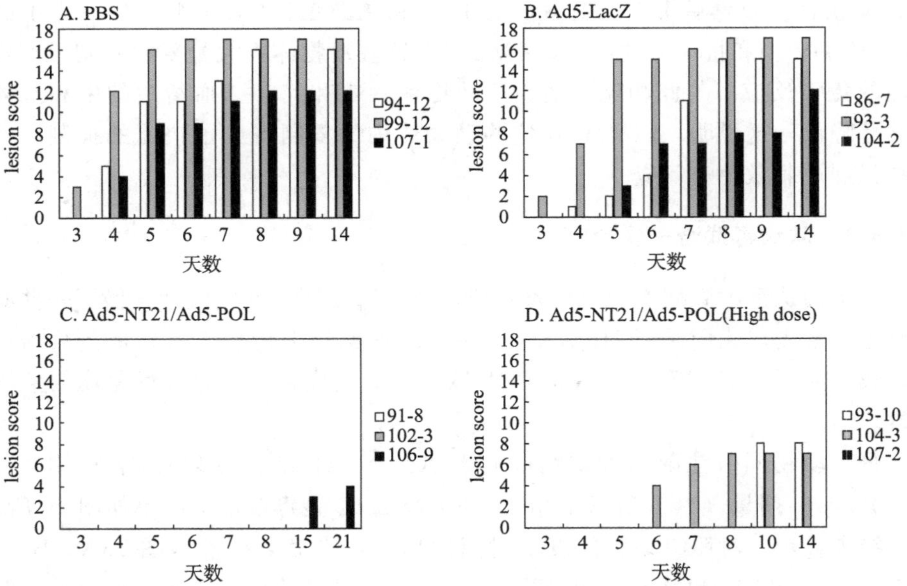

图 16　Ad5-NT21 和 Ad5-POL 联合一次免疫显著抑制病毒在家猪体内的复制

但是与对照动物相比，它们的症状显著减轻（图 15C）。

我们对每一组的动物进行了中和抗病检测。结果见表 3。

表 3　Ad5-NT21 和 Ad5-POL 联合两次免疫动物 FMDV 中和抗体检测

组	动物编号	中和抗体[a]	
		第 0 天	第 8 天
PBS	0-0	<4[b]	128
	47-2	<4	256
	48-5	2	<256
Ad5-LacZ	35-2	4	128
	37-1	<2	256
	47-8	2	<256
Ad5-NT21/Ad5-POL	39-1	2	<32
	39-2	<2	<64
	39-5	4	128

a. Blood and serum sample was collected before FMDV challenge or on day 8 post challenge, and used to determine neutralizing antibody.

b. The FMDV-specific neutralizing antibody titer is expressed as the highest dilution that resulted in a 50% reduction in the number of plaques.

表 3 结果显示，在 FMDV 攻击之前，在实验动物血清中没有检测到显著的 FMDV 抗体。攻毒后第 8 天时，所有 PBS 和 Ad5-LacZ 对照组动物产生了高水平的 FMDV 中和抗体。这暗示，FMDV 在这些动物体内大量复制并刺激产生了强烈的免疫反应。与此相比，实验组动物＃39-1 和＃39-2 血清中的中和抗体水平显著降低，这说明，FMDV 在这些动物体内的复制得到了快速的抑制，使其无法强烈地刺激免疫反应。

7.4.8.2　腺病毒联合一次免疫

为了确认重组腺病毒的抗病毒效应，我们重复了一次实验，并做了一些必要的改进。首先，我们采用 HKN/2002 猪毒（在家猪上传代 3 次）进行攻击；其次，我们采用 Ad5-NT21 和 Ad5-POL 联合一次免疫，并对腺病毒免疫剂量进行摸索。

每只动物同时注射两种重组腺病毒 Ad5-NT21 和 Ad5-POL 各 2×10^9（或 4×10^9）pfu 剂量，24 h 后以 100 ID_{50} HKN/2002 猪毒攻击。结果如图 16 所示。

结果显示，对照组动物的发病时间比猪毒攻击显著提前（图 16A，B）。常规剂量 Ad5-NT21 和 Ad5-POL 联合一次免疫实验组动物（图 16C）似乎比两次免疫（图 15C）有更加强烈的抗病毒效应。＃91-8 和＃102-3 最终获得了保护，＃106-9 尽管发生了疾病，但是症状十分的轻微。可能的原因是，一次免疫的剂量是两次免疫的总和，从第一次免疫剂量来看，一次免疫实验的剂量比两次免疫实验的剂量大，而在两次免疫实验中的第二次免疫可能无法增强抗病毒效应。我们进一步加大了一次免疫实验的腺病毒剂量（图 16D），即每个腺病毒注射 4×10^9 pfu 剂量，结果表明，尽管加大了免疫剂量，但是与常规剂量免疫相比（图 16C）并没能加强对动物的保护，相反地似乎降低了动物的抗病毒能力。

同样，我们对实验动物进行了血清学分析，检测了不同时间动物产生的 FMDV 病毒血症、中和抗体以及非结构蛋白 3ABC 抗体。结果见表 4。

表 4　Ad5-NT21 和 Ad5-POL 联合一次免疫动物血清学分析

组	动物编号	viremia[a]		neutralizing antibody[b]		antibody against 3ABC[c]		
		第 6 天	第 14 天	第 14 天	第 21 天	第 0 天	第 14 天	第 21 天
PBS	94-12	10.0	0	<256	256	10.9±3.2	41.6±4.0	58.1±1.5
	99-12	2.2	0	256	<512	13.6±3.8	45.0±5.5	91.0±2.5
	107-1	3.2	0	<512	512	19.4±0.85	91.1±0.1	112.1±1.0
Ad5-LacZ	86-7	21.5	0	<256	256	19.7±4.3	78.5±5.7	87.7±0.5
	93-3	2.2	0	<256	128	11.3±6.5	58.0±1.5	61.6±0.9
	104-2	5.9	0	128	256	15.1±4.0	50.8±3.5	58.6±4.8
Ad5-NT21/	91-8	0	0	8	<16	11.6±0.1	14.2±8.8	22.5±0.1
Ad5-POL[d]	102-3	0	0	8	<16	9.9±2.0	30.1±10.5	21.7±0.7
	106-9	0	5.9	<16	<128	8.8±4.2	32.4±6.7	23.6±0.6
Ad5-NT21/	93-10	ND[e]	ND	64	<256	9.1±8.3	31.1±8.1	77.6±3.5
Ad5-POLd	104-3	ND	ND	<512	256	15.4±1.7	37.1±3.0	38.6±1.1
	107-2	ND	ND	16	<32	10.4±10.6	28.8±2.9	37.9±2.1

a. Infectious FMDV titers ($TCID_{50}$/0.1 ml) in the serum.

b. Highest dilution that resulted in a 50% reduction in the number of HKN/2002 plaques.

c. Mean ± SD % inhibition of OD in ELISA.

d. Inoculation with a high dose of Ad5 mixture.

e. Not detected.

血清学检测表明，三个血清学参数基本反映了临床观察的结果（图 16）。所有的实验动物在免疫之前均没有显著的 FMDV 特异性抗体。PBS 和 Ad5-LacZ 对照组动物在攻毒后第 6 天均产生病毒血症，并在 14～21 天时间段产生高水平的中和抗体。在 Ad5-NT21 和 Ad5-POL 混合免疫组中，动物＃91-8、＃102-3 和＃107-2 只产生极低水平的中和抗体，而且所有常规剂量免疫组动物在第 6 天均没有产生病毒血症。通常，病毒血症在动物病毒性水泡症状形成之前产生，而且持续 3～4 天[12]。我们的实验结果表明，绝大多数对照组动物在攻毒后4～5 天发生水泡症状（图 16A，B），而且所有的对照组动物在第 6 天检测到病毒血症（表 4）。因此，尽管我们没有在攻毒后连续检测病毒血症症状，动物＃91-8、＃102-3 和＃106-9 在攻毒后第 6 天未检测到该症状至少暗示在攻毒后最重要的时期没有产生病毒血症，或产生的病毒血症十分轻微，以至于快速的消失。令人惊讶的是，动物＃106-9 在第 14 天检测到了病毒血症，而且在第 15 天发生了病毒性水泡。据我们所知，在攻毒后 12 天之内家猪若不发生病毒性水泡，通常就不会再发病，因为这时候攻击病毒已经被动物免疫系统清除。因此，导致＃106-9发病时间异常最有可能的原因是，对照组发病动物分泌的病毒通过空气传播导致＃106-9 的再感染，即使对照组动物与＃106-9 是隔离的，但是并不能排除 FMDV 通过空气在负压实验室内传播。同时，这也暗示了重组腺病毒诱导的抗病毒效应持续时间可能不会超过 14 天。

动物感染 FMDV 的一个很重要的特征是，在动物血液中诱导显著的抗 FMDV 非结构蛋白 3ABC 抗体[13]。固相阻断 ELISA 检测结果表明，发病的动物 3ABC 抗体水平显著高于受保护的动物（表 4）。

7.5 实验发现

RNAi 效应持续时间短，并且无法完全清除病毒是 RNAi 作为病毒感染防御策略必须解决的两个难题[3]。前面的多个工作[1,4~6]结果发现，RNAi 在细胞水平对 FMDV 复制的抑制效应通常持续 2～6 天。然而，Kahana 等[7]采用三个 siRNA 同时转染细胞能够 100％抑制病毒的复制。目前，我们对影响细胞水平 RNAi 效率的因素仍然不甚了解，除了 siRNA 本身之外，我们认为其他因素亦需要考虑：其一，在不同的哺乳动物细胞类型中，RNAi 分子机制的保守性及其活性；其二，化学合成或载体表达的 siRNA 的转染效率；其三，RNAi 效应从一个细胞扩散到另一个细胞的能力。由于腺病毒易培养，宿主细胞类型多，及其感染不依赖于细胞分裂使腺病毒成为 siRNA 有效的表达载体[14,15]。我们的工作发现，表达 FMDV 特异性的 siRNA 的重组腺病毒能够完全保护猪 IBRS-2 细胞不受 FMDV 的感染（图 13）。

相比 RNAi 技术在细胞水平的成功试验，其在动物个体水平上的成功应用仍鲜见报道。由于动物个体的复杂性，以及目前对脊椎动物分子机制的研究不够深入，在动物个体水平发展 RNAi 技术的最大挑战可能是如何有效地将 siRNA 传递到靶组织器官[16]。我们的工作发现，即使使用大剂量或者改变免疫方法，家猪也无法受到 100％保护（图 15 和图 16），这在豚鼠实验中也是如此（表 1 和表 2）。一个很重要的问题是：腺病毒是否确实扩散到了 FMDV 感染的部位中去呢？为此，我们在 FMDV 攻击后的第 8 天，分别从 Ad5-POL 实验组受保护的一只豚鼠和 Ad5-LacZ 实验组发病的一只豚鼠中收集了五个组织器官（分别是口咽、肺、肝、肌肉以及脚掌表皮），抽提组织总 RNA，并通过实时荧光定量 PCR 的方法检测了腺病毒 *GFP* 基因 mRNA 和 FMDV *3D* 基因 mRNA 的丰度。结果表明，大多数的腺病毒分布在肝脏部位，而绝大多数的 FMDV 分布在发生病毒性水泡的脚掌表皮，但该部位腺病毒的分布却十分微量。在偶蹄类动物中，不论是急性或持久感染，FMDV 均是在口咽部位复制[17]。因此，在我们的工作当中，尽管没有对家猪的各个组织器官进行类似的检测，我们可以认为，FMDV

和腺病毒的不同分布也是导致RNAi效应十分有限的原因之一。

为了使RNAi的抗病毒效应在动物水平能够更加有效，很重要的是要让RNAi信号在动物一些组织甚至全身性的系统扩散。在秀丽新小杆线虫[18]中，siRNA能够通过一种目前还不清楚的机制诱导系统性的RNAi。研究发现，一种跨膜蛋白SID-1与siRNA的吸收以及RNAi的系统化有关[19]。令人兴奋的是，在人类以及啮齿类动物中存在SID-1的同源蛋白[20]。最近，Duxbury等[21]发现，一个SID-1的哺乳动物同源蛋白的过表达能够增强人PANC1细胞对siRNA的吸收，并且提高RNAi的效率。这些研究结果暗示，哺乳动物可能具备使RNAi效应系统化的能力。不过，目前仍然没有直接的证据表明在动物某一个组织产生的RNAi效应能够诱导动物全身性的抗病毒反应，这或许可以部分地解释在我们的工作中为什么腺病毒在动物水平的抗病毒活性不是那么的强烈。

另一个重要的问题是如何确定一个最佳的siRNA表达载体。好几个实验团队[14,15]包括我们均利用复制缺陷型的人重组腺病毒作为siRNA表达载体。然而，最近的一个研究[22]表明，腺病毒的VA1非编码RNA能够抑制siRNA或miRNA的表达。我们的实验结果[23]发现，高剂量的腺病毒注射似乎降低了RNAi的效率（图16D）。这些发现暗示，目前使用的腺病毒载体可能需要进一步完善，例如去除VA1 RNA的编码基因[22]。甚至，需要去寻找比腺病毒更加合适的载体用来表达siRNA。

参考文献

1. Chen W, Yan W, Du Q, et al. 2004. RNA interference targeting VP1 inhibits foot-and-mouth disease virus replication in BHK-21 cells and suckling mice. J Virol, 78: 6900～6907
2. Grubman MJ, De los Santos T. 2005. Rapid control of foot-andmouth disease outbreak: is RNAi a possible solution? Trends Immunol, 26: 65～68
3. Bayry J, Tough DF. 2005. Is RNA interference feasible for the control of foot-and-mouth disease outbreaks? Trends Immunol, 26: 238～239
4. Liu M, Chen W, Ni Z, et al. 2005. Cross-inhibition to heterologous foot and-mouth disease virus infection induced by RNA interference targeting the conserved regions of viral genome. Virology, 336: 51～59
5. De Los Santos T, Wu Q, De Avila Botlon S, et al. 2005. Short hairpin RNA targeted to the highly conserved 2B nonstructural protein coding region inhibits replication of multiple serotypes of foot-and-mouth disease virus. Virology, 335: 222～231
6. Mohapatra JK, Sanyal A, Hemadri D, et al. 2005. Evaluation of in vitro inhibitory potential of small interfering RNAs directed against various regions of foot-and-mouth disease virus genome. Biochem Biophys Res Commun, 329: 1133～1138
7. Kahana R, Knuznetzoua L, Rogel A, et al. 2004. Inhibition of foot-and-mouth disease virus replication by small interfering RNA. J Gen Virol, 85: 3213～3217
8. Chen W, Wei Y, Zhao XZ, et al. 2005. Response to Bayry and Tough: is RNAi useful for controlling foot-and-mouth disease outbreaks? Trends Immunol, 26: 239～241

9. He T, Zhou S, De Costa LT, et al. 1998. A simplified system for generating recombinant adenovirus. Proc Natl Acad Sci USA, 95: 2509～2514
10. Kanegae Y, Makimura M, Saito I, et al. 1994. A simple and efficient method for purification of infectious recombinant adenovirus. J Med Sci Biol, 47: 157～166
11. Chinsangaram J. 2003. Novel viral disease control strategy: adenovirus expressing alpha interferon rapidly protects swine from foot-and-mouth disease. J Virol, 77: 1621～1625
12. Moraes MP, Chinsangaram J, Brum MCS, et al. 2003. Immediate protection of swine from foot-and-mouth disease: a combination of adenoviruses expressing interferon alpha and a foot-and-mouth disease virus subunit vaccine. Vaccine, 22: 268～279
13. Sun T, Lu P, Wang X, et al. 2004. Localization of infection-related epitopes on the nonstructural protein 3ABC of foot-and-mouth disease virus and the application of tandem epitopes. J Virol Methods, 119: 79～86
14. Shen C, Buck AK, Liu X, et al. 2003. Gene silencing by adenovirus-delivered siRNA. FEBS Lett, 539: 111～114
15. Zhao LJ, Jian H, Zhu H, et al. 2003. Specific gene inhibition by adenovirus-mediated expression of small interfering RNA. Gene, 316: 137～141
16. Paroo Z, Corey DR. 2004. Challenges for RNAi *in vivo*. Trends Biotechnol, 22: 390～394
17. Prato Murphy ML, Forsyth MA, Belsham GJ, et al. 1999. Localization of foot-and-mouth disease virus RNA by *in situ* hybridization within bovine tissues. Virus Res, 62: 67～76
18. Fire A, Xu S, Montgomery MK, et al. 1998. Potent and specific genetic interference by double-stranded RNA in *Caenorhabditis elegans*. Nature, 391: 806～811
19. Feinberg EH, Hunter CP, 2003. Transport of dsRNA into cells by the transmembrane protein. Science, 301: 1545～1547
20. Winston WM, Molodowitch C, Hunter CP. 2002. Systemic RNAi in *Caenorhabditis elegans* requires the putative transmembrane protein SID-1. Science, 295: 2456～2459
21. Duxbury MS, Ashley SW, Whang EE, et al. 2005. RNA interference: a mammalian SID-1 homologue enhances siRNA uptake and gene-silencing efficiency in human cells. Biochem Biophys Res Commun, 331: 459～463
22. Lu S, Cullen BR. 2004. Adenovirus VA1 noncoding RNA can inhibit small interfering RNA and microRNA biogenesis. J Virol, 78: 12868～12876
23. Chen W, Liu M, Jiao Y, et al. 2006. Adenovirus-mediated RNA interference against foot-and-mouth disease virus infection both *in vitro* and *in vivo*. J Virol, 80: 3559～3566

8 靶向 FMDV 的 siRNA 诱导 IFN-β 的研究

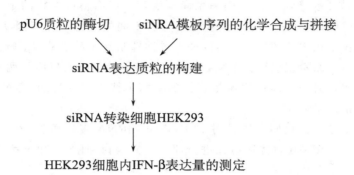

实验技术路线

pU6质粒的酶切　　siNRA模板序列的化学合成与拼接

↘　↙

siRNA表达质粒的构建

↓

siRNA转染细胞HEK293

↓

HEK293细胞内IFN-β表达量的测定

8.1 引言

2002年以来陆续有研究表明[1~3]，siRNA可以诱发真核生物细胞的干扰素天然免疫反应，这为siRNA在基因功能研究以及抗病毒研究中的应用蒙上了不确定因素。影响siRNA能否诱发真核生物细胞干扰素产生的因素很多，虽然Veit Hornung等研究发现[4]siRNA对干扰素的诱发是序列依赖性的，但人们对siRNA和Ⅰ型干扰素诱发之间的关系尚不清楚。然而不可否认的是，在各种应用siRNA进行的研究中，对干扰素的产生有不同的考虑，在基因功能研究中，应该尽量避免干扰素的产生，以排除非特异性抑制反应对结果的影响。而在抗病毒研究中，一方面希望能够将RNA干扰与非特异性干扰素反应这两者的抗病毒效应区分开来，另一方面则更希望能找到集两个特点于一身的siRNA，以达到最好的抗病毒效果。

在本项工作中，我们利用针对FMDV的shRNA表达质粒载体转染HEK-293细胞后，对IFN-β的诱发情况进行评估，并探讨siRNA和干扰素诱发之间的关系。

Ⅰ siRNA表达载体的构建

Ⅰ8.2 实验材料

Ⅰ8.2.1 质粒及菌株

(1) 质粒

pU6，由小鼠的U6启动子取代质粒pCDNA3.1B(－)(Invitrogen, Groningen, The Netherlands)的CMV启动子重组而成的质粒，由本实验室人员构建保存。

(2) 菌株

见5.2.2。

Ⅰ8.2.2 主要试剂

(1) 生化酶试剂

*Eco*RI、*Hin*dIII、*Xho*I、T4连接酶(T4 ligase)、T4多核苷酸激酶及λDNA/*Hin*dIII marker和100 bp DNA marker等购自NEB公司。

(2) 试剂盒、LB培养基、碱裂解法抽提质粒试剂见5.2.3。

Ⅰ8.2.3 主要仪器

PCR扩增仪、H6-1微型电泳槽、Bio-Rad一次性凝胶成像仪、孵育箱等。

Ⅰ8.3 实验方法

Ⅰ8.3.1 siRNA 表达载体的构建流程

人工合成所设计的 siRNA 片段 3D1、3D2、3D3、NT21 和 NT63，并将它们克隆到表达载体 pU6 上，构建流程见图 1。

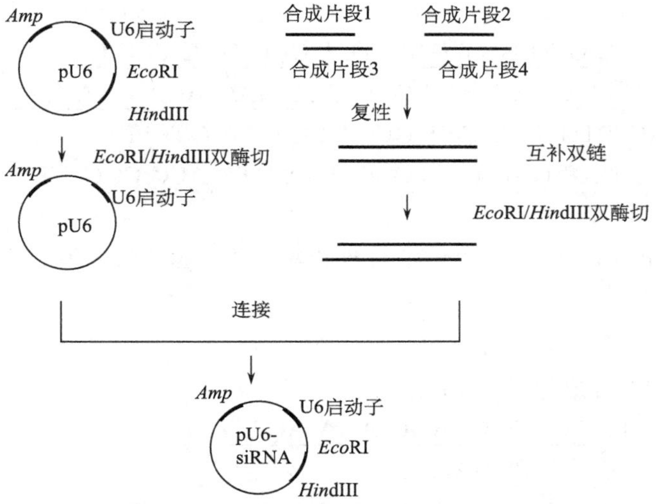

图 1 siRNA 表达载体构建流程

Ⅰ8.3.2 siRNA 表达模板的设计

siRNA 表达模板的设计参照 Sui 等[5]的工作，采用反向重复结构，中间以 *Xho*I 限制酶识别序列作为链接便于克隆鉴定，重复结构末端加入五个胸腺嘧啶（T5）作为 U6 启动子的转录终止信号。该模板克隆到 pU6 载体中，经 U6 启动子转录获得 ssRNA，预期折叠成 shRNA，并在细胞内经 Dicer 酶剪切最终获得有效的目的 siRNA（见 3.3.4.2 中图 3）。

Ⅰ8.3.3 siRNA 表达模板的化学合成和拼接

siRNA 表达模板的化学合成采取如下策略：采取正负链分段合成，并在模板序列的两端分别加上 *Eco*RI 和 *Hin*dIII 限制性内切核酸酶位点，而后磷酸化、双链复性互补、连接。但由于一条链自身就容易互补形成发卡状结构，则采用另一种化学合成方案：即采取正负链分段合成（一个 siRNA 分别合成 4 段单链），并在模板序列的两端分别引入酶切后的 *Eco*RI 和 *Hin*dIII 限制性内切核酸酶位点，然后磷酸化，各链之间复性互补、连接。各个 siRNA 表达模板序列如下（下画实线和下画虚线分别为正向和反向序列）：

1）NT21

5′-GAA TTC GAG TCT GCG GAC CCC GTG ACT CTC GAG AGT CAC GGG GTC CGC AGA CTC TTT TTA AGC TT-3′

靶向 FMDV *VP1* 的第 16～36 位核苷酸，预计表达长度为 21 bp 的 shRNA。

2）NT63

5′-GAA TTC GCG GGT GAG TCT GCG GAC CCC GTG ACT ACC ACC GTC GAA GAC TAC GGC GGC GAG ACA CAA GTC CTC GAG GAC TTG TGT CTC GCC GCC GTA GTC TTC GAC GGT GGT AGT CAC GGG GTC CGC AGA CTC ACC CGC TTT TTA AGC TT-3′

靶向 FMDV *VP1* 的第 10～72 位核苷酸，预计表达长度为 63 bp 的 shRNA。

3）3D1 siRNA

3D1 siRNA 合成片段 1-A1：

5′-GAA TTC CCA TAC AGG AGA AGT TGA TTT C-3′

3D1 siRNA 合成片段 2-A2：

5′-AAG AGA ATC AAC TTC TCC TGT ATG GTT TTT T-3′

3D1 siRNA 合成片段 3-A3：

5′-CTT AAG GGT ATG TCC TCT TCA ACT AAA G-3′

3D1 siRNA 合成片段 4-A4：

5′-TTC TCT TAG TTG AAG AGG ACA TAC CAA AAA A-3′

靶向 FMDV *3D* 基因的第 159～181 位核苷酸。

4）3D2 siRNA

3D2 siRNA 合成片段 1-B1：

5′-GAA TTC GGG ACC ATA CAG GAG AAG TTT C

3D2 siRNA 合成片段 2-B2：

5′-AAG AGA ACT TCT CCT GTA TGG TCC CTT TTT T

3D2 siRNA 合成片段 3-B3：

5′-CTT AAG CCC TGG TAT GTC CTC TTC AAA G

3D2 siRNA 合成片段 4-B4：

5′-TTC TCT TGA AGA GGA CAT ACC AGG GAA AAA A

靶向 FMDV *3D* 基因的第 156～178 位核苷酸。

5）3D3 siRNA

3D3 siRNA 合成片段 1-C1：

5′-GAA TTC GTT CTT GGT CAC TCC ATA ATT C

3D3 siRNA 合成片段 2-C2：

5′-AAG AGA TTA TGG AGT GAC CAA GAA CTT TTT T

3D3 siRNA 合成片段 3-C3：

5′-CTT AAG CAA GAA CCA GTG AGG TAT TAA G

3D3 siRNA 合成片段 4-C4：

5′-TTC TCT AAT ACC TCA CTG GTT CTT GAA AAA A

靶向 FMDV *3D* 基因的第 26～48 位核苷酸。

其中，3D3 siRNA、3D2 siRNA 和 3D3 siRNA 在模板设计时，中间连接片段没有采用惯常的 *Xho*I 限制性内切核酸酶识别序列，这给重组质粒载体的鉴定带了一定的不便。但一些研究发现，中间以 5′-TTCAAGAGA 的 9 nt 序列更易于 Dicer 酶将转录出来的 shRNA 剪切为 siRNA。

针对 FMDV *Pol* 基因的 dsRNA 以及对照的针对 *LacZ* 基因的 dsRNA 的设计和克隆载体由复旦大学遗传工程国家重点实验室构建。

Ⅰ8.3.4 siRNA 表达质粒载体的构建

Ⅰ8.3.4.1 pU6 和 siRNA 模板序列磷酸化及双酶切

1）pU6 载体的双酶切体系

双蒸水	20 μl
10×缓冲液 2	3 μl
pU6	5 μl
*Hind*III	1 μl
*Eco*RI	1 μl
总体积	30.0 μl

2）NT21 和 NT63 模板序列的磷酸化体系

双蒸水	21 μl
10×T4 PNK 缓冲液	4 μl
ATP（10 mmol/L）	4 μl
合成片段 1	5 μl
合成片段 2	5 μl
T4 PNK	1 μl
总体积	30.0 μl

3）3D1 siRNA、3D2 siRNA 和 3D3 siRNA 模板序列的磷酸化体系

双蒸水	19 μl
10×T4 PNK 缓冲液	4 μl
ATP（10mmol/L）	4 μl
合成片段 1	3 μl
合成片段 2	3 μl
合成片段 3	3 μl
合成片段 3	3 μl
T4 PNK	1 μl
总体积	40.0 μl

Ⅰ8.3.4.2 合成片段的复性互补、沉淀

（1）往磷酸化反应管中加入 4 μl NaCl（1 mol/L）溶液，然后轻轻地在液体表面滴上石蜡油，直至铺满液体表面。

（2）100℃水浴 1 min，自然冷却至室温。

（3）小心吸去大部分石蜡油，然后轻轻加入少量的乙醇抽取残留石蜡油，最后让残留的乙醚自然挥发，直至无味。

（4）加入 1/10 体积 0.1 mol/L $MgCl_2$，1/10 体积 3 mol/L NaAc（pH 5.2），以及 2 倍体积无水乙醇。混匀冰浴超过 1 h。15 000 r/min 离心 15 min，弃废液保留沉淀部分。

（5）加入 500 μl 70%的乙醇溶液，轻轻洗涤，15 000 r/min 离心 1 min，弃除乙醇液体。重复洗涤一次。在重复过程中，15 000 r/min 离心 1 min 后，再次用离心机将残留液体轻轻甩至离心管底部，后以微量移液器将其小心吸去。

（6）将离心管置于 37℃恒温箱或室温自然晾干，用 20 μl TE 缓冲液充分溶解，储存于－20℃冰箱备用。

Ⅰ8.3.4.3 连接

1）NT21 和 NT63 合成片段的连接体系

双蒸水	18 μl
10×T4 连接缓冲液	3 μl
pU6	2 μl
合成片段	3 μl×2
T4 连接酶	1 μl
总体积	30.0 μl

2）3D1 siRNA、3D2 siRNA 和 3D3 siRNA 合成片段的连接体系

双蒸水	16 μl
10×T4 连接缓冲液	3 μl
pU6	2 μl
合成片段	2 μl×4
T4 连接酶	1 μl
总体积	30.0 μl

Ⅰ8.3.5　重组质粒的克隆及鉴定

Ⅰ8.3.5.1　大肠杆菌 TG1 感受态细胞的制备

见 5.3.5。

Ⅰ8.3.5.2　dsRNA 表达载体的转化

见 5.3.5。

Ⅰ8.3.5.3　质粒的小量抽提

见 5.3.5。

Ⅰ8.3.5.4　siRNA 表达重组质粒载体的鉴定

主要是采用单酶切、双酶切以及测序三种鉴定方法。

Ⅰ8.3.5.5　酶切鉴定

1） 单酶切鉴定

选取目的基因内存在的一个或多个特征性限制性内切核酸酶识别位点（若无特征性识别位点，单酶切鉴定过程通常略过），并以该限制性内切核酸酶对重组质粒进行单酶切反应，同时设立空载体酶切对照。酶切体系通过琼脂糖电泳后，若电泳条带单一，且大小适当，表明该质粒克隆为阳性，否则为阴性。pU6 载体内无 *Xho*I 限制性内切核酸酶酶切位点，而我们在设计 siRNA（其中 3D1 siRNA、3D2 siRNA 和 3D3 siRNA 是例外，它们不能通过 *Xho*I 的单酶切鉴定）的时候，人为的引入了特异性内切核酸酶限制位点 *Xho*I，故能被 *Xho*I 酶切的重组克隆载体可认为是阳性克隆。酶切体系如下：

双蒸水	14.3 μl
10×缓冲液 2	2.0 μl
重组质粒载体	3.0 μl
*Xho*I	0.5 μl
总体积	20.0 μl

2）双酶切鉴定

见 5.3.5。

3）测序鉴定

见 5.3.5。

Ⅰ8.4 实验结果

Ⅰ8.4.1 3D1 siRNA、3D2 siRNA 和 3D3 siRNA 模板合成片段复性互补后产物鉴定

合成的片段经复性互补后，纯化再溶解，然后取样品 8 μl，在 1.5%的琼脂糖凝胶中电泳，结果见图 2。

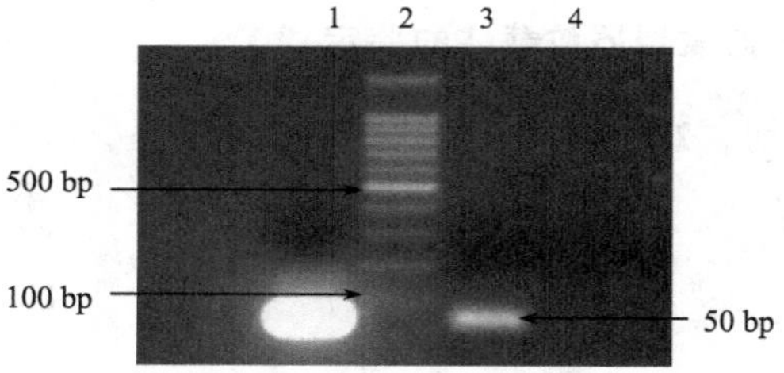

图 2 模板合成片段复性互补的琼脂糖凝胶电泳图

1. 3D1 siRNA 的复性互补结果；2. 100 bp marker；3. 3D2 siRNA 的复性互补结果；4. 3D3 siRNA 的复性互补结果

从琼脂糖凝胶电泳结果中，可以看到 3D1 siRNA、3D2 siRNA 和 3D3 siRNA 模板合成片段复性互补后，大小约为 50 bp，与预期设计相符。

Ⅰ8.4.2 3D1 siRNA、3D2 siRNA 和 3D3 siRNA 重组载体的双酶切鉴定

三种重组载体和对照 pU6 质粒的双酶切琼脂糖凝胶电泳结果见图 3。

从琼脂糖凝胶电泳结果中可以看到，3D1 siRNA、3D2 siRNA 和 3D3 siRNA 重组质粒载体都被切下了一条约 50 bp 的小片段条带，这和我们当初设计的 siRNA

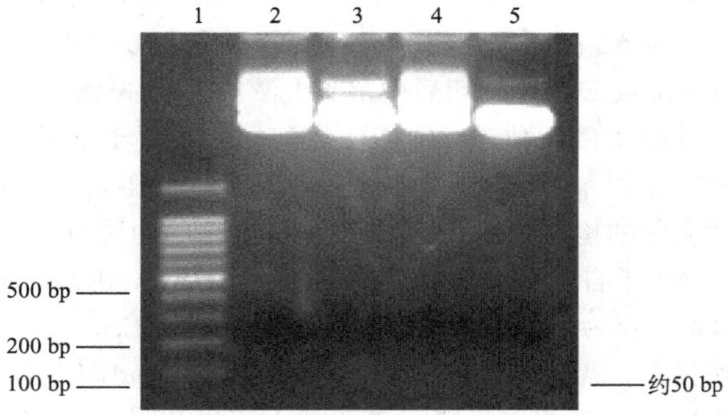

图 3　三种重组载体的双酶切琼脂糖凝胶电泳图

1. 100 bp marker；2. pU6 质粒的双酶切电泳条带；3. 3D1 siRNA 重组载体的双酶切电泳条带；4. 3D2 siRNA 重组载体的双酶切电泳条带；5. 3D3 siRNA 重组载体的双酶切电泳条带

反向重复片段大小是一致的。并且对照的 pU6 质粒没有克隆的 siRNA 片段，也未见相应条带出现。

Ⅰ8.4.3　重组 siRNA 表达质粒载体的测序鉴定

选取单酶切及双酶切阳性转化子在上海博亚生物工程有限公司测序。引物选用 pCDNA3.1B（一）载体反向引物，即 5′-TAGAAGGCACAGTCGAGG-3′。测序结果表明，各个重组质粒序列以及多克隆位点均与预期相符。测序结果略。

Ⅰ8.5　实验发现

本试验中 3D1 siRNA、3D2 siRNA 和 3D3 siRNA 表达克隆载体按 7.3 实验方法进行构建：反向重复序列由一段 TTCAAGAGA 的 9 nt 片段相连，把单条 shRNA 分为两条单链 DNA 合成，分别引入不完整的 *Eco*RI 和 *Hin*dIII 限制性内切核酸酶酶切位点。如 3D1 siRNA，A1 人工合成单链在其 5′端含有 5′-AATTC-3′，是限制性内切核酸酶酶切位点 *Eco*RI（5′-GAATTC-3′）经酶切后残留于下游的碱基片段，可以和载体 pU6 经 *Eco*RI 酶切后残留于上游的碱基片段 5′-G-3′相连接；A1 人工合成单链的 3′端含有 5′-TTC-3′碱基片段，是 9 nt 连接片段的上游碱基。A2 人工合成单链的 5′端则含有 5′-AAGAGA-3′碱基片段，为 9 nt 连接片段的下游碱基，经过连接酶的作用，可以和含有经 *Eco*RI 酶切后残留于上游的碱基片段 5′-TTC-3′的 A1 相连接；A2 人工合成单链的 3′端含有 5′-A-3′碱基残端，是限制性内切核酸酶酶切位点经 *Hin*dIII 酶切后残留于上游的碱基片段，其可以和含有 5′-AGCTT-3′碱基残端的 pU6 相连接，此碱基残端是 pU6 的限制性内切核酸酶酶切位点 *Hin*dIII 经酶切后残留于下游的碱基残端。同理，

3D1 siRNA 的负链从 5′端到 3′端和正链的方向相反，故其所含有的酶切碱基残端也与正链相反。即 A3 的 5′端含有 9 nt 连接片段的上游碱基，其 3′端含有限制性内切核酸酶酶切位点 *Eco*RI 酶切后残留于上游的 5′-G-3′碱基片段。A4 的 5′端含有限制性内切核酸酶酶切位点 *Hin*dIII 经酶切后残留于下游的 5′-AGCTT-3′碱基片段；而 A4 的 3′端则含有 9 nt 连接片段的下游碱基。3D2 siRNA 和 3D3 siRNA 表达质粒的构建同 3D1 siRNA 表达质粒的构建方法。此方案最主要的优点，首先，避免了自身互补形成 shRNA，从而提高 siRNA 的构建效率；其次，所引入的酶切位点为不完整的连接片段黏性末端和 *Eco*RI 及 *Hin*dIII 限制性内切核酸酶酶切位点，无需双酶切即可直接和经过 *Hin*dIII 及 *Eco*RI 双酶切的 pU6 相连接，减少了人工操作步骤，降低了人工操作过程中可能出现的错误；最后，因为每条单链的合成碱基数减少，降低人工合成过程中可能出现的错配率，提高正确性，同时降低合成费用，使得 siRNA 表达载体的构建更加便宜、方便，为构建大量 siRNA 提供了一种新颖的模式。

Ⅱ siRNA 诱导 IFN-β 表达量的测定

Ⅱ8.2 实验材料

Ⅱ8.2.1 细胞、质粒及菌株

（1）细胞

HEK293，于 DMEM 培养基（含 10%胎牛血清，每升 200 万单位青霉素和链霉素，pH 7.4）37℃、5%CO_2 条件下培养。

（2）质粒

几种 siRNA 克隆到 pU6 上重组的质粒；pEGFP-N1（Clontech，Palo Alto，Calif. USA）。

（3）菌株

大肠杆菌（*Escherichia coli*，*E. coli*）TG1 菌株｛supE hsd △5 thi△（lac-proAB）F′［traD36proAB＋lacIq lacZ △ M15］｝，由复旦大学遗传工程国家重点实验室保存。

Ⅱ8.2.2 主要试剂

（1）poly（I∶C）

Ⅰ型 IFN 的强烈诱发剂。

（2）酶试剂

M-Mulv 反转录酶，购自 BioLabs 公司。

(3) HEK293 细胞转染试剂

Lipofectamin™ 2000，购自 Invitrogen 公司。

(4) 总 RNA 抽提试剂

TRIzol 试剂，购自 Gibco-BRL 公司。

(5) 试剂盒

PCR 试剂盒及一步法 RT-PCR 试剂盒（SYBR Premix Ex *Taq*™），均购自 TaKaRa 公司。

Ⅱ8.2.3 主要仪器

(1) 基因序列扩增

PE 公司 9600 型 PCR 仪。

(2) 细胞观察记录

奥林巴斯（Olympus）BH-2 荧光显微镜、尼康（Nikon）E950 数码照相机。

Ⅱ8.2.4 引物

(1) *IFN-β* 基因 PCR 扩增引物

根据 GenBank 公布的 *Homo sapiens* 的 IFN-β-1 序列设计，并化学合成扩增 *IFN-β* 基因的引物如下：

正链引物 P1：5′-ATGACCAACAAGTGTCTCCTCC-3′

负链引物 P2：5′-TCTGACTATGGTCCAGGCACAG-3′

(2) *β-actin* 基因 PCR 扩增引物

根据 GenBank 公布的 *Homo sapiens* 的 ACTB 序列设计，并化学合成扩增 *β-actin* 基因的引物如下：

正链引物 P3：5′-CATCTCTTGCTCGAAGTCCA-3′

负链引物 P4：5′-ATCATGTTTGAGACCTTCAACA-3′

Ⅱ8.3 实验方法

Ⅱ8.3.1 HEK293 细胞的培养及保存

(1) 把保存的细胞（液氮中保存）置于 37℃水浴锅中，直到细胞培养液完全融化。

(2) 往细胞培养瓶中加入 5 ml DMEM 培养基，然后用移液器把完全融解的细胞培养液转移到培养瓶中。放入培养箱（37℃，5%的 CO_2）中，培养至瓶底长满细胞为止。

(3) 在培养过程中，因为细胞培养液营养成分的消耗以及细胞本身的代谢物产生，故需要补充新鲜的培养液。倒弃培养瓶中旧的培养液，然后用 PBS 液洗涤一遍，弃 PBS 液，加入新鲜的培养基。继续放入培养箱培养。

（4）在培养瓶瓶底长满细胞后，弃除细胞培养液，用 PBS 液洗涤一遍，然后加入胰酶消化贴壁的细胞，待培养瓶瓶底开始出现针状小孔后，再加入新鲜培养液，用移液器吹打，把培养瓶瓶底的细胞完全吹打下来，用移液器将细胞转移到新的细胞培养瓶中，再放入合适的细胞培养液，进行培养。

（5）细胞的保存方法：把含有细胞的培养液倒入离心管中，1000 r/min，离心 10 min。弃上清液，保留细胞沉淀。视细胞的浓度，按 5∶1 的比例配制新鲜培养液和二甲基亚砜混合液，将细胞沉淀进行吹打并转移到细胞冻存管中。于 4℃预冷却 30 min，然后于－20℃冷却 2 h，再把冻存管放置到液氮瓶口 30 min，最后置入液氮瓶中长期保存。

Ⅱ8.3.2 siRNA 表达质粒和 pEGFP-N1 及 poly(I∶C)转染 HEK293 细胞

操作主要根据 Invitrogen 公司的 Lipofectamin™ 2000 转染试剂说明书进行。

（1）将 HEK293 细胞培养于 96 孔培养板中，直至孔底 90%～95%的面积被细胞铺满。

（2）转染前，吸去 96 板孔中的 DMEM 培养基，加入不含血清和抗生素的新鲜培养液（即 DMEM-O）。

（3）质粒/脂质体混合物的制备：每个质粒取 1 μl（即 2 μg）和 10 μl DMEM-O 混合（每个样品质粒要做 4 个重复，同时要做空白对照，Lipofectamin™ 2000 对照，pEGFP-N1 转染效果对照以及 poly（I∶C）作为干扰素强烈诱发剂的阳性对照）——→取 2 μl Lipofectamin™ 2000（脂质体使用之前应轻轻摇匀）稀释于 20 μl 无血清无抗生素的 DMEM 培养液中，轻轻混匀——→将质粒稀释液和脂质体稀释液混合在一起，并轻轻混匀，放置室温 30 min，而后用无血清无抗生素的 DMEM 培养液将这个混合液补齐到 200 μl，这个过程动作要轻，液体沿管壁轻轻滑落混合。

（4）转染：吸去 96 孔细胞培养基——→用 DMEM-O 将每个孔洗 2 或 3 次——→每个孔加入 50 μl 质粒脂质体混合液，每个样品做 4 个重复孔，前后左右轻轻摇匀——→置于细胞培养箱（37℃、5%CO_2）培养（原则上转染时间长转染效率就高，但细胞所受的毒性也很大，一般根据细胞的耐受性确定转染时间）——→吸去转染液——→用含血清抗生素的 DMEM 培养液将孔洗 2 或 3 次——→每个孔加 100 μl 细胞培养液——→培养 36 h 后进行下面实验。

Ⅱ8.3.3 荧光显微镜观察

质粒转染 36 h 后，使用 Olympus BH-2 型荧光显微镜观察 HEK293 细胞中转染效率对照质粒 pEGFP-N1 的 EGFP 表达情况，并使用 Nikon E950 型数码相机在放大 40 倍并曝光 8 s 的条件下记录细胞的绿色荧光蛋白表达情况（可以作为转染效率的指征）和每孔细胞具有代表性的可见光视野。

Ⅱ8.3.4 细胞总 RNA 的抽提

1）实验耗材准备

玻璃和塑料制品用0.1%焦碳酸二乙酯（用 MilliQ 水配制）于37℃浸泡过夜；然后，玻璃制品于180℃干烤4 h；塑料制品高压（1.034×10^5 Pa）30 min，65℃烘干。

2）总 RNA 的抽提

（1）96孔板中每孔加入50 μl TRIzol试剂，4孔并一管，置25℃，5 min。

（2）加入40 μl氯仿，剧烈振荡15 s，置25℃，3 min。

（3）4℃，12 000 r/min离心20 min，或再高速离心10 min。

（4）取上层水相，加入等量异丙醇，混匀，室温置15 min。

（5）于4℃以12 000 r/min离心20 min后，用1 ml 75%乙醇洗涤沉淀1次。

（6）弃乙醇，吸尽管壁残留液体，室温晾干5 min。

（7）每管加入20 μl无 RNase 水溶解 RNA（如果不好溶解，可以65℃水浴10 min），−70℃备用。

Ⅱ8.3.5 用 M-MuLV 反转录酶进行第一链 cDNA 合成

实验步骤根据酶的说明书进行操作。

（1）在无菌管中加入以下样品：

总 RNA	8 μl
oligo dT23 VN 引物（50 mmol/L）	2 μl
dNTP 混合物（2.5 mmol/L）	4 μl
无 RNase 的水	2 μl
总体积	16 μl

（2）70℃加热5 min，短暂离心后置于冰上。

（3）混合以下样品：

步骤（1）的 RNA/引物/dNTP	16 μl
10×RT 反应缓冲液	2 μl
RNase 抑制剂	1 μl
M-MuLV 反转录酶	1 μl
总体积	20 μl

(4) 42℃温育 1 h。

(5) 95℃ 5 min，使酶失活。

(6) 用无 RNase 污染的水将反应体系稀释到 50 μl，取 2 μl 进行实时荧光定量 PCR 扩增反应。

Ⅱ8.3.6 实时荧光定量 PCR 扩增 *β-actin* 和 *IFN-β* 基因

Ⅱ8.3.6.1 实时荧光定量 PCR 扩增 *β-actin* 基因

1）按照以下的组分配制 PCR 反应液

SYBR Premix Ex *Taq*™ (2×)	10.0 μl
PCR 正向引物 3	0.2 μl
PCR 反向引物 4	0.2 μl
DNA 模板（cDNA/RNA 双链）	2.0 μl
DEPC 处理的 MilliQ 水	7.6 μl
总体积	20.0 μl

2）实时荧光定量 PCR 反应过程

95 ℃，2 min ⟶ (95 ℃，10 s ⟶ 62 ℃，20 s ⟶ 72 ℃，20 s)×40 个循环。

Ⅱ8.3.6.2 实时荧光定量 PCR 定量扩增 *IFN-β* 基因

PCR 反应体系和反应过程见Ⅱ8.3.6.1。

Ⅱ8.4 实验结果

Ⅱ8.4.1 siRNA 质粒表达载体转染 HEK293 细胞

转染实验的目的是要检测所设计的 siRNA 能否诱发 IFN-β。为了能够知道 siRNA 表达质粒载体转染细胞的效率，我们将 pEGFP-N1 作为对照，通过观察 pEGFP-N1 在细胞中表达绿色荧光蛋白的情况，判断整个转染过程的效率。

从转染后细胞的照片（图 4）可以看到，大部分细胞是存活的。HEK293 细胞耐受 Lipofectamin™ 2000 的能力比较强，相对来说，在用 Lipofectamin™ 2000 作为 HEK293 细胞转染试剂时，适当延长转染时间，可以得到较好的转染效果。

从图 5 可以看到 pEGFP-N1 转染细胞后，绿色荧光蛋白表达情况很好，说明整个实验过程中质粒转染效率较好，能保证后续实验结果的可能性及可靠性。

图 4　转染后细胞的普通照片

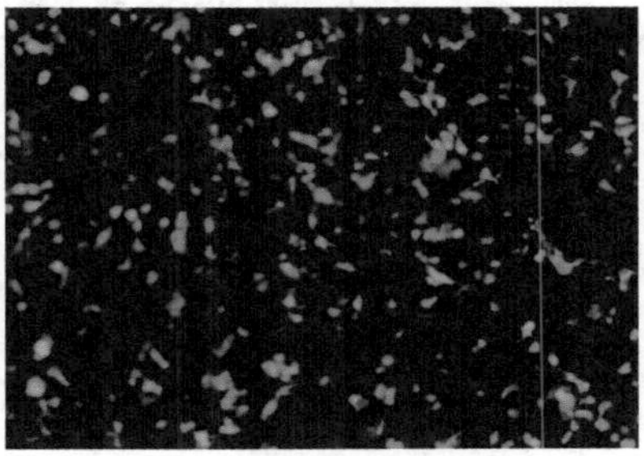

图 5　pEGFP-N1 转染细胞的表达图片

Ⅱ8.4.2　实时荧光定量 PCR 对 *β-actin* 和 *IFN-β* 的测定

Ⅱ8.4.2.1　实时荧光定量 PCR 对 *β-actin* 的测定

在本实验中，为了横向比较所设计的各个 siRNA 诱发 IFN-β 的情况，我们也利用各个样品 *β-actin* 的表达量作为总 RNA 量的指征。

在 RT-PCR 的结果（图 6 和表 1）中，可以看到各个样品 *β-actin* 的表达量差别很大。图表中 ct 值是衡量目标基因表达量的主要指标，在 PCR 仪汇集了所有样品的 PCR 结果后，自动地划出一个荧光量域值，达到这个域值的 ct（cycle threshold）值越小，则表明样品的起始量越高，反之亦反。从表 1 可以看到，携带针对 *Lac Z* 基因的 siRNA 质粒表达载体所转染的细胞中抽出的总 RNA 量是最高的。

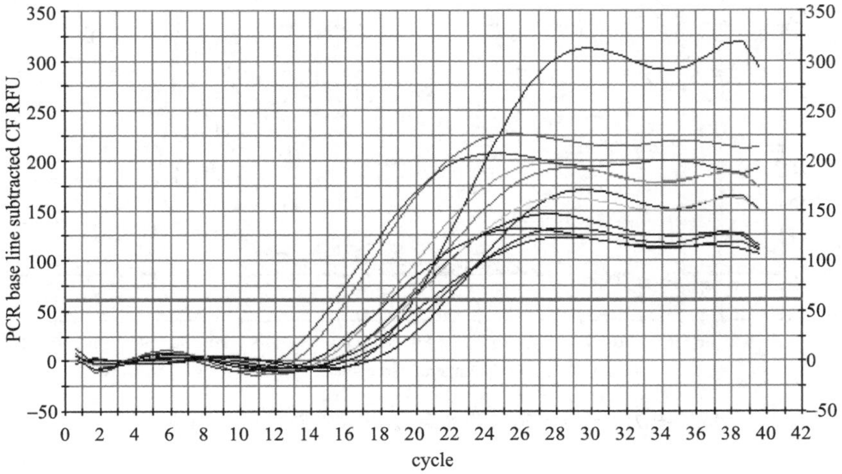

图 6　各个样品 siRNA 转染细胞后 β-actin 的实时荧光定量 PCR 曲线图

表 1　各个样品 siRNA 转染细胞后 β-actin 的实时荧光定量 PCR 的 ct 值

样品编号	ct 值
A01	19.9
A02	19.4
A03	16.1
A04	18.8
A05	19.7
A06	15.4
A07	19.6
A08	18.5
A09	21.2
A10	19.8
A11	20.8

注：A01 为空白细胞对照；A02 为 3D1 siRNA；A03 为 3D2 siRNA；A04 为 3D3 siRNA；A05 为 pU6 质粒对照；A06 为针对 LacZ 的 siRNA；A07 为 POL siRNA；A08 为 21-nt siRNA；A09 为 63-nt siRNA；A10 为单纯 Lipofectamin™ 2000 对照；A11 为 poly（I：C）对照。

从融解曲线图（图 7）中，可以看到有一个很明显的主峰，并且每条曲线的主峰位置大概是一致的，说明整个 PCR 产生的条带相对来说很单一，主要为我们想要得到的 *β-actin* 的 PCR 产物，从而保证自 ct 值得到总 RNA 量的结果是可信的。

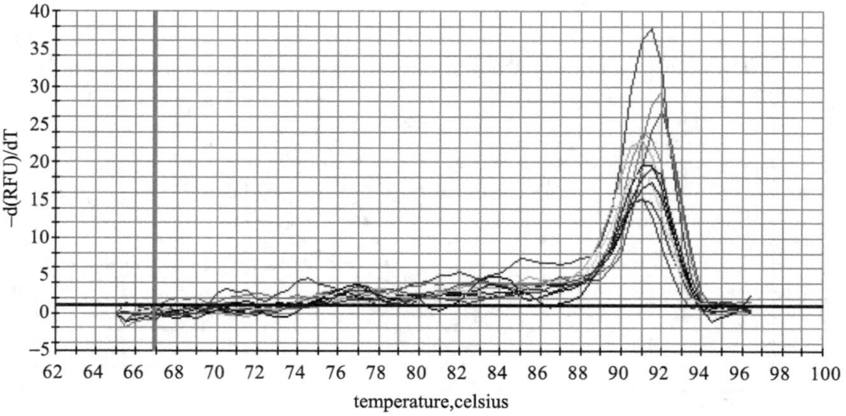

图 7　β-actin 实时荧光定量 PCR 产物的融解曲线

在本实验中，我们是利用 poly（I：C）对照样品的总 RNA 进行 10 倍梯度稀释来做标准曲线。从标准曲线图（图 8）中可以看到，整个 PCR 过程是有效平稳的，也保证了我们结果的可信度。

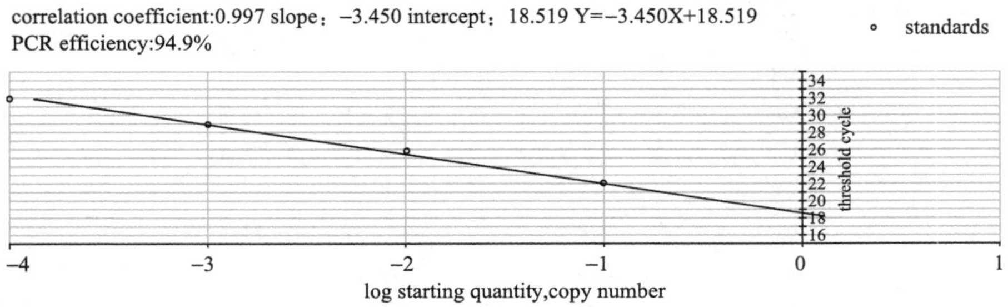

图 8 *β-actin* 基因实时荧光定量 PCR 标准曲线

Ⅱ8.4.2.2 实时荧光定量 PCR 对 *IFN-β* 的测定

siRNA 能够诱发哺乳动物细胞的 IFN-α 和 IFN-β 等Ⅰ型干扰素的产生，但一般认为，siRNA 是通过 TLR7 诱发下游的 *IFN-α* 的产生，而对于 HEK293 细胞来说，自身几乎不表达 TLR7，所以现在本实验中，我们检测的是 IFN-β。

从实时荧光定量 PCR 的结果（图 9 和表 2）中，可以看到针对 FMDV 的 *3D* 基因的 3D3 siRNA 的 ct 值是最小的，这说明 3D3 siRNA 样品诱发 IFN-β 的能力是最强的，这是未经过 β-actin 校正过的绝对值，要想得到相对准确的 IFN-β 诱发情况，必须与对应样品的 β-actin 量相比较。

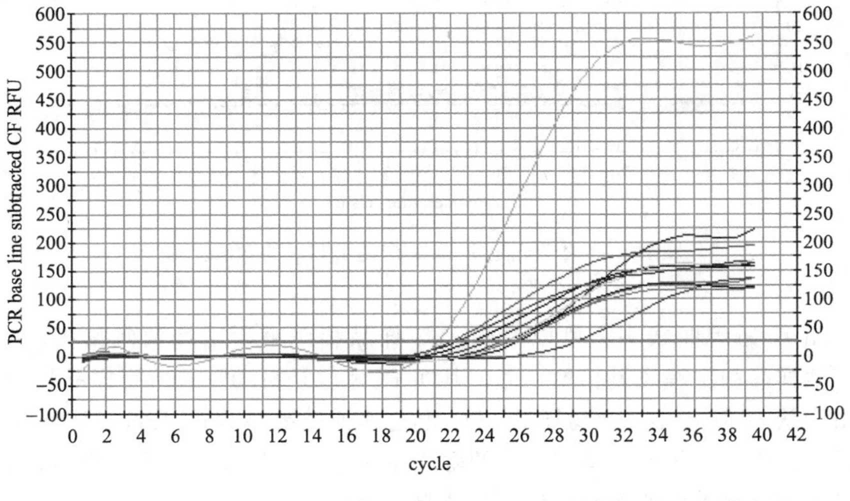

图 9 各个样品 siRNA 转染细胞后 IFN-β 的实时荧光定量 PCR 曲线图

表 2　各个样品 siRNA 转染细胞后 IFN-β 的 PCR 的 ct 值

样品编号	ct 值
A01	29.1
A02	25.3
A03	24.8
A04	21.1
A05	25.8
A06	21.9
A07	25.0
A08	23.1
A09	24.0
A10	25.7
A11	22.1

注：A01 为空白细胞对照；A02 为 3D1 siRNA；A03 为 3D2 siRNA；A04 为 3D3 siRNA；A05 为 pU6 质粒对照；A06 为针对 LacZ 的 siRNA；A07 为 POL siRNA；A08 为 21-nt siRNA；A09 为 63-nt siRNA；A10 为单纯 Lipofectamin^{TM} 2000 对照；A11 为 poly（I∶C）对照。

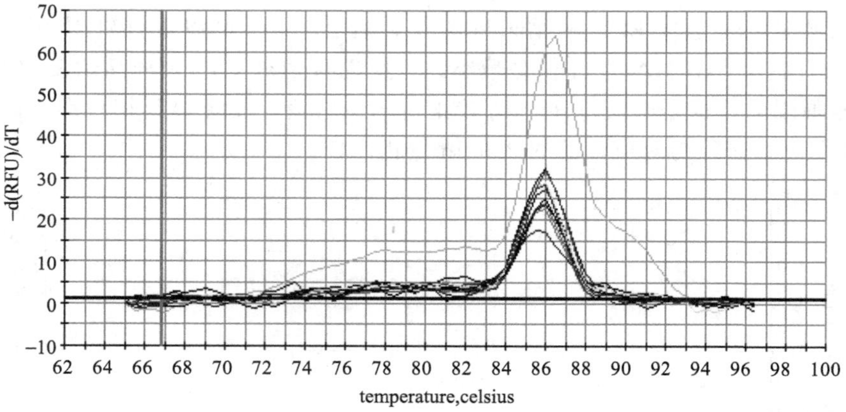

图 10　实时荧光定量 PCR 产物 IFN-β 的融解曲线

在图 10 融解曲线中，可以看到 3D3 样品相对来说主峰两侧偏高，除此以外，其他样品的主峰还是很单一的。其实 PCR 仪是自动汇总所有样品的 PCR 结果，由于从 ct 值上可以看到样品 3D3 比起其他样品诱发的 IFN-β 量要大很多，为了保证在作图时候的平衡，3D3 的融解曲线也比其他样品要高，但可以看出来的是各个样品融解曲线的峰大体位置还是一致的。

在 IFN-β 的实时荧光定量 PCR 实验中，我们同样是利用 poly（I∶C）对照样品的总 RNA 进行 10 倍梯度稀释来做标准曲线。从标准曲线图（图 11）中可以看出，整个实时荧光定量 PCR 过程是有效平稳的，从而保证了结果的可信度。

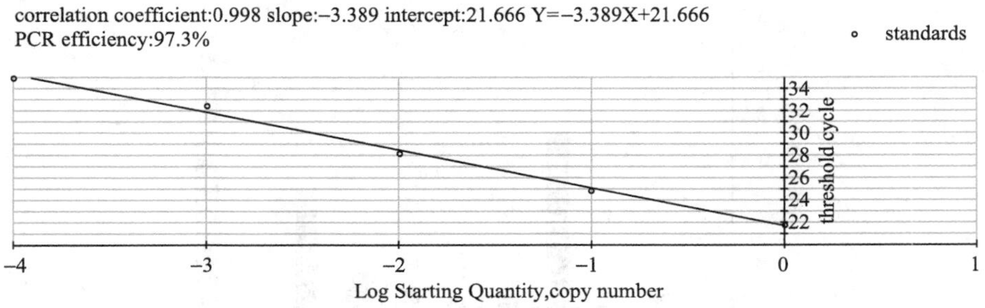

图 11　IFN-β 的实时荧光定量 PCR 标准曲线

表 3 是各个样品 IFN-β 和 β-actin ct 值的比对结果，由于 ct 值越低则样品的浓度越高，所以样品 IFN-β 和 β-actin ct 值的比越低，则样品诱发 IFN-β 的能力越高。为了更准确地比较各个样品诱发 IFN-β 能力的高低，可以通过标准曲线方程来获得各个样品总 RNA 中 β-actin 和 IFN-β mRNA 相对于标准曲线样品的浓度值，图 12 正是各个样品 IFN-β 和 β-actin 相对浓度值的比值图示，与 ct 值比对不同，相对浓度比值越高则说明样品诱发 IFN-β 的能力越强。

表 3　各个样品 IFN-β 和 β-actin 的 ct 值以及两者比对

编号	β-actin（ct）	IFN-β（ct）	IFN-β/β-actin
空白	19.9	29.1	1.46
3D1	19.4	25.3	1.31
3D2	16.1	24.8	1.54
3D3	18.8	21.1	1.12
pU6	19.7	25.8	1.31
LacZ	15.4	21.9	1.42
Pol	19.6	25.0	1.28
21-nt	18.5	23.1	1.25
63-nt	21.2	24.0	1.13
Lip	19.8	25.7	1.30
poly（I∶C）	20.8	22.1	1.06

从表 3 和图 12 中，可以看出 poly（I∶C）作为 IFN-β 的强烈诱导剂，的确能够诱发 IFN-β 的大量表达，同时，能够确信的是各个双链 RNA 对 IFN-β 的诱导能力是不同的，其中 3D3 siRNA 和 63-nt siRNA 的诱导能力是相当明显的，和 poly（I∶C）没有太明显的区别。3D2 siRNA 以及 LacZ 几乎不能诱发 IFN-β 的产生，它们的 ct 值比对及相对浓度比和细胞空白对照是没有区别。并且一个有趣的现象是，与以前认为只有双链 RNA 足够长才能诱发 IFN 产生的观点不

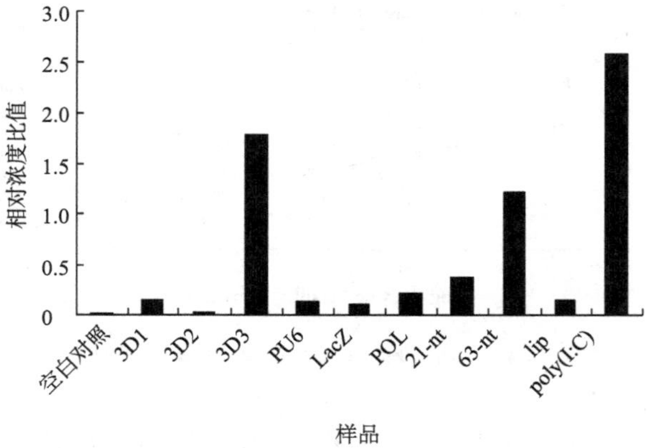

图 12　各个样品 IFN-β 和 β-actin 的相对浓度比值

同，在本实验中，我们既利用了长的 dsRNA 又用了较短的 siRNA，结果发现不是所有的长片段 dsRNA 都能强烈诱发 IFN-β，如 LacZ。而有些短 siRNA 的确能明显的诱发 IFN 的产生，如 3D3 siRNA。那么质粒表达载体的作用呢？由于所有的 siRNA 都是克隆到了同一个载体 pU6，似乎质粒载体因素对所有的质粒都是相同的，并且用 pU6 做对照来看，它并不能强烈地诱发 IFN-β，同样的，siRNA 对 IFN-β 的诱发也不是 Lipofectamin™ 2000 的原因。此外，本实验中用到的 21-nt siRNA 在序列上和 63-nt siRNA 有部分重叠，但其对 IFN-β 的诱发能力却没有 63-nt siRNA 强。Pol 与 3D3 siRNA 也存在序列重叠，两者都能诱发 IFN-β 的表达，能力却不一样，似乎 siRNA 诱发 IFN 是存在序列依赖性的。

从本实验中，得到以下三点结论：

a. 发现 siRNA 能够诱发哺乳动物细胞产生干扰素。

b. siRNA 对干扰素的诱发与其片段的长短没有关系。

c. siRNA 对干扰素的诱发似乎与其序列存在一定的相关性。

Ⅱ8.5　实验发现

2001 年 Tuschl 和他的同事[6]发现，人工合成的 21～23 nt 模拟 Dicer 酶切割 dsRNA 产生的 siRNA 一样能在哺乳动物细胞中诱发 RNAi，由于整个合成和反应过程中排除了 dsRNA 的参与，人们认为利用 siRNA 也能有效地排除伴随 RNAi 的干扰素系统诱发，以及非特异性基因表达沉默。现在 siRNA 已经成为基因功能研究和病毒防御研究中常用的工具。然而自 2002 年有研究表明，19～23 nt 长的 siRNA 能够诱发哺乳动物细胞的干扰素免疫系统，此后关于 siRNA 是否能引发非特异性沉默反应的争论就没有停止过。

我们的实验结果发现，19 nt 长的针对 FMDV *3D* 基因的 3D3 siRNA 能够强烈诱发 IFN-β 的产生，与此同时针对 *3D* 基因的 3D1 和 3D2 siRNA 却不能有效地诱发 IFN-β。还发现片段较长的 dsRNA，63nt 的 dsRNA 也能强烈地诱发 IFN-β 的产生，而针对 *Pol* 基因的 dsRNA 也能在一定程度上导致 IFN-β 的激活，然而针对 LacZ 的 dsRNA 却完全没有这种非特异性免疫系统激活效应。在以往的研究报道中，人们对于 dsRNA 的非特异性基因沉默没有争议，似乎干扰素的产生与双链 RNA 片段的长短有关。而在我们的实验中，针对 LacZ 的长片段 dsRNA 和 3D3 siRNA 相比，其 IFN-β 的诱发能力几乎为零。所以似乎存在这样一个可能的解释，对于双链 RNA 来说，其能诱发干扰素系统与否取决于自身可能存在的空间或者序列结构域，而对于长片段的 dsRNA 来说，由于其序列比较长，存在这样的结构域的可能性比较大，而较小片段的 siRNA 则往往缺失这样的结构域。但在本实验中，对于 LacZ 的 dsRNA 和 3D3 siRNA 来说，也许 dsRNA 就缺少这样的结构域，而 3D3 siRNA 可能恰好包含有这样的结构域。

对于 siRNA 能否诱发哺乳动物的干扰素天然免疫系统来说，在不同的研究中有不同的思考。在基因功能研究中，为了更有效地研究特定基因沉默表达对生物的表征影响，我们在设计 siRNA 的时候当然希望能够尽可能地去除其非特异性沉默作用，以防止所有非特异 mRNA 表达沉默现象的干扰。而在 siRNA 抗病毒感染机制研究中，当然高效的 RNAi 是所希望能达到的。如果所设计的 siRNA 能够起到非特异性的哺乳动物细胞的干扰素天然免疫系统的激活，那么在特异性抑制目的基因表达的同时，还能够调动机体的广泛的干扰素抗病毒机制，从而达到更好的抗病毒效果。

关于哪些 siRNA 能够诱发干扰素系统的研究对 siRNA 最终走向实际应用有很大的指导意义。研究表明，siRNA 主要是通过 TLR 家族受体的介导以及 PKR 的激活来诱发干扰素的表达。我们的实验细胞是 HEK-293，其本身几乎不表达 TLR7 这个 siRNA 的重要受体，所以对于 3D1 siRNA、3D2 siRNA，甚至针对 *LacZ* 基因的 dsRNA 来说，虽然没有看到其诱发 IFN-β 的能力，也不能排除它们可能通过 TLR7 的介导来诱发 IFN-α 的产生。Veit Hornung 等[4]已经在研究中发现了 siRNA 上一个能够识别 TLR7 激活 IFN-α 产生的 7 nt 的序列结构域，通过比对，我们没有发现 3D1 siRNA、3D2 siRNA 和针对 *LacZ* 基因的 dsRNA 上含有这样的序列。但不可否认的是关于什么结构域能够诱发干扰素天然免疫系统的活化，人们并没有统一的认识，也许同时存在好几种机制，除了序列，还有空间构型、RNA 分子的修饰、转染方式、细胞类型、siRNA 的载体等都有可能参与其中。这就更要求我们在使用 siRNA 这个工具的时候应更加谨慎。

另外一个值得思考的问题是，与 TLR7 识别单链 RNA 不同，TLR3 识别的是双链 RNA，PKR 也是被双链 RNA 激活，而在同时我们知道，siRNA 还会进入 RISC 对与之匹配的 mRNA 进行剪切。研究表明，RNAi 和 IFN 的诱发是两个独立的过程，从 TLR7 介导的 IFN-α 产生中就可以看到，正义链进入 RISC 进行 RNAi 过程，反义链可以被 TLR7 识别诱发 IFN 的产生。而对于 TLR3 和 PKR 来说，理论上一旦 siRNA 的反义链进入 RISC 后，其游离出来的反义链将不能被 TLR3 识别也不能激活 PKR，似乎两个独立的过程有竞争 siRNA 的关系，那 siRNA 究竟是更倾向于进入哪个途径还没有相关的研究报道，那么对于想让 siRNA 具有的 RNAi 和干扰素诱发两个特征都得到很好发挥的似乎更倾向于那些通过 TLR7 诱发 IFN-α 的 siRNA，当 siRNA 的正义链进入 RISC 后，反义链是被 RNA 酶剪切掉的，如果这是事实，那么对于 TLR7 识别的 siRNA 来说也将面对两个过程的竞争。

我们研究发现在抗 FMDV 的 siRNA 中的确能够强烈诱发 IFN-β，对于 3D1、3D2 和 3D3 siRNA 来说，我们并不知道它们的抗病毒效果如何，在浓度为 2 μg/μl 的情况下，它们的抗病毒效果是和它们诱发 IFN-β 的能力成正比还是反比呢？对于 21-nt siRNA 和 63-nt siRNA 来说，它们有比较好的抗病毒效果，同时虽然比不上 3D3 siRNA，还是能较好的诱发 IFN-β 的，在它们抗病毒的过程中，究竟是特异性的靶基因干扰还是非特异的 IFN-β 的诱发起了主要作用呢？还有如果在同样的 RNAi 效果前提下，3D3 siRNA 一定比 21-nt siRNA 和 63-nt siRNA 诱发 IFN-β 的能力强吗？RNAi 和干扰素天然免疫系统的诱发这两个被认为独立的过程真的存在竞争机制吗？这还有待于我们深入研究。

参 考 文 献

1. Sledz CA，Holko M. 2003. Activation of the interferon system by short-interfering RNAs. Nature cell biology，5：834～839
2. Bantounas I，Phylactou LA，Uney JB. 2004. RNA interference and the use of small interfering RNA to study gene function in mammalian systems. Journal of Molecular Endocrinology，33：545～557
3. Persengiev SP，Zhu XC，Green MR，et al. 2004. Nonspecific，concentration-dependent stimulation and repression of mammalian gene expression by small interfering RNAs (siRANs). RNA Society，10：12～18
4. Hornung V，Guenthner-Biller M，Bourquin C，et al. 2005. Sequnce-specific potent induction of IFN-α by short interfering RNA in plasmacytoid dendritic cells through TLR7. Nature Medicine，11：263～270
5. Sui G，Soohoo C，Affar EB，et al. 2002. A DNA vector-based RNAi technology to suppress gene expression in mammalian cells. Proc Natl Acad Sci USA，99：5515～5520
6. Elbashir SM，Harborth J，Lendeckel W，et al. 2001. Duplexes of 21-nucleotide RNAs mediate RNA interference in cultured mammalian cells. Nature，3：494～498

补充文献

Agrawal N，Dasaradhi PVN，Mohmmed A，et al. 2003. RNA interference：Biology，Mechanism，and Appilications. Microbiology and Molecular Biology Reviews，67：657～685

Balachandran S，Kim CN，Yeh WC，et al. 1998. Activation of the dsRNA-dependent protein kinase，PKR，induces apoptosis through FADD-mediated death signaling. The EMBO Journal，17：6888～6902

Bantounas I，Phylactou LA，Uney JB. 2004. RNA interference and the use of small interfering RNA to study gene function in mammalian systems. Journal of Molecular Endocrinology, 33: 545～557

Barnett P V, Carabin H. 2002. A review of emergency foot-and-mouth disease (FMD) vaccines. Vaccine, 20: 1505～1514

Bridge A J, Pebernard S, Ducraux A, et al. 2003. Induction of an interferon response by RNAi vectors in mammalian cells. Nature Genentics, 34: 263～264

Burkey DC. 1982. The mechanism of interferon production. Philos Trans R Soc Lond B Biol Sci, 299: 51～57

Chacko MS, Adamo ML. 2002. Double-stranded RNA decreases IGF-Ⅰ gene expression in a protein kinase R-dependent, but type-Ⅰ interferon-independent, mechanism in C6 rat glioma cells. Endocrinology, 143: 525～534

Chen W, Liu M, Cheng G, et al. 2005. RNA silencing: a remarkable parallel to protein-based immune systems in vertebrates? FEBS Lett, 579: 2267～2272

Chinsangaram J, Moraes MP, Koster M, et al. 2003. Novel viral disease control strategy: adenovirus expressing alpha interferon rapidly protects swine from foot-and-mouth disease. J Virol, 77: 1621～1625

De Veer MJ, Sledz CA, Williams BRG. 2005. Detection of foreign RNA: Implications for RNAi. Immunology and Cell Biology, 83: 224～228

Ding S W, Li H, Lu R, et al. 2004. RNA silencing: a conserved antiviral immunity of plants and animals. Virus Res, 102: 109～115

Garcia MA, Meurs EF, Esteban M. 2007. The dsRNA protein kinase PKR: virus and cell control. Biochemie, 301: 653～660

Gitlin L, Andino R. 2003. Nucleic acid-based immune system: the antiviral potential of mammalian RNA silencing. J Virol, 77: 7159～7165

Gitlin L, Karelsky S, Andio R. 2002. Short interfering RNA confers intracellular antiviral immunity in human cells. Nature, 418: 430～434

Haase AD, Jaskiewisz L, Zhang H, et al. 2005. TRBP, a regulator of cellular PKR and HIV-1 virus expression, interacts with Dicer and functions in RNA silencing. The EMBO Journal, 6: 961～967

Heidel JD, Hu S, Liu XF, et al. 2004. Lack of interferon response in animals to naked siRNAs. Nature Biotechnology, 22: 1579～1582

Hornung V, Guenthner-Biller M, Bourquin C, et al. 2005. Sequnce-specific potent induction of IFN-α by short interfering RNA in plasmacytoid dendritic cells through TLR7. Nature Medicine, 11: 263～270

Huang H, Yang Z, Xu Q, et al. 1999. Recombinant fusion protein and DNA vaccines against footandmouth disease virus infection in guinea pigs and swine. ViralImmunol, 12: 1～8

Jackson AL, Linsley PS. 2004. Noise amidst the silence: off-target effects of siRNAs? Trends Genet, 20: 521～524

Kariko K, Bhuyan P, Capodici J. 2004. Small interfering RNAs mediate sequnece-independent gene expression and induce immune activation by signaling through Toll-like receptor 3. The Journal of Immunology, 172: 6545～6549

Karpala AJ, Doran TJ, Bean AG. 2005. Immune response to dsRNA : implications for gene silencing technologies. Immunol Cell Biol, 83: 211～216

King AMQ, Underwood BO, McCahon D, et al. 1981. Biochemical identification of viruses causing the 1981 outbreaks of foot-and-mouth disease in the UK. Nature, 293: 479～480

Leaman DW, Salvekar A, Patel R, et al. 1998. A mutant cell line defective in response to double-stranded RNA and in regulating basal expression of interferon-stimulated genes. Proc Natl Acad Sci, 95: 9442～

9445

Li G, Chen W, Yan W, et al. 2004. Comparison of immune responses against foot-and-mouth disease virus induced by fusion proteins using the swine IgG heavy chain constant region or h-galactosidase as a carrier of immunogenic epitopes. Virology, 328: 274～281

Li K, Chen Z, Kato N, et al. 2005. Distinct poly (I-C) and virus-activated signaling pathways leading to interferon-β production in Hepatocytes. The Journal of Biological Chemistry, 280: 16739～16747

McCall KD, Harri N, Lewis CJ, et al. 2007. High basal levels of functional Toll-like receptor 3 (TLR3) and non-cannonical Wnt5a are expressed in papillary thyroid cancer (PTC) and are coordinately decreased by phenylmethimazole together with cell proliferation and migration. Endocrinology, 625: 718～725

Moraes MP, Chinsangaram J, Brum MCS, et al. 2003. Immediate protection of swine from foot-and-mouth disease: a combination of adenoviruses expressing interferon alpha and a foot-and-mouth disease virus subunit vaccine. Vaccine, 22: 268～279

Moss EG, Taylor JM. 2003. Small-interfering RNAs in the radar of the interferon system. Nature Cell Biology, 5: 771～772

Muzio M, Polentarutti N, Bosisio D. 2000. Toll-like receptor family and signalling pathway. Biochemical Society Transactions, 28: 563～566

Muzio M. 2000. Toll-like receptors: a growing family of immune receptors that are differently expressed and regulated by different leukocytes. Journal of Leukocyte Biology, 67: 450～456

Pereira HG. 1981. Foot-and-mouth disease//Gibbs EPJ. Virus diseases of food animals. Academic Press, San Diego, Calif: 333～363

Persengiev SP, Zhu XC, Green MR, et al. 2004. Nonspecific, concentration-dependent stimulation and repression of mammalian gene expression by small interfering RNAs (siRANs). RNA Society, 10: 12～18

Puthenveetil S, Whitby L, Ren J, et al. 2006. Controlling activation of the RNA-dependent protein kinase by siRNAs using site-specific chemical modification. Nucleic Acid Research, 34: 4900～4911

Qiu S, Adema CM. 2005. A computational study of off-target effects of RNA Interference. Nucleic Acids Research, 33: 1834～1847

Reynolds R, Anderson EM, Uermeulen A, et al. 2006. Induction of the interferon response by siRNA is cell type and duplex length-dependent. RNA society, 12: 988～993

Rock FL, Hardiman G, Timans JC, et al. 1998. A family of human receptors structurally related to *Drosophila* Toll. Proc Natl Acad Sci, 95: 588～593

Scacheri PC, Rozenblatt-Rosen O. 2003. Short interfering siRNAs can induce unexpected and divergent changes in the levels of untargeted proteins in mammalian cells. Then National Academy of Science of the USA, 101: 1892～1897

Schere L, Rossi JJ. 2004. Recent applications of RNAi in mammalian systems. Curr Pharm Biotechnol, 5: 355～360

Schlee M, Hornung V, Hartmann G. 2006. siRNA and isRNA: two edges of one sword. Mol Ther, 14: 463～470

Sladz CA, Williams BRG. 2004. RNA interference and double-stranded-RNA-activated pathways. Biochemical Society Transactions, 32: 952～956

Sledz CA, Holko M. 2003. Activation of the interferon system by short-interfering RNAs. Nature cell biology, 5: 834～839

Sobrino F, Saiz M, Jimenez-Clavero M A, et al. 2001. Foot-and-mouth disease virus: a long known virus, but a current threat. Vet Res, 32: 1～30

Stein P, Zeng F, Pan H, et al. 2005. Absence of non-specific sffects of RNA interferon triggered by long double-stranded RNA in mouse oocytes. Developmental Biology, 286: 464～471

Wang CY, Chang TY, Walfield AM, et al. 2002. Effective synthetic peptide vaccine for foot-and-mouth disease in swine. Vaccine, 20: 2603～2610

Weber F, Waganer V, Kessler N, et al. 2006. Induction of interferon synthesis by the PKR-inhibitory VA RNAs of adenoviruses. J Interferon Cytokine Res, 26: 1～7

9　siRNA 抑制 SARS-CoV 在 HEK 293T 细胞中的复制与表达

实验技术路线

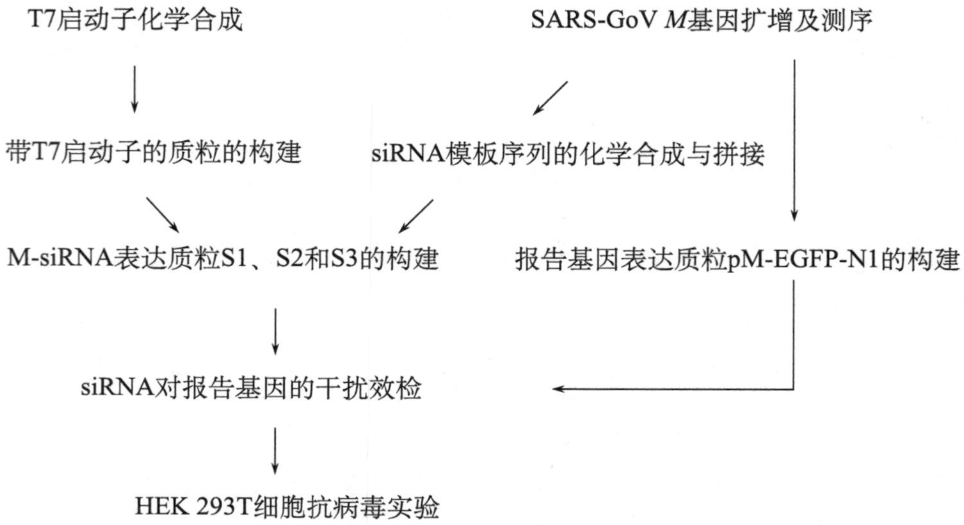

9.1 引言

2002～2003 年，在我国广东省暴发的严重急性呼吸综合征（SARS）在数月内迅速扩散至全国 24 个省区及全球 30 多个国家，约 8000 例患者，其症状主要表现为弥散性肺泡损伤和严重急性其中近 900 患者死亡。其病原体 SARS 冠状病毒（SARS-CoV），是有包膜的单正链 RNA 病毒，基因组长约 30 kb，主要编码四种结构蛋白，即刺突蛋白（S）、包膜蛋白（E）、膜蛋白（M）和核衣壳蛋白(N)[1～3]，有研究报道，新鉴定的 ORF3a 和 ORF7a 蛋白也属于结构蛋白[4]。其中 M 蛋白由 221 个氨基酸残基组成，含一个短的胞外结构域（*N* 端第 1～14 位残基）、三个跨膜区（第 15～37、50～72 和 77～99 位残基）和一个由 121 个氨基酸残基组成的 C 末端胞内结构域[5,6]。进化分析显示该病毒属于第 2 组冠状病毒[7,8]。到目前为止，尚无有效的疫苗或特异的抗病毒药物问世。

RNA 干扰 RNAi 是双链 RNA（dsRNA）分子通过序列特异性剪切相关 RNA 转录物以沉默靶蛋白表达的过程。在哺乳动物细胞中，siRNA 可在转录、转录后、翻译水平，通过组蛋白 H3 甲基化、异染色质形成、靶 RNA 降解、3′-非翻译区（UTR）翻译阻断等多种方式沉默基因的表达[9,10]。近年来，RNAi 已成为基因功能和药物设计研究的强有力的工具，并且用于重要病毒性传染病、肿瘤、代谢异常等多种疾病的防治研究[11,12]。RNAi 不仅为研究病毒和宿主细胞间的相互作用提供了一个有用的工具，同时为抗病毒感染的防治提供了一种新的防御策略。

SARS-CoV，作为一种 RNA 病毒，我们运用 RNAi 策略研究其生物功能和防治具有重要意义。有报道可以通过不同的方法合成靶向 SARS-CoV 特定区域或基因的siRNA/shRNA（short hairpin RNA）。例如，靶向 RNA 依赖的 RNA 聚合酶（RDRP）、*S* 或 *N* 基因的 RNase III 特异的 siRNA，可特异降解哺乳动物细胞中的 SARS-CoV mRNA[13]。合成的靶向 *N*[14] 或 *RDRP*[15] 基因的 shRNA，可抑制目标蛋白的表达，而且后者能大大降低 SARS-CoV 在 Vero-E6 细胞中噬斑形成能力。靶向 *E*、*M* 和 *N* 基因[16]，导肽，3′-UTR 或 *S* 基因[17～19]的 siRNA 均能特异且有效地抑制这些靶基因的表达。靶向 RDRP[20,21]、导肽[22]或非结构蛋白 1（NSP1）的质粒来源的 siRNA 不仅能特异抑制目标蛋白的表达，还能抑制 SARS-CoV 在体外培养的 Vero E6 细胞中的复制与增殖[23]。由此可见，这些基因特异的 siRNA/shRNA 可降低 SARS-CoV 亚基因组的合成及相应的蛋白质表达。因此，从 SARS-CoV 基因组中筛选更多特异且有效的 siRNA 可以为后期 SARS 防治方案的研发奠定基础。

SARS-CoV M 蛋白是病毒最丰富的膜糖蛋白，并通过与 S 和 N 蛋白及 M-M 蛋白相互作用参与病毒装配和出芽过程[24,25]，正因为 M 蛋白在病毒生活周期中具有关键作用，本课题拟设计并筛选可有效抑制 M 蛋白表达的特异 siRNA，为探索治疗 SARS-CoV 病毒感染提供实验依据。

本研究中，我们首先确定了 SARS-CoV M 蛋白在哺乳动物细胞中的亚细胞定位，接着在体外转录出 siRNA 后，导入表达 SARS-CoV M 蛋白的哺乳动物细胞，观察其抑制效果。结果表明，M 蛋白主要定位在细胞高尔基体细胞器中。靶向 SARS-CoV *M* 基因的 siRNA 通过降解其 mRNA，从而有效且特异抑制 *M* 基因的复制与表达。

9.2 实验材料

9.2.1 主要试剂

Escherichia coli DH5α 为实验室保存。根据已知的 SARS-CoV 基因组序列（GenBank 号 AY278554）合成 *M* 基因（长 663 bp，对应于 26 383～27 048 bp），然后克隆到 pMD-18T 载体中，重组真核表达质粒 pEGFP-M 由复旦大学遗传工程国家重点实验室构建。特异定位于哺乳动物细胞高尔基体的质粒 Golgi/pD-sRed-N1，由北京放射医学研究所沈从文教授惠赠。用于 siRNA 转录的 DNA 模板（长 29 bp）、T7 启动子引物模板、*M* 基因及 GAPDH 扩增引物均由上海博亚生物技术有限公司（现改名为 Invitrogen）合成。真核表达载体 pEGFP-N1 为 Clontech 产品；质粒抽提和纯化试剂盒为 QIAGEN 产品；DMEM 为 Sigma 产品；胎牛血清为 Gibco 产品；L-谷氨酰胺和 RNAex 试剂为上海华舜产品；链霉素（streptomycin）和青霉素（penicillin）为北京鼎国产品；Lipofectamine™2000 为 Invitrogen 产品；T7 体外转录试剂盒为 Promega 产品；dNTP 混合物、Klenow 片段、无 RNase 的 DNase I、S1 核酸酶、AMV 反转录酶和 SYBR Green I 为 TaKaRa 产品；十二烷基磺酸钠（Sodium dodecyl sulfate，SDS）、Tween-20 和过硫酸铵为 Promega 产品；丙烯酰胺和甲叉双丙烯酰胺为 MBI 产品；预染的蛋白质分子质量 marker 为 Fermentas 产品；硝酸纤维素膜为 Amersham 产品；抗-GFP 鼠单克隆抗体为 Santa Cruz 产品；抗-GAPDH 鼠单克隆抗体为上海康成产品；碱性磷酸酶标记的羊抗鼠 IgG 、BCIP 和 NBT 为华美产品；紫外分光光度计（Bio-Photometer）为 Eppendorf 产品。

9.2.2 常用试剂及缓冲液配制

（1）LB 液体培养基：胰蛋白胨 10.0 g、酵母提取物 5.0 g、NaCl 10.0 g，溶于 900 ml 水，用 5 mol/L NaOH 调节 pH 至 7.0，定容至 1 L，0.1 MPa 高压灭菌 20 min。

（2）琼脂固体培养基配制 LB 液体培养基，加入 1.5%（*m/V*）琼脂，0.1 MPa高压灭菌 20 min，无菌状态下铺制平板。

（3）DMEM 培养基：DMEM 10.0 g、HEPES 2.0 g、$NaHCO_3$ 1.5 g，溶于

900 ml 双蒸水，调 pH 至 7.4，定容至 1 L，正压过滤除菌，分装保存于－20℃。

（4） PBS 缓冲液：NaCl 8.0 g、KCl 0.2 g、Na_2HPO_4 1.44 g、KH_2PO_4 0.24 g，溶于 900 ml 双蒸水，调 pH 至 7.4，定容至 1 L，分装后 0.1 MPa 高压灭菌 20 min，保存于 4℃。

（5） 1%胰酶：胰蛋白酶 0.5 g、PBS 50 ml，在 4℃溶胀过夜，过滤除菌，分装保存于－20℃。

（6） 0.5%EDTA：EDTA 0.5 g、PBS 100 ml，0.1 MPa 高压灭菌 20 min，保存于 4℃。

（7） 消化液：1%胰蛋白酶 10 ml、0.5%EDTA 10 ml、PBS 180 ml，保存于 4℃。

（8） 细胞裂解液：50 mmol/L Tris-Cl（pH 8.0）、150 mmol/L NaCl、0.02%叠氮钠、1% Triton X-100、1 μg/ml 蛋白酶抑制剂、100 μg/ml PMSF（现用现加）。

（9） 聚丙烯酰胺凝胶电泳缓冲液。

4×积层胶缓冲液：Tris-Cl 6.06 g、10%（*m*/*V*）SDS 4 ml ，去离子水溶解定容至 100 ml（用 12 mol/L 盐酸调至 pH 6.8）。

4×分离胶缓冲液：Tris-Cl 18.17 g、10% SDS 4 ml，去离子水溶解定容至 100 ml（用 12 mol/L 盐酸调至 pH 8.8）。

2×SDS 样品缓冲液：50%甘油 2.0 ml、溴酚蓝 0.25 mg、10%SDS 2.0 ml、4×浓缩胶缓冲液 2.5 ml、β-巯基乙醇 2.0 ml，加去离子水定容至 10 ml，过滤后保存于 4℃。

10×电泳缓冲液（pH 8.3）：Tris-Cl 15 g、SDS 5 g、甘氨酸 72 g，去离子水溶解定容至 500 ml，用时 10 倍稀释。

（10） 30%聚丙烯酰胺溶液：丙烯酰胺 29 g、双丙烯酰胺（*N*，*N*′-甲叉双丙烯酰胺）1 g，去离子水溶解并定容至 100 ml，滤去不溶物，装入棕色瓶于 4℃保存。

（11） 10%过硫酸铵：称取 1 g 过硫酸铵溶于 9 ml 双蒸水，定容至 10 ml，分装冻存备用。

（12） 10%分离胶：双蒸水 2.2 ml、30%凝胶贮液 1.7 ml、4×分离胶缓冲液 1.3 ml、10% AP 78 μl、TEMED 4 μl，混匀灌制。

5%浓缩胶：双蒸水 1 ml、30%凝胶贮液 300 μl、4×浓缩胶缓冲液 444 μl、10% AP 28 μl、TEMED 5 μl，混匀灌制。

（13） 染色液：考马斯亮蓝 R250 1.25 g、甲醇 227 ml、冰乙酸 46 ml，加双蒸水 227 ml，溶解后过滤。

脱色液：甲醇∶冰乙酸∶水比例（*V*/*V*/*V*）为 4.5∶1∶4.5。

（14） 电转移缓冲液（pH 8.8）：甘氨酸 15 g、Tris 3.025 g、甲醇 200 ml，

溶解后用去离子水定容至 1000 ml，4℃保存。

(15) 10×TBS：Tris 12.1 g、NaCl 40 g，加去离子水约 400 ml，溶解后用浓 HCl 调至 pH 7.6，定容 500 ml，用时稀释 10 倍。

(16) 1×TBS/T：取 50 ml 10×TBS 和 0.5 ml Tween-20，用去离子水定容至 500 ml，室温放置。

(17) 封闭液：12.5 g 脱脂奶粉、25 ml 10×TBS、0.25 ml Tween-20，用双蒸水定容至 250 ml，保存于−20℃。

(18) 一抗稀释液：取 1 g BSA、2 ml 10×TBS、20 μl Tween-20，用双蒸水定容至 20 ml，混匀后分装保存于−20℃。

(19) TSM1：取 50 ml 1 mol/L Tris-Cl (pH 8.0)、10 ml 5 mol/L NaCl 和 5 ml 1 mol/L $MgCl_2$ 混匀后用去离子水定容至 500 ml，室温放置。

(20) TSM2：取 50 ml 1 mol/L Tris-Cl (pH 9.5)、10 ml 5 mol/L NaCl 和 25 ml 1 mol/L $MgCl_2$ 混匀后用去离子水定容至 500 ml，室温放置。

(21) 10 mol/L NaOH 溶液：称取 NaOH（分析纯，相对分子质量为 40）80 g，先用 160 ml 双蒸水溶解后再定容至 200 ml。

(22) 10%甘油：量取甘油 50 ml 加双蒸水混匀后定容至 500 ml，0.1 MPa 高压灭菌 20 min，置室温备用。

9.3 实验方法

9.3.1 质粒的制备

9.3.1.1 质粒的转化

1) 制备感受态 DH5α

(1) 用甘油冻存菌 DH5α 涂划琼脂培养平板，37℃过夜。

(2) 挑单菌落至 3 ml LB，37℃振摇培养 12 h。

(3) 取 30 μl 菌液接种至 3 ml LB，37℃振摇培养 2.5 h。

(4) 试管置冰水浴 2 min，转移至 1.5 ml 离心管，10 000 r/min，离心 1 min。

(5) 弃上清，加 1 ml 预冷的 0.1 mol/L $CaCl_2$ 重悬细菌沉淀，置冰水浴 40 min。

(6) 10 000 r/min，离心 1 min，弃上清，加 300 μl 预冷的 0.1 mol/L $CaCl_2$ 重悬细菌沉淀，置于 4℃，过夜。

2) 质粒转化至感受态细菌（DH5α）

(1) 取质粒 0.5 μl，置于 100 μl 感受态 DH5α，冰水浴 40 min。

（2）42℃热激 90 s，立即冰浴 5 min，加 200 μl LB，37℃振摇培养 45 min。

（3）涂布 Km^+ 琼脂培养平板，37℃培养过夜。次日平板上长出光滑菌落。

9.3.1.2 小量制备质粒 DNA（用 QIAprep Spin Miniprep Kit 制备质粒 DNA）

（1）挑单菌落，接种至 3 ml Km^+ LB，37℃振摇培养过夜。

（2）培养物转移至 1.5 ml 离心管，12 000 r/min，离心 50 s。

（3）吸弃上清，沉淀中加 250 μl 缓冲液 P1，振荡器上重悬沉淀。

（4）加 250 μl 试剂盒缓冲液 P2，轻轻颠倒混匀 4～6 次，室温放置 2～5 min。

（5）加 350 μl 试剂盒缓冲液 N3，轻轻颠倒混匀 4～6 次，13 000 r/min，离心 10 min。

（6）将上层液体转移至质粒抽提柱中，静置 1 min。

（7）13 000 r/min，离心 30～60 s，弃滤液。

（8）加 500 μl 试剂盒缓冲液 PB 至柱中，13 000 r/min，离心 30～60 s，弃滤液。

（9）加 750 μl 试剂盒缓冲液 PE 至柱中，13 000 r/min，离心 30～60 s，弃滤液。

（10）再 13 000 r/min，离心 2 min 以去除剩余洗液。

（11）将纯化柱放入一干净的无菌 1.5 ml 离心管中，加 50 μl 缓冲液 EB（DNA 洗脱液，10 mmol/L Tris-Cl，pH 8.5）于柱中膜中央，静置 1 min，13 000 r/min，离心 2 min。

（12）用紫外分光光度计测定质粒的浓度，然后将质粒溶液保存于－20℃，备用。

9.3.2 细胞培养

将 HEK 293T 细胞培养在含 10％胎牛血清的 DMEM 培养液中于 37℃，5％～7％ CO_2 饱和湿度的培养箱培养，且细胞培养液中添加 1 mmol/L 的 L-谷氨酰胺、100 μg/ml 的链霉素和 100 U/ml 的青霉素。

9.3.3 体外转录 siRNA

根据 Ambion 公司网上提供的专门用于设计 siRNA 的软件，设计针对靶基因 SARS-CoV *M* 基因特异的 siRNA。先合成这些 siRNA 对应的正、反义链 DNA 模板（表 1），包括阴性对照无关 siRNA[26]、阳性对照 EGFP-siRNA[27]、SARS-CoV M-siRNA 和 T7 启动子引物模板。T7 RNA 聚合酶催化的 siRNA 的合成方法见文献[28]。

将合成的 DNA 正、反义链寡核苷酸模板和 T7 启动子引物模板用无菌水溶解至终浓度 100 μmol/L，取 3 μl DNA 寡核苷酸模板（正或反义链寡核苷酸模板分开进行）和 3 μl T7 启动子引物模板混合，于 95℃变性 2 min 后立即冰浴 2 min，其中加入 2 μl 10×Klenow 缓冲液，6 μl dNTP 混合物（10 μmol/L），4 μl 无核酶的水和 2 μl Exo-Klenow 酶（2～5 U/μl，TaKaRa），于 37℃水浴 30 min。取 6 μl 上述杂交液，加入 4 μl 5×T7 反应缓冲液，6 μl rNTP 混合物（25 mmol/L），2 μl 无核酶的水和 2 μl T7 RNA 聚合酶（Promega），总体积为 20 μl，于 37℃水浴 2 h 后将正、反义链的转录体系混合于一管（总体积为 40 μl），于 37℃水浴过夜。用紫外分光光度计检测上述反应管中的 dsRNA 浓度。然后用终浓度为 10 U/μg 和 1 U/μg 的 S1 核酸酶和 RNase-free DNase I 分别处理样品以降解其中的 ssRNA 和 dsDNA，并用 2%琼脂糖胶电泳检测所合成的 siRNA。

表 1　靶向 SARS-CoV *M* 基因的 siRNA DNA 模板序列

目标基因	序列
T7 启动子	5′-TAATACGACTCACTATAG GAGACAGG-3′
EGFP-siRNA	反向引物：5′-AAGCTGACCCTGAAGTTCATC CCTGTCTC-3′
	正向引物：5′-AAGATGAACTTCAGGGTCAGC CCTGTCTC-3′
scramble siRNA	反向引物：5′-AACAAGTCTCGTATGTAGTGG CCTGTCTC-3′
	正向引物：5′-AACCACTACATACGAGACTTG CCTGTCTC-3′
M-siRNA1	反向引物：5′-AACGGTACTATTACCGTTGAG CCTGTCTC-3′
	正向引物：5′-AACTCAACGGTAATAGTACCG CCTGTCTC-3′
M-siRNA2	反向引物：5′-AACTCCTGGAACAATGGAACC CCTGTCTC-3′
	正向引物：5′-AAGGTTCCATTGTTCCAGGAG CCTGTCTC-3′
M-siRNA3	反向引物：5′-AACGACAATATTGCTTTGCTA CCTGTCTC-3′
	正向引物：5′-AATAGCAAAGCAATATTGTCG CCTGTCTC-3′

注：每个 siRNA 的 DNA 模板序列中下画线部分（8 个核苷酸）是与 T7 启动子引物模板中相应序列互补。M-siRNA1、M-siRNA2 和 M-siRNA3 分别靶向 SARS-CoV *M* 基因的第 10～28 位核苷酸、第 41～59 位核苷酸和第 637～655 位核苷酸。

加入等体积的 TE 饱和苯酚∶氯仿∶异戊醇（25∶24∶1，*V/V/V*），充分混匀，高速离心（13 000 r/min，10 min），小心取上层（水相）至另一微量离心管中。加入等体积的氯仿∶异戊醇（24∶1，*V/V*），充分混匀，高速离心（13 000 r/min，10 min），小心取上层（水相）至另一微量离心管中。加 2.5 倍体积的无水乙醇和 0.1 倍体积的乙酸钠（pH 5.2）混匀，冰浴 30～60 min。高速离心（13 000 r/min，10 min），弃上清，用 1 ml 70%乙醇洗涤沉淀，自然干燥。用适量的 DEPC 处理水溶解，立即使用或保存于－70℃。纯化后的 siRNA 用紫外分光光度计测定浓度，并用 2%琼脂糖凝胶电泳以检测其完整性和纯度。

9.3.4 细胞转染

转染前一天，用消化液消化并收集细胞，以 0.5×10^5～2×10^5 细胞/孔的密度平铺 HEK 293T 细胞于 24 孔板，加 500 μl 无双抗的 DMEM 生长培养基，于含5%～7% CO_2的恒温培养箱孵育 20～24 h，转染时细胞应达到 90%～95%的汇合度。根据操作手册将 0.8 μg 的质粒 DNA（pEGFP-M，Golgi/pDsRed-N1）或 siRNA 与 Lipofectamine™ 2000（Invitrogen，CA，USA）混合，用来转染黏附的 HEK 293T 细胞。将细胞置于含 CO_2 的 37℃恒温培养箱孵育 24～48 h 以使基因表达，可借助荧光显微镜观察所转染细胞中 M-EGFP 和 Golgi-RED 表达的情况。

9.3.5 SARS-CoV M 蛋白的定位

将共转染细胞接种于盖玻片上，培养 24～48 h，先用普通荧光显微镜（Olympus CK40，Japan）观察 M-EGFP（绿色）和 Golgi-Red（红色）在共转染细胞中的表达情况。转染后 48 h，用磷酸缓冲液（PBS）洗吸附于盖玻片上的细胞共三次，用 4%甲醛在 4℃固定 20～30 min，再用 PBS 洗三次，甘油封片，保存于 4℃或直接进行共聚焦荧光显微镜（Leica Microsystems Heidelberg GmbH）分析，并对采集的图像进行叠加，确定 M 蛋白的定位。

9.3.6 荧光观察和流式细胞仪分析

通过荧光显微镜观察转染后 24 h、48 h、72 h 和 96 h，M-EGFP 重组蛋白在细胞中的表达情况。取转染后 48 h 的细胞，用 0.25%的胰酶消化，用 PBS 洗两次后重悬于 PBS 中，用流式细胞仪（Becton Dickinson FACScan，emission，507 nm；excitation，488 nm）检测 M-EGFP 重组蛋白的表达。以未转染的 HEK 293T 细胞作为对照，用 CellQuest 软件对样品（每个样品大约有 10^6 个细胞）进行计数和分析，算出高于对照细胞荧光密度的细胞群体的百分比和该群体的平均荧光强度。

9.3.7 半定量 RT-PCR 和实时荧光定量 PCR

转染后 48 h，用 RNAex 试剂提取细胞总 RNA，然后用无 RNA 酶的 DNaseI 消化残留的基因组 DNA，用苯酚、氯仿抽提法进一步纯化 RNA。取 1 μg 纯化后的 RNA，加入 oligo(dT)15、AMV 反转录酶和反应缓冲液，根据操作手册上推荐的方法进行反转录，合成 cDNA 模板。以未反转录的 RNA 作为模板阴性对照，所用的 SARS-CoV *M* 基因的引物分别为 5′-TTG-GTGCTGTGATCATTCGT-3′（正向引物）和 5′-AAAGCGTTCGTGATG-TAGCC-3′（反向引物），实时荧光定量 PCR 反应条件：94℃ 变性 55 s；

56℃复性 55 s；72℃延伸 60 s，扩增 20 个循环。同时采用甘油醛-3-磷酸脱氢酶（GAPDH，GenBank 获得号 BC013310）基因作为内标，所用的 PCR 引物为 5′-TGGGCTACACTGAGCACCAG-3′（正向引物）和 5′-AAGTGGTCGTTGAGGGCAAT-3′（反向引物）。PCR 反应条件为：94℃变性 50 s；60℃复性 30 s；72℃延伸 30 s，25 个循环。

用 SYBR（r）Premix Ex *Taq*™染料进行实时荧光定量 PCR 实验，所用的仪器为罗氏的 Lightcycler，操作方法见参考文献[28]。取 2 μl 上述反转录产物作为模板，分别用目的基因和内标基因 *GAPDH* 引物扩增，每管的反应体系为：

2×SYBR	10 μl
正向引物（10 μmol/L）	0.4 μl
反向引物（10 μmol/L）	0.4 μl
cDNA 模板	2 μl
双蒸水	7.2 μl
总体积	20 μl

扩增程序是：第一步，预变性 95℃ 10 s，1 个循环；第二步，PCR 反应 95℃ 5 s；60℃ 20 s 共 40 个循环；第三步，融解曲线分析。

本实验中采用 $2^{-\triangle\triangle CT}$法进行 SARS-CoV *M* 基因的相对定量[29]。即利用单独转染质粒组的 cDNA 作 10 倍梯度稀释（稀释范围为 100～10^{-6}）的样品做出标准曲线，由此确定各共转染 siRNA 组所用的稀释度，同时测得各组样品的 Ct 值，然后采用 $2^{-\triangle\triangle CT}$相对定量公式，经内标基因 GAPDH 的内均一化处理后即可算出共转染 siRNA 组样品相对于单独转染质粒组样品的表达量。

9.3.8 蛋白免疫印迹

收集转染的细胞（一般为转染后 48 h）至 1.5 ml 离心管，离心后弃去培养液，用 1% SDS 裂解细胞，加适量的 2×样品缓冲液混合，100℃煮 5 min，离心 1 min。样品用 10% SDS-PAGE 进行分离总蛋白，然后电转至硝酸纤维素膜上，用含 5%脱脂奶粉对非特异性的结合位点进行封闭，与一抗在 4℃作用过夜。所用的一抗分别为：抗-GFP 的鼠单克隆抗体（SantaCruz，1∶500 稀释）和抗-GAPDH 的鼠单克隆抗体（康成公司，上海，1∶5000 稀释）。充分洗膜，与二抗碱性磷酸酶标记的羊抗鼠 IgG 作用后，洗膜，用 BCIP/NBT 底物显色。

9.4 实验结果

9.4.1 SARS-CoV M 蛋白在培养细胞中的表达和定位

将 SARS-CoV *M* 基因克隆到 pEGFP-N1 载体的 *EGFP* 基因下游，构建 M-EGFP 重组蛋白表达质粒，然后将其转染 HEK 293T 细胞，48 h 后，观察发现绿色荧光主要分布在细胞质中，且浓缩呈点状分布（图 1），说明 M-EGFP 重组蛋白定位于特定的细胞器上。已有报道称可以从哺乳动物细胞高尔基体上检测到某些冠状病毒的 M 蛋白。因此，我们将 pEGFP-M 质粒与 Golgi/Red-N 质粒共转染 HEK 293T 细胞，用 4%甲醛固定后，用共聚焦荧光显微镜观察并进行图像叠加分析，结果显示，M-EGFP 重组蛋白与高尔基体标记蛋白共定位于高尔基体上（图 1），这与之前的报道[30]一致，提示 SARS-CoV M 蛋白具有高尔基体定位信号，并在此进行蛋白质修饰，如糖基化等。

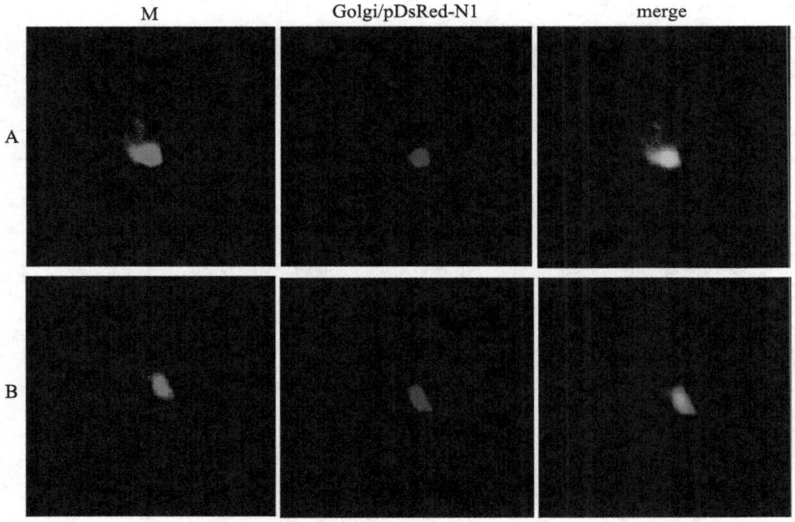

图 1 M-EGFP 和 Golgi-DsRed 蛋白在 HEK 293T 细胞中的亚细胞共定位。将 pEGFP-M 和 Golgi/pDsRed-N1 共转染 HEK 293T 细胞，在转染后 48h，将细胞固定后采用共聚焦显微镜分析

9.4.2 siRNA 的体外转录

为了沉默 SARS-CoV M 蛋白的表达，我们采用体外转录法合成特异的 siRNA。用 T7 RNA 聚合酶对正反义链 siRNA 模板（表 1）分别进行转录，然后复性形成双链的 siRNA（参见 9.2 和 9.3）。用单链特异的核酶（S1 核酶）和无

RNase 的 DNase I 分别消化 dsRNA 的 5′前导序列和残留的 DNA 模板，进一步纯化后获得完整的 21 nt 的 siRNA（图 2）。

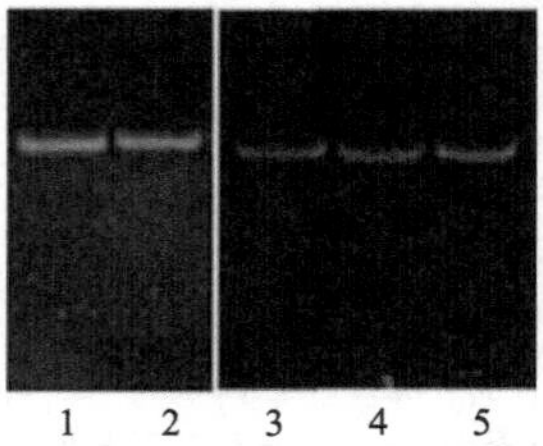

图 2 体外转录的 siRNA 的纯度和完整性

1. EGFP 特异的 siRNA；2. 无关的 siRNA；3. SARS-CoV M-siRNA1；4. SARS-CoV M-siRNA2；5. SARS-CoV M-siRNA3

9.4.3 siRNA 抑制 *M* 基因的转录

用半定量 RT-PCR 来检测共转染 siRNA 的细胞中 SARS-CoV *M* 基因的 RNA 水平。结果显示，与单独转染质粒组（图 3A，上面一排，第 3 泳道）相比，共转染 EGFP-siRNA、M-siRNA1、M-siRNA2 和 M-siRNA3 实验组 *M* 基因 mRNA 水平显著降低（图 3A，上面一排，第 4、6、7 和 8 泳道），而阴性对照无关 siRNA组 *M* 基因 mRNA 含量未受影响（图 3A，上面一排，第 5 泳道），但各实验组中内标基因 *GAPDH* 的 mRNA 水平均不受影响（图 3A，下面一排）。为更精确定量 SARS-CoV *M* 基因 RNA 水平的变化，我们进行实时定量 PCR。将单独转染质粒组的 cDNA 作梯度稀释，绘制相对标准曲线，对每个稀释度的样品，用 *M* 和 *GAP-*

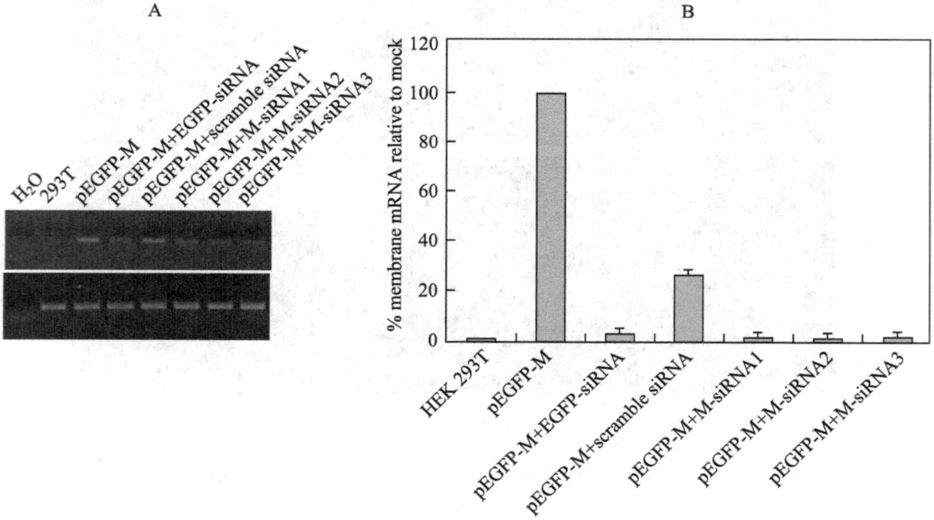

图 3 SARS-CoV *M* 基因的 mRNA 表达水平在特异 siRNA 转染的 HEK 293T 细胞中降低

A. 采用 RT-PCR 分析显示 *M* 基因的 mRNA 在 siRNA 共转染细胞中的降解情况。图中显示 *M* 基因特异的及其内标参照 GAPDH 的 RT-PCR 产物；B. 采用实时定量 PCR 检测每个样本中 *M* 基因和 GAPDH RNA 含量，结果显示在 siRNA 转染的 HEK 293T 细胞中的 SARS-CoV M mRNA相对于单独转染 pEGFP-M 的细胞中的 mRNA 的百分比，采用 $2^{-\triangle\triangle CT}$相对定量法，每个实验均重复至少三次，数据取平均值，误差线代表平均值的标准误

DH 基因特异的引物进行 PCR 扩增以保证靶基因和内标基因的扩增效率一致。采用 $2^{-\triangle\triangle CT}$相对定量法对各实验组进行内标基因的内均一化处理后，以单独转染质粒组为参照，分析共转染 siRNA 各组中 SARS-CoV *M* 基因的相对表达水平，结果显示，共转染 M-siRNA1、M-siRNA2 和 M-siRNA3 的实验组中，SARS-CoV *M* 基因的 mRNA 分别下降了 45、56 和 52 倍，阳性对照EGFP-siRNA共转染组，*M* 基因的 mRNA 水平下降了 28 倍，而阴性对照无关siRNA共转染组无显著变化（图 3B）。

9.4.4 siRNA 抑制 SARS-CoV M 蛋白的表达

为了确定 siRNA 能否有效地抑制 SARS-CoV M 糖蛋白的表达，我们首先用荧光显微镜观察 pEGFP-M 和（或）不同 siRNA 共转染细胞中的荧光情况。转染 48 小时后的结果如图 4 所示，与单独转染质粒组相比，转染阳性对照 EGFP-siRNA 的细胞中只能观察到很弱的绿色荧光（图 4 第 1 排 B），SARS-CoV M-siRNA1、M-siRNA2 和 M-siRNA3 转染组细胞中的荧光也较弱（图 4 第 3 排 D、E 和 F），而无关对照 siRNA 组与单独转染 pEGFP-M 质粒组的荧光强度无明显区别（图 4 第 1 排 A 和 C），图中下面一排是普通光学显微镜下相应的视野。

为进一步说明 M-siRNA 对 M-EGFP 重组蛋白表达的抑制作用，我们以未转染的 HEK 293T 细胞作空白对照，用流式细胞仪检测各实验组中发绿色荧光的细胞数及平均荧光强度，用 CellQuest 软件进行定量分析。如图 5 所示，与单独转染 pEGFP-M 的细胞相比，共转染无关 siRNA 的细胞中 M-EGFP 的表达没有明显减少，而共转染 EGFP-siRNA 组中荧光细胞数量的百分比和平均荧光密度分别下降 1.9 倍和 4.3 倍，共转染 M-siRNA1、M-siRNA2 和 M-siRNA3 组的荧光细胞数量的百分比和平均荧光密度分别下降约 1.5 倍和 3.0 倍、1.9 倍和 3.7 倍、2.2 倍和 5.0 倍。该结果与图 4 中的荧光照片结果相吻合。

用蛋白免疫印迹实验检测未转染及转染 siRNA 的 HEK 293T 细胞中重组蛋白 M-EGFP 的表达水平。结果显示，与单独转染 pEGFP-M 的细胞相比，共转染 EGFP-siRNA、M-siRNA1、M-siRNA2 或 M-siRNA3 的细胞中，M-EGFP 重组蛋白表达明显减少，而共转染无关对照 siRNA 的细胞中 M-EGFP 表达量无明显变化（图 6 上排）；各 siRNA 均不影响内标 GAPDH 的表达（图 6 下排）。值得一提的是，在共转染 M-siRNA1、M-siRNA2 或 M-siRNA3 的细胞中 M-EGFP 重组蛋白的表达略有不同，即 M-siRNA3 抑制 M-EGFP 重组蛋白表达的效果要优于 M-siRNA1 和 M-siRNA2，这与图 4 和图 5 中的数据一致。因此，从这些数据中可以看出，SARS-CoV M 特异的 siRNA 主要是通过阻断 mRNA 的累积来沉默 SARS-CoV M 蛋白在培养细胞中的表达。

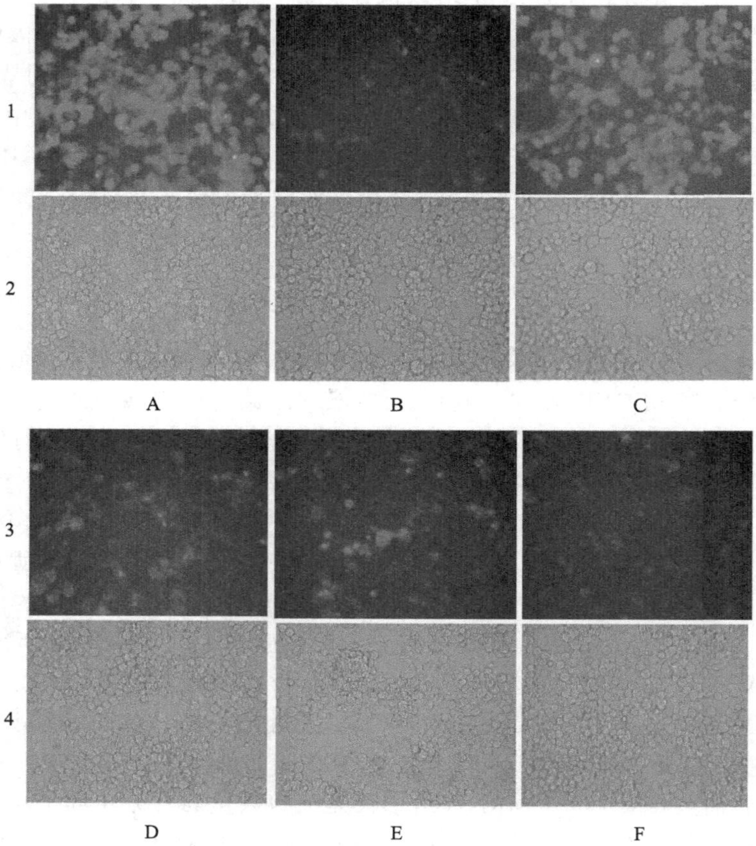

图 4　siRNA 抑制 M-EGFP 在 HEK 293T 细胞内的表达效应

在 HEK 293T 细胞中，A. 单独转染 pEGFP-M；B. pEGFP-M 和 EGFP-siRNA 共转染；C. pEGFP-M 和无关 siRNA 共转染；D. pEGFP-M 和 M-siRNA1 共转染；E. pEGFP-M 和 M-siRNA2 共转染；F. pEGFP-M 和 M-siRNA3 共转染细胞。第 1，3 排代表转染后 48h 的细胞荧光图像，第 2，4 排代表同一视野中细胞的光镜图像。结果 siRNA 特异性抑制 M-EGFP 融合蛋白的表达经三次独立的实验所验证

9.5　实验发现

RNAi 现象广泛存在于生物界中，包括真菌、植物、酵母、哺乳动物等，它是生物进化过程中的一种保守机制，其本质是 siRNA 分子特异性剪切与之序列完全匹配的 mRNA 转录物以沉默靶蛋白的表达。利用此现象而发展起来的 RNAi 技术，具有操作简单、作用迅速、效率高且特异性强等优点，在第 1～7 章已讨论目前已被用于 HIV、HBV、HCV 等多种重要病毒性传染病的抗病毒感染研究中。研究结果表明，不管是 RNA 病毒还是 DNA 病毒，siRNA 能有效特

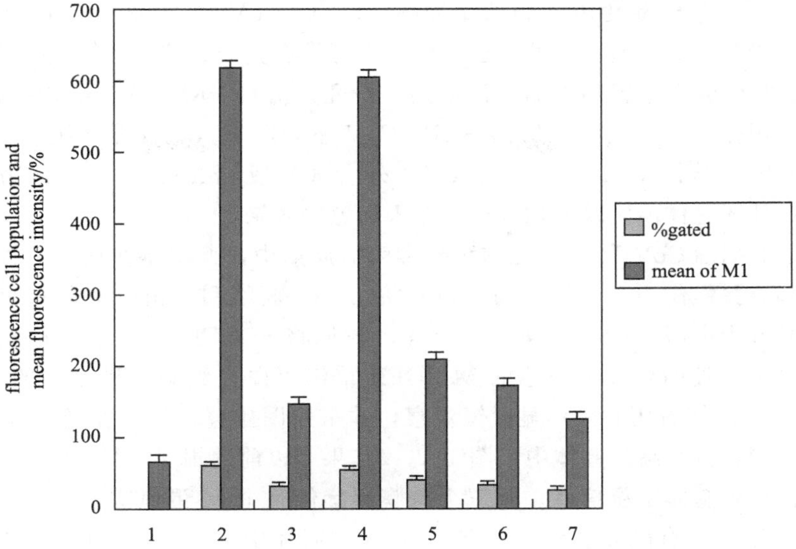

图 5　M-EGFP 在 HEK 293T 细胞中表达的流式细胞仪分析

1 到 7 依次显示：1 对照 HEK 293T 细胞，2 单独转染 pEGFP-M，3 pEGFP-M 和 EGFP siRNA 共转染，4 pEGFP-M 和无关 siRNA 共转染，5 pEGFP-M 和 M-siRNA1、M-siRNA2、M-siRNA3 共转染细胞的检测结果。在转染后 48h，用流式细胞仪分析 EGFP 的表达。计算超过对照细胞中的荧光强度和平均荧光强度的细胞数的百分比，实验结果表示三次独立实验的平均值

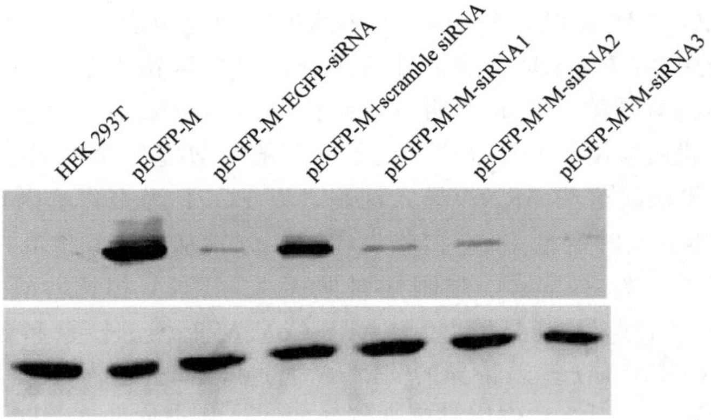

图 6　siRNA 抑制 M-EGFP 蛋白在 HEK 293T 细胞中的表达

采用 GFP 和 GAPDH 特异性抗体，对单独转染 pEGFP-M 及其共转染 siRNA 的 HEK 293T 细胞中的蛋白质进行 Western 印迹，用 GAPDH 作为上样参照

异抑制病毒在哺乳动物细胞或小动物模型中的复制与增殖，具有良好的抗病毒感染效果。

作为一重大病毒性传染病的病原体，SARS-CoV 自 2003 年首次被鉴定以来，一直受到广大科研人员的关注，但目前还没有安全有效的药物或疫苗。由于 RNAi 技术在抗病毒感染中的广泛应用，研究人员对 siRNA 在 SARS 预防与治疗中的应用作了一些尝试：靶向 SARS-CoV 不同区域（如前导序列、3′-UTR、非结构基因、结构基因）的 siRNA（体外合成）或 shRNA（以载体为基础），不管是体外还是体内实验，均取得了令人满意的效果。

鉴于 SARS-CoV M 蛋白在整个病毒生活周期中，尤其是在病毒装配和出芽过程中起了关键作用，我们认为它也是抗 SARS 药物和疫苗研究的一个重要靶标，因而成为本研究的主要对象。首先，我们将 pEGFP-M 重组表达质粒导入 HEK 293T 细胞时，发现表达的 M-EGFP 重组蛋白在细胞中呈浓缩的“点状”分布（图 1）。接着用共聚焦显微镜观察，并采用图像叠加法，发现 M-EGFP 重组蛋白主要定位在高尔基体中（图 1），该结果与以前的报道一致[30]，提示该蛋白可能含高尔基体定位信号，其三个跨膜螺旋使整个 M 蛋白锚定于膜上，与膜能紧密结合[31]。有研究显示，在 ER-Golgi 中间体中，由 M 蛋白介导与 S、N、E 蛋白进行种特异性的相互作用，有助于冠状病毒完成病毒组装[32]。令人感兴趣的是，当我们将 pEGFP-M 质粒和全长的 SARS-CoV N 质粒共转染 HEK 293T 细胞时，发现绿色荧光显著增强，说明 N 蛋白能促进 M 蛋白的表达，但其确切机制尚不清楚，推测可能与两者间的相互作用有关[25]。

尽管目前已有多种方法可获得 siRNA，包括化学合成、体外转录、长片段 dsRNA 经 RNase III 类（如 Dicer 酶）降解体外制备 siRNA；通过 siRNA 表达载体或病毒载体将 PCR 制备的 siRNA 表达框在细胞中表达产生[33～39]，但本研究中，我们选用 T7 RNA 聚合酶体外转录法，因为与其他方法相比，该方法更为简便，成本相对低廉，合成周期短，而且得到的 siRNA 毒性小，稳定性好，转染效率高。我们采用体外转录法合成了三个靶向 *M* 基因两末端序列的 siRNA，再用脂质体转染法将这些 siRNA 导入细胞，以 EGFP 为报告基因，通过荧光显微镜、RT-PCR、实时定量 PCR 和免疫印迹，分别从 RNA 和蛋白质水平分析 siRNA 作用效果。结果显示，与阴性对照无关 siRNA 相比，M-siRNA1、M-siRNA2 和 M-siRNA3 均能显著抑制 SARS-CoV *M* 基因的转录和翻译(图 6),表明这三个 SARS-CoV *M* 基因特异的 siRNA 通过降解靶 mRNA 来下调蛋白的表达，siRNA诱导的基因沉默作用是序列特异的，且基于整个可读框，而且序列靶向性不同于之前所报道的 siRNA[40]。我们发现 siRNA 能够完全抑制 SARS-CoV 在细胞水平的复制与表达。

由于 siRNA 转染细胞后，大多数将被降解，不能发挥作用，所以提高 siRNA 在细胞内的稳定性和半衰期非常重要。例如，将 siRNA 的碱基末端进行 2′-*O*-甲基化和 2′-氟代化，可以显著提高 siRNA 在血清中的稳定性，在体外实验中的效能较未修饰的 siRNA 高出 500 倍[41]。LNA（locked nucleic acid）是一种

RNA 样的高亲和力的核酸类似物，能增强修饰后 siRNA 的生物稳定性和种特异性，从而提高基因沉默效果[42]。

RNAi 技术的体内实验已取得较大进展，研究者试图对 siRNA 进行一些合理的修饰，以提高其在体内应用的有效性、持久性及稳定性。例如，限制酶制备的 siRNA 可高效抑制 HBV 在小鼠模型中的复制[43]；一些经过特殊设计的长 19～23 nt 的 siRNA 已尝试应用于动物模型，包括靶向于日本脑炎病毒[44]和 HIV[45]，这些 siRNA 将有可能成为治疗病毒感染效果较好的药物。此外，在 SARS 方面的体内应用研究已取得了初步效果。将体外合成的 SARS-CoV 特异的 siRNA 以三种不同剂量，通过不同给药方式在猕猴 SARS 模型中评估其安全性和有效性。结果显示，特异的 siRNA 可介导预防性和治疗性抗 SARS 病毒感染，表明完全有希望将其应用于临床研究，并且可减少新的靶向治疗药物研发的时间[46,47]。因此，RNAi 策略可能成为防治人类多种重要病毒性传染病，包括 SARS-CoV 在内的急慢性病毒感染的一种有效手段[48]，并且在临床治疗中具有广阔的应用前景。

参 考 文 献

1. Peiris JS, Lai ST, Poon LL, et al. 2003. SARS study group. Coronavirus as a possible cause of severe acute respiratory syndrome. Lancet, 361: 1319～1325
2. Fouchier RA, Kuiken T, Schutten M, et al. 2003. Aetiology: Koch's postulates fulfilled for SARS virus. Nature, 423, 240
3. Rota PA, Oberste MS, Monroe SS, et al. 2003. Characterization of a novel coronavirus associated with severe acute respiratory syndrome. Science, 300: 1394～1399
4. Shen S, Lin PS, Chao YC, et al. 2005. The severe acute respiratory syndrome coronavirus 3a is a novel structural protein. Biochem Biophys Res Commun, 330: 286～292
5. Voss D, Kern A, Traggiai E, et al. 2006. Characterization of severe acute respiratory syndrome coronavirus membrane protein. FEBS Lett, 580: 968～973
6. Oostra M, De Haan CA, De Groot RJ, et al. 2006. Glycosylation of the severe acute respiratory syndrome coronavirus triple-spanning membrane proteins 3a and M. J Virol, 80: 2326～2336
7. Spaan WJM, Cavanagh D. 2004. Coronaviridae, virus taxonomy, VIIIth report of the ICTV. London: Elsevier-Academic Press: 945～962
8. Bartlam M, Xue XY, Rao ZH. 2008. The research for a structural basis for therapeutic intervention against the SARS coronavirus. Acta Cryst, 64: 204～213
9. Fire A, Xu S, Montgomery MK, et al. 1998. Potent and specific genetic interference by double-stranded RNA in *Caenorhabditis elegans*. Nature, 391: 806～811
10. Elbashir SM, Harborth J, Lendeckel W, et al. 2001. Duplexes of 21-nucleotide RNAs mediate RNA interference in cultured mammalian cells. Nature, 411: 494～498
11. Shi Y. 2003. Mammalian RNAi for the masses. Trends Genet, 19: 9～12
12. Dy kxhoorn DM, Novina CD, Sharp PA. 2003. Killing the message short RNAs that silence gene expression. Nature Reviews Mol Cell Biology, 4, 457～465
13. Zhu XD, Dang Y, Feng Y, et al. 2004. RNase III-prepared short interfering RNAs induce degradation

of SARS-coronavirus mRNAs in human cells. Sheng Wu Gong Cheng Xue Bao, 20, 484～489
14. Tao P, Zhang J, Tang N, et al. 2005. Potent and specific inhibition of SARS-CoV antigen expression by RNA interference. Chin Med J (Engl), 118, 714～719
15. Lu A, Zhang H, Zhang X, et al. 2004. Attenuation of SARS coronavirus by a short hairpin RNA expression plasmid targeting RNA-dependent RNA polymerase. Virology, 324, 84～89
16. Shi Y, Yang DH, Xiong J, et al. 2005. Inhibition of genes expression of SARS coronavirus by synthetic small interfering RNAs. Cell Res Commun, 15, 193～200
17. Wu CJ, Huang HW, Liu CY, et al. 2005. Inhibition of SRAS-CoV replication by siRNA. Antiviral Res, 65, 45～48
18. Qin ZL, Zhao P, Zhang XL, et al. 2004. Silencing of SARS-CoV spike gene by small interfering RNA in HEK 293T cells. Biochem Biophys Res Commun, 324, 1186～1193
19. Zhang Y, Li T, Fu L, et al. 2004. Silencing SARS-CoV spike protein expression in cultured cells by RNA interference. FEBS Lett, 560, 141～146
20. Meng B, Lui YW, Meng S, et al. 2006. Identification of effective siRNA blocking the expression of SARS viral envelope E and RDRP genes. Mol Biotechnol, 33, 141～148
21. Wang Z, Ren L, Zhao X, et al. 2004. Inhibition of severe acute respiratory syndrome virus replication by small interfering RNAs in mammalian cells. J Virol, 78, 7523～7527
22. Li T, Zhang Y, Fu L, et al. 2005. siRNA targeting the leader sequence of SARS-CoV inhibits virus replication. Gene Ther, 12, 751～761
23. Ni B, Shi X, LiY, et al. 2005. Inhibition of replication and infection of severe acute respiratory syndrome-associated coronavirus with plasmid-mediated interference RNA. Antivir Ther, 10, 527～533
24. Kuo L, Masters PS. 2002. Genetic evidence for a structural interaction between the carboxy termini of the membrane and nucleocapsid proteins of mouse hepatitis virus. J Virol, 76, 4987～4999
25. He R, Leeson A, Ballantine M, et al. 2004. Characterization of protein-protein interactions between the nucleocapsid protein and membrane protein of the SARS coronavirus. Virus Res, 105, 121～125
26. Wilson JA, Jayasena S, Khvorova A, et al. 2003. RNA interference blocks gene expression and RNA synthesis from hepatitis C replicons propagated in human liver cells. Proc Natl Acad Sci U S A, 100, 2783～2788
27. Cao MM, Ren H, Pan X, et al. 2004. Inhibition of EGFP expression by siRNA in EGFP-stably expressing Huh-7 cells. J Virol Methods, 119, 189～194
28. Rajeevan MS, Vernon SD, Taysavang N, et al. 2001. Validation of array-based gene expression profiles by real-time (kinetic) RT-PCR. J Mol Diagn, 3: 26～31
29. Livak KJ, Schmittgen TD. 2001. Analysis of relative gene expression data using real-time quantitative PCR and the 2 (-Delta Delta C (T)) Method. Methods, 25, 402～408
30. Nal B, Chan C, Kien F, et al. 2005. Differential maturation and subcellular localization of severe acute respiratory syndrome coronavirus surface proteins S, M and E. J Gen Virol, 86, 1423～1434
31. Klumperman J. Locker JK, Meijer A, et al. 1994. Coronavirus M proteins accumulate in the Golgi complex beyond the site of virion budding. J Virol, 68, 6523～6534
32. Krijnse-Locker J, Ericsson M, Rottier PJ, et al. 1994. Characterization of the budding compartment of mouse hepatitis virus: evidence that transport from the RER to the Golgi complex requires only one vesicular transport step. J Cell Biol, 124: 55～70
33. Donze O, Picard D. 2002. RNA interference in mammalian cells using siRNAs synthesized with T7 RNA polymerase. Nucleic Acids Res, 30, e46

34. Miyagishi M, Taira K. 2002. Development and application of siRNA expression vector. Nucleic Acids Res Suppl, 113～114

35. Yang D, Buchholz F, Huang Z, et al. 2002. Short RNA duplexes produced by hydrolysis with *Escherichia coli* RNase III mediate effective RNA interference in mammalian cells. Proc Natl Acad Sci U S A, 99, 9942～9947

36. Svoboda P, Stein P, Schultz RM. 2001. RNAi in mouse oocytes and preimplantation embryos: effectiveness of hairpin dsRNA. Biochem Biophys Res Commun, 87, 1099～1104

37. Sui G, Soohoo C, Affarel B, et al. 2002. A DNA vector-based RNAi technology to suppress gene expression in mammalian cells. Proc Natl Acad Sci USA, 99, 5515～5520

38. Lois C, Hong EJ, Pease S, et al. 2002. Germline transmission and tissue-specific expression of transgenes delivered by lentiviral vectors. Science, 295, 868～872

39. Rubinson DA, Dillon CP, Kwiatkowski AV, et al. 2003. A lentivirus-based system to functionally silence genes in primary mammalian cells, stem cells and transgenic mice by RNA interference. Nat Genet, 33, 401～406

40. He ML, Zheng BJ, Chen Y, et al. 2006. Kinetics and synergistic effects of siRNAs targeting structural and replicase genes of SARS-associated coronavirus. FEBS Lett, 580, 2414～2420

41. Allerson CR, Sioufi N, Jarres R, et al. 2005. Fully 2'-modified oligonucleotide duplexes with improved in vitro potency and stability compared to unmodified small interfering RNA. J Med Chem, 48: 901～904

42. Elmen J, Thonberg H, Ljungberg K, et al. 2005. Locked nucleic acid (LNA) mediated improvements in siRNA stability and functionality. Nucleic Acids Res, 33: 439～447

43. Xuan B, Qian Z, Hong J, et al. 2006. EsiRNAs inhibit Hepatitis B virus replication in mice model more efficiently than synthesized siRNAs. Virus Res, 118, 150～155

44. Murakami M, Ota T, Nukuzuma S, et al. 2005. Inhibitory effect of RNAi on Japanese encephalitis virus replication *in vitro* and *in vivo*. Microbiol Immunol, 49, 1047～1056

45. Ping YH, Chu CY, Cao H, et al. 2004. Modulating HIV-1 replication by RNA interference directed against human transcription elongation factor SPT5. Retrovirology, 1, 46

46. Li BJ, Tang Q, Cheng D, et al. 2005. Using siRNA in prophylactic and therapeutic regimens against SARS coronavirus in *Rhesus macaque*. Nat Med, 11, 944～951

47. De Clercq E. 2006. Potential antivirals and antiviral strategies against SARS coronavirus infections. Expert Rev Anti Infect Ther, 4, 291～302

48. Ketzinel-Gilad M, Shaul Y, Galun E. 2006. RNA interference for antiviral therapy. J Gene Med, 8: 933～950

49. Kuiken T, Fouchier RA, Schutten M, et al. 2003. Newly diSARS-CoVered coronavirus as the primary cause of severe acute respiratory syndrome. Lancet, 362, 263～270

50. Ma Y, Chan CY, He ML. 2007. RNA interference and antiviral therapy. World Gastroenterol, 13: 5169～5179

主要英文缩写词

英文缩写	英文全称	中文名称
Ab	antibody	抗体
Ag	antigen	抗原
AP	alkaline phosphatase	碱性磷酸酶
APS	ammonium persulfate	过硫酸胺
Ad5	human adenovirus type 5	人类第五型腺病毒
BCIP	5-bromo-4-chlori-3-indolyl-phosphate	5-溴-4-氯-3-吲哚基-磷酸
BHK-21 cell	baby hamster kidney 21 cell	幼仓鼠肾细胞
BSA	bovine serum albumin	牛血清白蛋白
CHB	chronic hepatitis B	慢性乙型肝炎
CPE	cytopathic effect	细胞病理学效应
DEPC	diethypyrocarbonate	焦碳酸二乙酯
dNTP	deoxynucleotide triphosphate	脱氧三磷酸核苷
dsDNA	double-stranded DNA	双链 DNA
EDTA	ethylenediaminotetraacetic acid	乙二胺四乙酸
EGFP	enhanced green fluorescent protein	增强型绿色荧光蛋白
ELISA	enzyme-linked immunosorbent assay	酶联免疫吸附测定
FMDV	foot-and-mouth disease virus	口蹄疫病毒
GAPDH	glyceraldehydes phosphate dehydrogenase	磷酸甘油醛脱氢酶
HB	hepatitis B	乙型肝炎
HBeAg	hepatitis B e antigen	乙型肝炎 e 抗原
HBsAg	hepatitis B surface antigen	乙型肝炎表面抗原
HBV	hepatitis B virus	乙型肝炎病毒
HCV	hepatitis C virus	丙型肝炎病毒
HEK 293T cell	human embryonic kidney 293T cell	人胚肾 293T 细胞
HIV	human immunodeficiency virus	人类免疫缺陷病毒
HGT	horizontal gene transfer	横向基因迁移
ID_{50}	50% infective dose	半数感染剂量
IFN	interferon	干扰素
IgG	immunoglobin G	免疫球蛋白 G

LD_{50}	50% lethal dose	半数致死剂量
MOI	multiplicity of infection	感染复数
NBT	nitro blue tetrazolium chloride	氯化硝基四氮唑蓝
ORF	open reading frame	可读框
pfu	plaque-forming unit	空斑形成单位
PMSF	phenylmethylsulfonyl fluoride	苯甲磺酰氟
PTGS	post-transcriptional gene silencing	转录后基因沉默
PKR	protein kinase R	蛋白激酶 R
pri-miRNA	primary miRNA	初级 miRNA
pre-miRNA	precursor miRNA	前体 miRNA
Q-RT-PCR	quantitative RT-PCR	定量 RT-PCR
RdRP	RNA-dependent RNA polymerase	RNA 依赖的 RNA 聚合酶
RISC	RNA-induced silencing complex	RNA 诱导的沉默复合体
RNAi	RNA interference	RNA 干扰
SARS	severe acute respiratory syndrome	严重急性呼吸综合征
SCoV	SARS-associated coronavirus	SARS 冠状病毒
SDS	sodium dodecyl sulphate	十二烷基磺酸钠
shRNA	short hairpin RNA	短发夹状 RNA
siRNA	small interfering RNA	小干扰 RNA
ssDNA	single-stranded DNA	单链 DNA
Vero cell	African green monkey kidney cell	非洲绿猴肾细胞